VEKTORIELLE ABBILDUNGSGEOMETRIE
IN MATRIZENDARSTELLUNG

5303

VEKTORIELLE ABBILDUNGSGEOMETRIE IN MATRIZENDARSTELLUNG

von Joachim Köhler
Rolf Höwelmann
und Hardt Krämer

Diesterweg Salle
Frankfurt am Main · Berlin · München

ISBN 3-425-05303-5

1. Auflage 1974

Gesamtherstellung: Brühlsche Universitätsdruckerei Gießen

Zeichnungen: Joachim Zwick, Pohlheim

Inhaltsverzeichnis

Vorwort

Hiermit legen wir als Ergänzung und Weiterführung unserer Lehrbücher über Vektorrechnung und Analytische Geometrie diese „*Vektorielle Abbildungsgeometrie in Matrizendarstellung*" vor. Das Buch ist gedacht für einen Leistungskurs in der Sekundarstufe II, ein gekürzter Durchgang läßt sich aber auch im Rahmen eines Grundkurses behandeln.
Beim Leser werden Kenntnisse der affinen und metrischen Geometrie bis mindestens zur vektoriellen Behandlung von Geraden vorausgesetzt. Ferner sollten die Begriffe „Verknüpfungsgebilde", „Gruppe" und „zweireihige Determinante" bekannt sein. Nur in den Abschnitten 7.2. und 7.3. kommen Kreis- und Kegelschnittsgleichungen vor.
Die erforderlichen Vorkenntnisse lassen sich gewinnen aus unseren Büchern „*Analytische Geometrie in vektorieller Darstellung*" (Bestell-Nr. 5002) oder „*Analytische Geometrie und Abbildungsgeometrie in vektorieller Darstellung*" (Bestell-Nr. 5302); beide sind im Diesterweg-Salle-Verlag erschienen. Kenntnisse des Vektorproduktes, des Spatproduktes und Grundkenntnisse über Abbildungsgeometrie sind nicht erforderlich, insbesondere nicht die aus dem Kapitel 11 des oben genannten Werkes (Bestell-Nr. 5302). Mit diesem Buch wollen wir in Fortsetzung der Mittelstufengeometrie und aufbauend auf den Hilfsmitteln der Vektormethode die analytische Geometrie der affinen Abbildungen entwickeln. Falls schon in der Mittelstufe die Geometrie abbildungsgeometrisch behandelt wurde, werden hier die damals gewonnen Erkenntnisse vertieft — andernfalls werden sie neu erarbeitet.
Als angemessenes Hilfsmittel für die Behandlung dieser Probleme erweisen sich die Matrizen, die mit ihren Operationen in ständigem Wechsel mit Problemen der affinen Abbildungsgeometrie eingeführt werden. Dabei erhält der Schüler einen Einblick in wichtige Probleme der linearen Algebra; im Laufe des gesamten Lehrgangs wird er sodann mit allen wesentlichen Gedankengängen einer modernen Abbildungsgeometrie vertraut gemacht.
Das umfassende Stoffangebot bietet dem Lehrer die verschiedensten Möglichkeiten, Schwerpunkte zu setzen und läßt ihm dennoch durch die große Auswahl an Einzelheiten die gewünschte methodische Freiheit.
Falls Zeitmangel, Richtlinien oder andere Umstände es nahelegen, können die mit * gekennzeichneten Abschnitte fortgelassen werden.
Die ausführliche und anschauliche Darstellung ermöglicht dem Schüler das selbständige Arbeiten in diesem Buch. So kann es auch dem Studenten, der sich in dieses Gebiet einarbeiten muß, gute Dienste leisten.
Das Buch enthält ein überaus reiches Angebot an differenzierten und einen weiten Problemkreis abdeckenden Aufgaben, die den Lehrtext ergänzen und weiterführen. Beim Lösen der Aufgaben sind die zahlreichen, ausführlich vorgerechneten Beispiele eine wertvolle Hilfe.
Es erscheint ein Lösungsband, der außer den Lösungen der Aufgaben auch die ausführlichen Lösungswege enthält.

Bielefeld, im Sommer 1974 Die Verfasser

1. Einführung

Wenn wir in diesem Buch über *Abbildungsgeometrie* sprechen wollen, müssen wir zunächst darlegen, was darunter verstanden werden soll. Wir wollen diese Frage einbetten in einen größeren Zusammenhang und uns dafür interessieren, worauf es heute in der Mathematik vornehmlich ankommt. Der französische Mathematiker Revuz sagte im Jahre 1966 dazu:
„Die mathematische Wissenschaft beschäftigt sich mit Mengen, die mit Strukturen versehen sind (z. B. mit Verknüpfungsgebilden, Gruppen, linearen Vektorräumen), und mit Abbildungen von solchen Mengen in andere, die mit jenen Strukturen verträglich sind."
Demnach ist der *Begriff der Abbildung* einer der zentralen Begriffe unserer heutigen Mathematik schlechthin, ja, er gibt ihr erst in seiner Allgemeinheit die überragende Bedeutung bei der Bewältigung aller möglichen Probleme. Ferner zeigt sich, daß der uns bekannte Begriff der Abbildung zunächst in keinem direkten Zusammenhang zur Geometrie steht, wenn auch das Wort „Abbildung" vielleicht einen solchen Zusammenhang vermuten läßt.
Betrachtet man als Definitions- und Wertemenge solcher Abbildungen die Menge der Punkte unseres Anschauungsraums, den $\mathbb{R}^3$ bzw. wie in diesem Buch den zweidimensionalen Punktraum $\mathbb{R}^2$, so nennen wir solche Abbildungen *geometrische Abbildungen.* Die Theorie dieser speziellen Abbildungen heißt dann *Abbildungsgeometrie.*
Die heute weitgehend übliche Methode der Geometrie besteht darin, geometrische Figuren z. B. durch Verschiebungen, Drehungen, Spiegelungen oder zentrische Streckungen abzubilden. Dabei stellt man fest, daß gewisse Eigenschaften von Figuren bei gewissen Abbildungen unverändert *(invariant)* bleiben und daß gewisse Abbildungen, wenn man sie hintereinander ausführt, ersetzbar sind durch eine einzige Abbildung derselben Art. So wird die *Invariantentheorie* und die *Strukturtheorie* von Mengen geometrischer Abbildungen zum Forschungsobjekt der Geometer.
Da sich die hier zu behandelnden affinen Abbildungen durch *lineare Gleichungen* kennzeichnen lassen, ist die Darstellung und Untersuchung dieser Abbildungen auf analytischem Wege besonders einfach. Wenn man in der analytischen Geometrie den metrischen linearen Vektorraum behandelt hat, ist die vektorielle Methode auch in der Geometrie der affinen Abbildungen die anschaulichste und eleganteste. Bei konsequenter Ausnutzung dieser Methode ist die Verwendung des vollen *Matrizenkalküls* naheliegend, ja sogar zwangsläufig, und keineswegs schwierig. Gerade die Verwendung von Matrizen läßt alle Vorzüge der Vektormethode erst voll zur Geltung kommen. In unserem Buch wird deshalb nach der Definition der affinen Abbildungen zunächst der Matrizenkalkül bereitgestellt.
Ausgehend von den Invarianten der affinen Abbildungen werden sodann die Begriffe *Invarianz-* und *Fixelementmenge* eingeführt und schließlich die den grundlegenden Invarianten zugeordneten Fixelemente erklärt, nämlich *Fixpunkte, Fixgeraden* und *Fixrichtungen.* Die Bestimmung dieser Fixelemente mit Hilfe von Eigenwerten und Eigenvektoren führt zu einer ersten Klassifikation der Menge der affinen Abbildungen, nämlich zu einer Klassifikation nach ihren *Fixelementen,* wobei Grundkenntnisse der linearen Algebra bereitgestellt und angewandt werden.
Anschließend werden in einem neuen Ansatz die affinen Abbildungen stufenweise auf synthetischem Wege erzeugt. Ausgehend von Mengen jeweils einfacher Abbildungen gewinnen wir durch Verkettung immer umfassendere Abbildungsmengen und untersuchen sodann deren Struktur. Dabei stellt sich häufig heraus, daß die betrachteten Mengen *Modelle für*

Gruppen sind. Über eine zweite Klassifikation der Menge der affinen Abbildungen, nämlich nach *gruppentheoretischen Gesichtspunkten,* wird deutlich, daß auch in der Geometrie der Gruppenbegriff von fundamentaler Bedeutung ist. Denn einerseits läßt sich auf Grund des Gruppen- und des Invarianzbegriffs das „Gebäude der Geometrie" stufenweise in einzelne Geometrien zerlegen; andererseits kann man den Gruppenbegriff als operatives Instrument einsetzen, das konstruktiv zur Entdeckung neuer geometrischer Sachverhalte dient.
Aus dieser Sicht erscheint nun die Abbildungsgeometrie als gewinnträchtige Methode und zugleich als interessantes mathematisches Forschungsobjekt. Es ergibt sich eine Konzentration des gesamten geometrischen Stoffes um den fundamentalen Abbildungsbegriff, der uns nicht nur in der Geometrie, sondern auch in der Algebra begegnet. Man erhält einen axiomatischen, sauberen Aufbau der Geometrie auf der Grundlage des *linearen Vektorraums* unter Hinzunahme einiger weniger analytisch definierter Abbildungen. Ein solches Vorgehen ist dynamisch und läßt den synthetischen Aufbau der Menge der Kongruenzabbildungen mit Hilfe des Spiegelungsbegriffs und deren Erweiterung zur Menge der affinen Abbildungen stufenweise deutlich werden.

2. Affine Abbildungen

2.1. Der Begriff der Abbildung

Definition 2.1

Wird jedem Element einer Menge $\mathbb{D}$ eindeutig ein Element einer zweiten Menge $\mathbb{W}$ zugeordnet, so nennen wir diese eindeutige Zuordnung auch *Abbildung* A und schreiben $\mathbb{D} \to \mathbb{W}$ (gelesen: Abbildung A von $\mathbb{D}$ in $\mathbb{W}$). Wir sprechen von einer *Punktabbildung*, wenn $\mathbb{D}$ und $\mathbb{W}$ Punktmengen sind. Die Menge $\mathbb{D}$ nennen wir *Definitionsmenge*, die Menge $\mathbb{W}$ heißt *Wertevorrat*.
Ist $x \in \mathbb{D}$, so nennen wir das Bild von x bei der gegebenen Abbildung x' oder auch $A(x)$. Die Menge $A(\mathbb{D}) = \{A(x) \mid x \in \mathbb{D}\}$ heißt *Bildmenge*.

In den Bildern 2.1 bis 2.4 wird die Zuordnung durch einen Pfeil zum Ausdruck gebracht; die Pfeilspitze zeigt auf den Bildpunkt.
In Bild 2.1 liegt keine Abbildung vor, da die Zuordnung nicht eindeutig ist.
Wenn jedes Element von $\mathbb{W}$ Bild *mindestens* eines Elementes von $\mathbb{D}$ ist, wenn also gilt $A(\mathbb{D}) = \mathbb{W}$, dann sprechen wir von einer *surjektiven* Abbildung (Bild 2.2).
Wenn jedes Element von $\mathbb{W}$ Bild *höchstens* eines Elementes von $\mathbb{D}$ ist, dann heißt die Abbildung *injektiv* (Bild 2.3).
Ist hingegen jedes Element von $\mathbb{W}$ Bild *genau* eines Elementes von $\mathbb{D}$, nennen wir die Abbildung *bijektiv* (Bild 2.4).
Jede Abbildung ist also genau dann bijektiv, wenn sie zugleich injektiv und surjektiv ist.

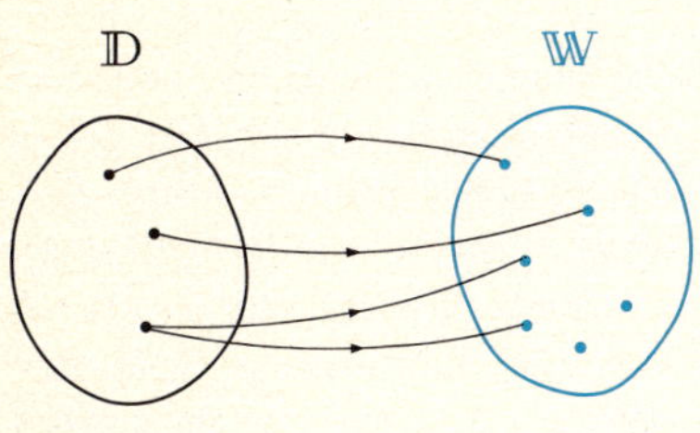

Bild 2.1

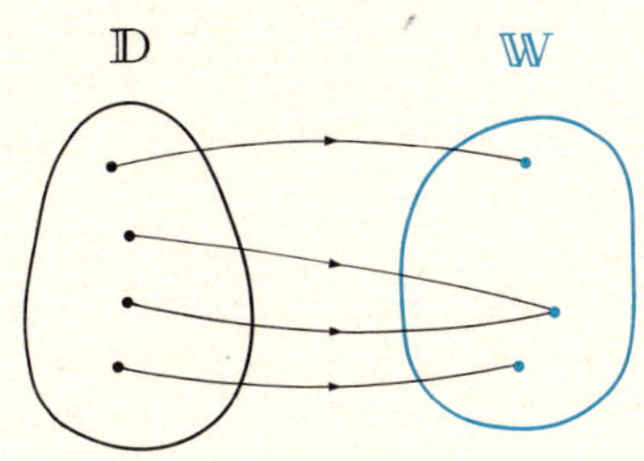

Bild 2.2

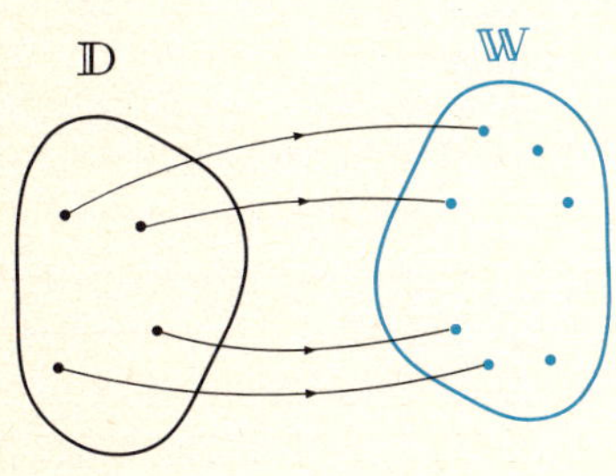

Bild 2.3

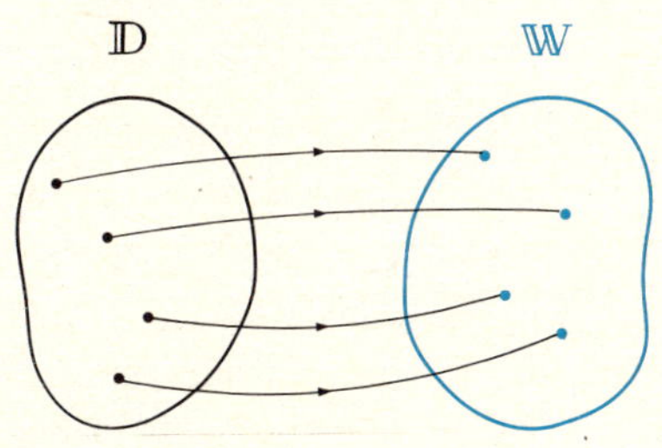

Bild 2.4

Beispiele

1. $\mathbb{D}$ sei die Menge aller Punkte im Innern eines Kreises um O mit dem Radius r ohne den Nullpunkt. $\mathbb{W}$ sei die Menge aller Punkte auf dem Kreisumfang. Durch die Zuordnung $\mathfrak{x} \mapsto r\mathfrak{x}^0$ wird $\mathbb{D}$ auf $\mathbb{W}$ abgebildet (Bild 2.5); diese Abbildung ist surjektiv.
2. $\mathbb{D}$ sei die Menge aller Punkte auf dem Kreisumfang des Einheitskreises um den Ursprung, $\mathbb{W}$ die Menge aller Punkte außerhalb dieses Kreises. Die Abbildung $\mathfrak{x} \mapsto 2\mathfrak{x}$ ist injektiv (Bild 2.6).
3. Die Parallelprojektion einer Ebene E in die Ebene E′ (Bild 2.7) ist eine bijektive Punktabbildung der Ebene E auf die Ebene E′.

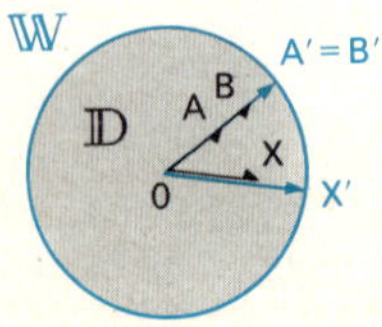

Bild 2.5

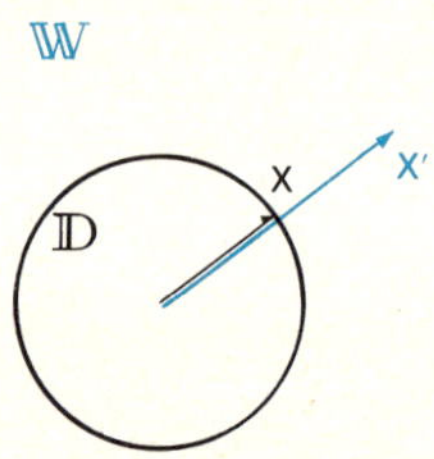

Bild 2.6

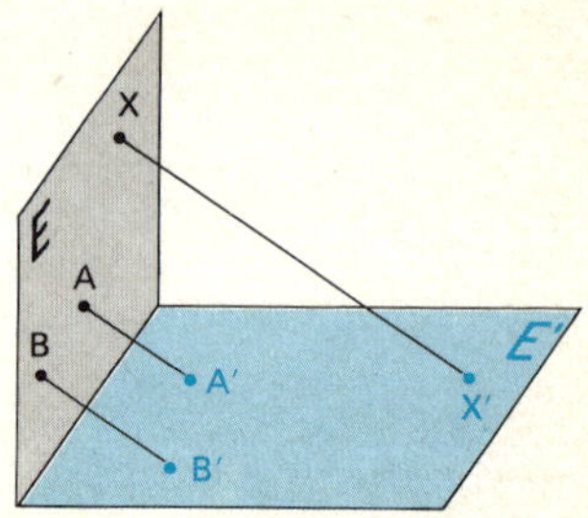

Bild 2.7

2.2. Die Gleichung der affinen Abbildung

Vorübungen

1. Was versteht man in der Geometrie unter einer Abbildung?
2. Welche Abbildungen haben wir in der Mittelstufe kennengelernt? Wodurch sind sie festgelegt?

Im weiteren wollen wir bei der Behandlung von Punktabbildungen Definitionsmenge und Wertevorrat zusammenfallen lassen, also $\mathbb{D} = \mathbb{W}$ setzen, und insbesondere nur *Abbildungen des* $\mathbb{R}^2$ in sich betrachten: Parallelverschiebungen, Drehungen, Spiegelungen, Scherungen, zentrische Streckungen und andere. Das Ziel dieser Untersuchungen soll sein, die Abbildungsvorschrift soweit möglich in Form einer Abbildungsgleichung auszudrücken, um daraus durch Verallgemeinerung wichtige Abbildungen zu gewinnen, die uns zu neuen geometrischen Erkenntnissen führen sollen. Die folgende Zusammenstellung macht einen beschreibenden und erklärenden Text überflüssig, wenn man nur beachtet, daß sich jeder Punkt X des $\mathbb{R}^2$ eindeutig durch seinen Ortsvektor $\mathfrak{x}$ darstellen läßt.

Wie man aus der letzten Spalte der Zusammenstellung erkennen kann, lassen sich alle von uns betrachteten Abbildungsgleichungen zunächst in der Form schreiben:

(1) $$\mathfrak{x}' = x_1\mathfrak{a} + x_2\mathfrak{b} + \mathfrak{v} \quad \text{oder auch} \quad \mathfrak{x}' = \mathfrak{a}x_1 + \mathfrak{b}x_2 + \mathfrak{v},$$

wobei die Vektoren $\mathfrak{a}, \mathfrak{b}$ und $\mathfrak{v}$ von Abbildung zu Abbildung verschieden sind.

Wir verallgemeinern nun dahingehend, daß wir von jetzt ab für $\mathfrak{a}, \mathfrak{b}$ und $\mathfrak{v}$ beliebige Vektoren des zweidimensionalen Vektorraumes $\mathbb{V}^2$ zulassen wollen. Die Gleichung (1) ordnet auch unter dieser Voraussetzung jedem Punkt $X[\mathfrak{x}]$ des $\mathbb{R}^2$ eindeutig einen Bildpunkt $X'[\mathfrak{x}']$ des $\mathbb{R}^2$ zu und ist mithin eine Abbildungsgleichung, die die vorher behandelten Gleichungen der Tabelle als Spezialfälle enthält. $X[\mathfrak{x}]$ wird gelesen: Punkt X mit dem Ortsvektor $\mathfrak{x}$.

Graph der Abbildung	Name der Abbildung	Abbildungsgleichungen in Koordinatenschreibweise	Abbildungsgleichung in Spalten- und Matrizenschreibweise
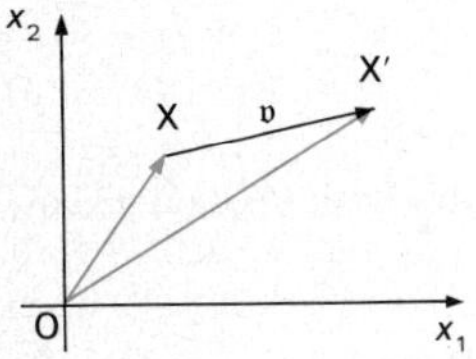	Parallelverschiebung	$\mathfrak{x}' = \mathfrak{x} + \mathfrak{v} \Rightarrow$ $x'_1 = x_1 + v_1$ $x'_2 = x_2 + v_2$	$\mathfrak{x}' = x_1 \begin{pmatrix}1\\0\end{pmatrix} + x_2 \begin{pmatrix}0\\1\end{pmatrix} + \begin{pmatrix}v_1\\v_2\end{pmatrix}$ $\mathfrak{x}' = \begin{pmatrix}1 & 0\\0 & 1\end{pmatrix} \mathfrak{x} + \mathfrak{v}$
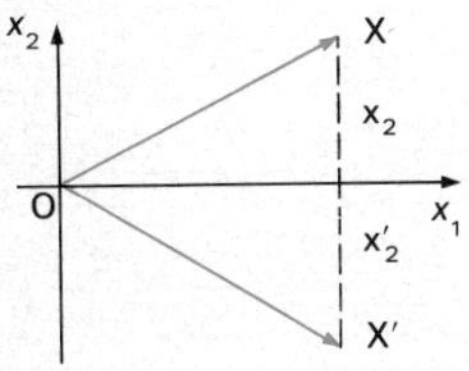	Spiegelung an der x_1-Achse	$x'_1 = x_1$ $x'_2 = -x_2$	$\mathfrak{x}' = x_1 \begin{pmatrix}1\\0\end{pmatrix} + x_2 \begin{pmatrix}0\\-1\end{pmatrix}$ $\mathfrak{x}' = \begin{pmatrix}1 & 0\\0 & -1\end{pmatrix} \mathfrak{x}$
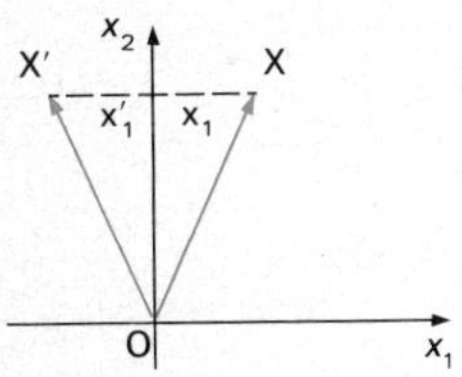	Spiegelung an der x_2-Achse	$x'_1 = -x_1$ $x'_2 = x_2$	$\mathfrak{x}' = x_1 \begin{pmatrix}-1\\0\end{pmatrix} + x_2 \begin{pmatrix}0\\1\end{pmatrix}$ $\mathfrak{x}' = \begin{pmatrix}-1 & 0\\0 & 1\end{pmatrix} \mathfrak{x}$
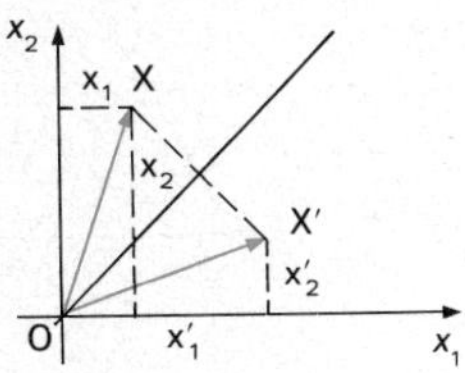	Spiegelung an der Winkelhalbierenden des 1. Quadranten	$x'_1 = x_2$ $x'_2 = x_1$	$\mathfrak{x}' = x_1 \begin{pmatrix}0\\1\end{pmatrix} + x_2 \begin{pmatrix}1\\0\end{pmatrix}$ $\mathfrak{x}' = \begin{pmatrix}0 & 1\\1 & 0\end{pmatrix} \mathfrak{x}$
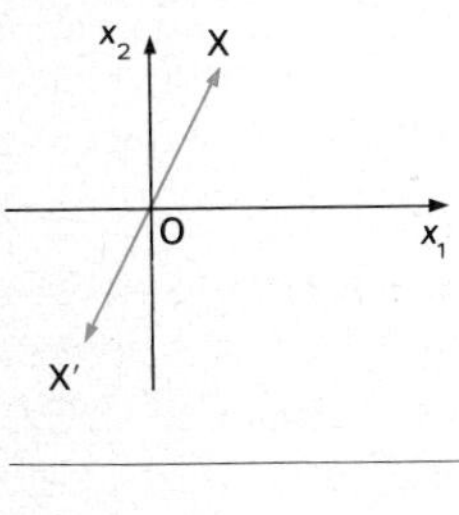	Halbdrehung um den Ursprung	$\mathfrak{x}' = -\mathfrak{x} \Rightarrow$ $x'_1 = -x_1$ $x'_2 = -x_2$	$\mathfrak{x}' = x_1 \begin{pmatrix}-1\\0\end{pmatrix} + x_2 \begin{pmatrix}0\\-1\end{pmatrix}$ $\mathfrak{x}' = \begin{pmatrix}-1 & 0\\0 & -1\end{pmatrix} \mathfrak{x}$

Bild 2.8a–e

Graph der Abbildung	Name der Abbildung	Abbildungsgleichungen in Koordinatenschreibweise	Abbildungsgleichung in Spalten- und Matrizenschreibweise
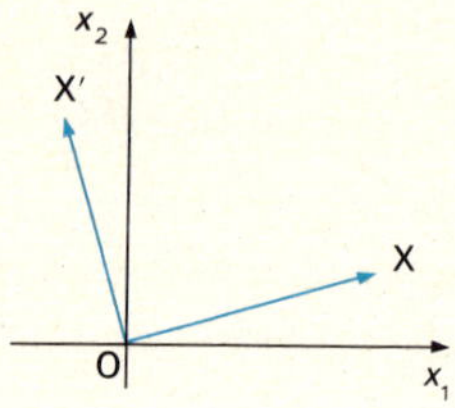	Drehung um 90° um den Ursprung	$\mathfrak{x}' = \bar{\mathfrak{x}} \Rightarrow$ $x_1' = \quad -x_2$ $x_2' = x_1$	$\mathfrak{x}' = x_1\begin{pmatrix}0\\1\end{pmatrix} + x_2\begin{pmatrix}-1\\0\end{pmatrix}$ $\mathfrak{x}' = \begin{pmatrix}0 & -1\\1 & 0\end{pmatrix}\mathfrak{x}$
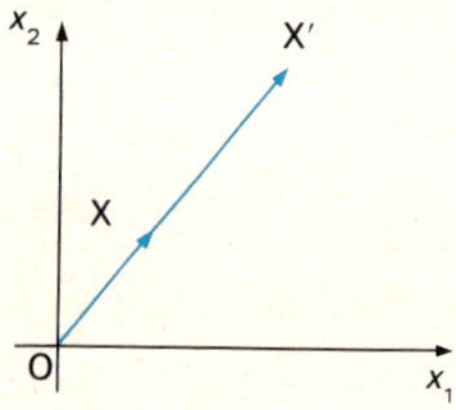	Zentrische Streckung vom Ursprung aus	$\mathfrak{x}' = k\mathfrak{x} \Rightarrow$ $x_1' = kx_1$ $x_2' = \quad kx_2$ $(k \neq 0)$	$\mathfrak{x}' = x_1\begin{pmatrix}k\\0\end{pmatrix} + x_2\begin{pmatrix}0\\k\end{pmatrix}$ $\mathfrak{x}' = \begin{pmatrix}k & 0\\0 & k\end{pmatrix}\mathfrak{x}$ $(k \neq 0)$
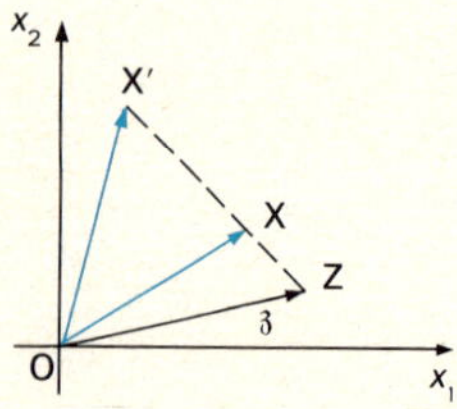	Zentrische Streckung von Z aus	$\mathfrak{x}' = \mathfrak{z} + k(\mathfrak{x} - \mathfrak{z}) \Rightarrow$ $\mathfrak{x}' = k\mathfrak{x} + (1-k)\,\mathfrak{z} \Rightarrow$ $x_1' = kx_1 + (1-k)\,z_1$ $x_2' = kx_2 + (1-k)\,z_2$ $(k \neq 0)$	$\mathfrak{x}' = x_1\begin{pmatrix}k\\0\end{pmatrix} + x_2\begin{pmatrix}0\\k\end{pmatrix} + \begin{pmatrix}(1-k)\,z_1\\(1-k)\,z_2\end{pmatrix}$ $\mathfrak{x}' = \begin{pmatrix}k & 0\\0 & k\end{pmatrix}\mathfrak{x} + (1-k)\,\mathfrak{z}$ $(k \neq 0)$
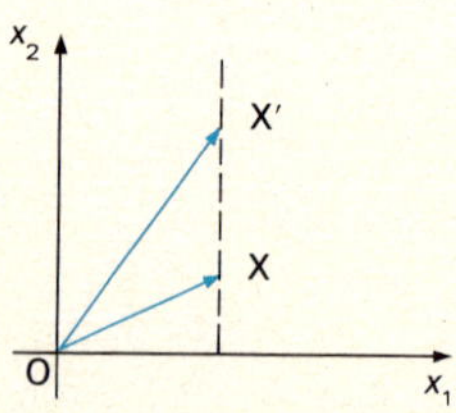	Dehnung senkrecht zur x_1-Achse	$x_1' = x_1$ $x_2' = \quad kx_2$ $(k \neq 0)$	$\mathfrak{x}' = x_1\begin{pmatrix}1\\0\end{pmatrix} + x_2\begin{pmatrix}0\\k\end{pmatrix}$ $\mathfrak{x}' = \begin{pmatrix}1 & 0\\0 & k\end{pmatrix}\mathfrak{x}$ $(k \neq 0)$
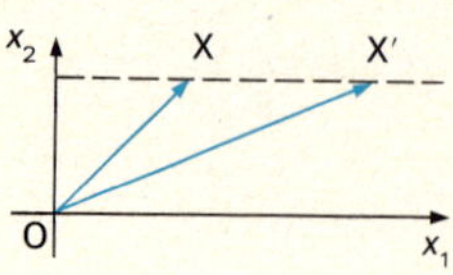	Dehnung senkrecht zur x_2-Achse	$x_1' = kx_1$ $x_2' = \quad x_2$ $(k \neq 0)$	$\mathfrak{x}' = x_1\begin{pmatrix}k\\0\end{pmatrix} + x_2\begin{pmatrix}0\\1\end{pmatrix}$ $\mathfrak{x}' = \begin{pmatrix}k & 0\\0 & 1\end{pmatrix}\mathfrak{x}$ $(k \neq 0)$

Bild 2.8 f–k

Definition 2.2

Jede Abbildung A mit der Gleichung

$$\mathfrak{x}' = \mathfrak{a}x_1 + \mathfrak{b}x_2 + \mathfrak{v} \quad \text{mit} \quad \mathfrak{a}, \mathfrak{b}, \mathfrak{v} \in \mathbb{V}^2$$

soll *affine Abbildung* heißen.

Zur Vereinfachung der Schreibweise wollen wir in Zukunft Abbildungen durch große Buchstaben kennzeichnen: A, B, C, ... Eine Verwechslung von Abbildungen mit Punkten ist dadurch im folgenden nicht zu befürchten. Die geometrische Deutung der Abbildungsgleichung $\mathfrak{x}' = \mathfrak{a}x_1 + \mathfrak{b}x_2 + \mathfrak{v}$ ist einfach: Wir überziehen die Zeichenebene mit zwei Gitternetzen, mit dem *Quadratgitternetz*, das durch die Basisvektoren $\mathfrak{e}_1, \mathfrak{e}_2$ und den Koordinatenursprung festgelegt ist, und mit einem *Parallelogrammgitternetz*, dessen Ursprung O' gegenüber dem Ursprung O um den Vektor $\mathfrak{v}$ verschoben ist und dessen „Maschen" durch die Vektoren $\mathfrak{a}$ und $\mathfrak{b}$ gegeben sind. Man braucht jetzt nur die Koordinaten des Originalpunktes X im Quadratgitternetz abzulesen und sie zu übertragen in das Parallelogrammgitternetz, um den Bildpunkt X' von X zu erhalten. Denn X' hat, wie die Abbildungsgleichung zeigt, bezüglich $\mathfrak{a}$ und $\mathfrak{b}$ dieselben Koordinaten wie X bezüglich $\mathfrak{e}_1$ und $\mathfrak{e}_2$. Insbesondere gehen O in den Zielpunkt O' von $\mathfrak{v}$ und die Zielpunkte von $\mathfrak{e}_1$ und $\mathfrak{e}_2$ in die Zielpunkte von $\mathfrak{a}$ und $\mathfrak{b}$ über. Im Bild 2.9 wird durch die Abbildung $A: \mathfrak{x}' = \begin{pmatrix} 2 \\ -1 \end{pmatrix} x_1 + \begin{pmatrix} 3 \\ 1 \end{pmatrix} x_2 + \begin{pmatrix} 3 \\ 2 \end{pmatrix}$ der Punkt X(1/2) in den Bildpunkt X'(11/3) abgebildet.

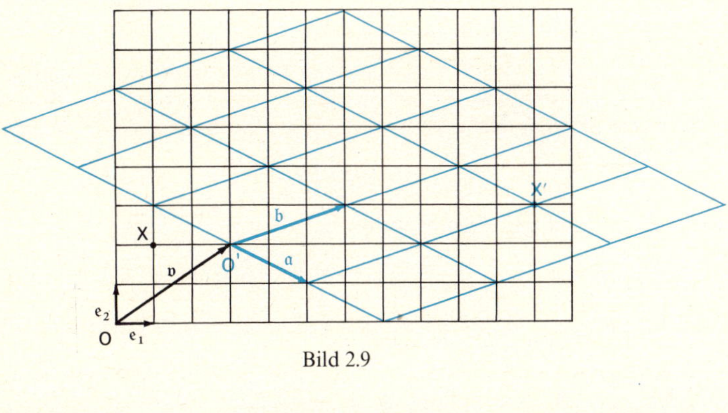

Bild 2.9

Damit ist gleichzeitig die früher eingeführte Bezeichnung „affines Koordinatensystem" gerechtfertigt, da man sich ein solches Koordinatensystem durch eine affine Abbildung aus einem kartesischen Koordinatensystem entstanden denken kann.

Mit Hilfe der Abbildungsgleichung (1) kann man zu jedem Punkt X seinen Bildpunkt X' ermitteln. Wir fragen uns nun, ob sich auch umgekehrt zu jedem $X' \in \mathbb{R}^2$ eindeutig ein Urpunkt X bestimmen läßt, ob also die Abbildung bijektiv ist.

Dazu übertragen wir Gleichung (1) in die Koordinatenschreibweise und versuchen, nach x_1 bzw. x_2 aufzulösen:

$$x_1' = a_1 x_1 + b_1 x_2 + v_1$$

$$x_2' = a_2 x_1 + b_2 x_2 + v_2$$

Man erhält:

$$x_1 = \frac{(x_1' - v_1)\,b_2 - (x_2' - v_2)\,b_1}{a_1 b_2 - a_2 b_1}, \qquad x_2 = \frac{(x_2' - v_2)\,a_1 - (x_1' - v_1)\,a_2}{a_1 b_2 - a_2 b_1}$$

$$x_1 = \frac{b_2}{a_1 b_2 - a_2 b_1} x_1' + \frac{-b_1}{a_1 b_2 - a_2 b_1} x_2' + \frac{v_2 b_1 - v_1 b_2}{a_1 b_2 - a_2 b_1}$$

$$x_2 = \frac{-a_2}{a_1 b_2 - a_2 b_1} x_1' + \frac{a_1}{a_1 b_2 - a_2 b_1} x_2' + \frac{a_2 v_1 - a_1 v_2}{a_1 b_2 - a_2 b_1}$$

Falls $a_1 b_2 - a_2 b_1 \neq 0$ ist, existiert eindeutig zu jedem $X' \in \mathbb{R}^2$ ein Urpunkt X, ist also die vorgegebene Abbildung bijektiv. Da in der Geometrie bijektive Abbildungen besonders wichtig sind, sollen die bijektiven affinen Abbildungen durch einen eigenen Namen besonders gekennzeichnet werden:

Definition 2.3

Jede Abbildung mit der Gleichung $\mathfrak{x}' = \mathfrak{a} x_1 + \mathfrak{b} x_2 + \mathfrak{v}$ soll genau dann *regulär affine* Abbildung heißen, falls $a_1 b_2 - a_2 b_1 \neq 0$ ist. Ist $a_1 b_2 - a_2 b_1 = 0$, so heißt die zugehörige Abbildung *singulär affin.*

Demnach ergibt sich

Satz 2.1

Jede regulär affine Abbildung ist bijektiv.

Bei singulär affinen Abbildungen gibt es zu einem vorgegebenen Punkt X' keinen Urpunkt oder es gibt unendlich viele (siehe Beispiel 2), mithin kann die der Gleichung

$$\mathfrak{x}' = \mathfrak{a} x_1 + \mathfrak{b} x_2 + \mathfrak{v}$$

zugeordnete affine Abbildung nicht bijektiv sein.

Der Betrag des Terms $a_1 b_2 - a_2 b_1$ ist gleich dem Flächeninhalt des Parallelogramms, das durch die Vektoren $\mathfrak{a} = \begin{pmatrix} a_1 \\ a_2 \end{pmatrix}$ und $\mathfrak{b} = \begin{pmatrix} b_1 \\ b_2 \end{pmatrix}$ aufgespannt wird[1]). Deshalb sind die Vektoren $\mathfrak{a}$ und $\mathfrak{b}$ genau dann kollinear, wenn der Wert dieses Terms gleich Null ist. Ist mindestens einer der Vektoren $\mathfrak{a}$ oder $\mathfrak{b}$ vom Nullvektor verschieden, ist z. B. $\mathfrak{a} \neq \mathfrak{o}$, so wird der $\mathbb{R}^2$ auf die Gerade g: $\mathfrak{x}' = \mathfrak{v} + \lambda \mathfrak{a}$ abgebildet (siehe Aufgabe 12a). Ist sogar $\mathfrak{a} = \mathfrak{b} = \mathfrak{o}$, dann wird jeder Punkt des $\mathbb{R}^2$ auf den Punkt $O'[\mathfrak{v}]$ abgebildet. Somit ergibt sich:

Satz 2.2

Ist die Abbildung A: $\mathfrak{x}' = \mathfrak{a} x_1 + \mathfrak{b} x_2 + \mathfrak{v}$ singulär affin, so wird der $\mathbb{R}^2$
im Falle $\mathfrak{a} \neq \mathfrak{o}$ bzw. $\mathfrak{b} \neq \mathfrak{o}$ auf die Gerade g: $\mathfrak{x}' = \mathfrak{v} + \lambda \mathfrak{a}$ bzw. $\mathfrak{x}' = \mathfrak{v} + \lambda \mathfrak{b}$,
im Falle $\mathfrak{a} = \mathfrak{b} = \mathfrak{o}$ auf den Punkt $O'[\mathfrak{v}]$
abgebildet.

---

[1]) Siehe Bestell-Nr. 5302, Abschnitt 6.6.

Beispiele

1. Welche affine Abbildung bildet die Ecken C(0/0), D(5/0), E(5/5) eines Dreiecks ab in die Ecken des Dreiecks C'(4/3) D'(8/3) E'(8/6)?

Lösung:
Zu berechnen sind die Vektoren $\mathfrak{a}$, $\mathfrak{b}$ und $\mathfrak{v}$ der affinen Abbildung $A: \mathfrak{x}' = x_1\mathfrak{a} + x_2\mathfrak{b} + \mathfrak{v}$. Aus den vorgegebenen Zuordnungen ergeben sich folgende Gleichungen:

$$C(0/0) \mapsto C'(4/3) \Rightarrow \begin{pmatrix}4\\3\end{pmatrix} = 0\mathfrak{a} + 0\mathfrak{b} + \mathfrak{v} \Rightarrow \mathfrak{v} = \begin{pmatrix}4\\3\end{pmatrix}$$

$$D(5/0) \mapsto D'(8/3) \Rightarrow \begin{pmatrix}8\\3\end{pmatrix} = 5\mathfrak{a} + 0\mathfrak{b} + \mathfrak{v} \Rightarrow 5\mathfrak{a} = \begin{pmatrix}8\\3\end{pmatrix} - \begin{pmatrix}4\\3\end{pmatrix} \Rightarrow \mathfrak{a} = \begin{pmatrix}\frac{4}{5}\\0\end{pmatrix}$$

$$E(5/5) \mapsto E'(8/6) \Rightarrow \begin{pmatrix}8\\6\end{pmatrix} = 5\mathfrak{a} + 5\mathfrak{b} + \mathfrak{v} \Rightarrow 5\mathfrak{b} = \begin{pmatrix}8\\6\end{pmatrix} - 5\begin{pmatrix}\frac{4}{5}\\0\end{pmatrix} - \begin{pmatrix}4\\3\end{pmatrix} \Rightarrow \mathfrak{b} = \begin{pmatrix}0\\\frac{3}{5}\end{pmatrix}.$$

Damit heißt die gesuchte Abbildungsgleichung $\mathfrak{x}' = \begin{pmatrix}\frac{4}{5}\\0\end{pmatrix}x_1 + \begin{pmatrix}0\\\frac{3}{5}\end{pmatrix}x_2 + \begin{pmatrix}4\\3\end{pmatrix}$. Da für $\mathfrak{a} = \begin{pmatrix}\frac{4}{5}\\0\end{pmatrix}$ und $\mathfrak{b} = \begin{pmatrix}0\\\frac{3}{5}\end{pmatrix}$ gilt: $a_1b_2 - a_2b_1 \neq 0$, gehört diese Gleichung zu einer regulär affinen Abbildung.

2. Gegeben ist die affine Abbildung $A: \mathfrak{x}' = \begin{pmatrix}1\\2\end{pmatrix}x_1 + \begin{pmatrix}-2\\-4\end{pmatrix}x_2 + \begin{pmatrix}2\\2\end{pmatrix}$.

a) Zeige, daß A singulär affin ist.
b) Auf welche Punktmenge wird der $\mathbb{R}^2$ abgebildet?
c) Zeige, daß $\overline{X}'(3/4)$ zur Bildmenge gehört und bestimme die Menge aller Urpunkte $\overline{X}$, die $\overline{X}'$ als Bildpunkt haben.

Lösung:
a) Wegen $a_1b_2 - a_2b_1 = 1(-4) - 2(-2) = 0$ ist A singulär affin.

b) Da die Vektoren $\begin{pmatrix}1\\2\end{pmatrix}$ und $\begin{pmatrix}-2\\-4\end{pmatrix}$ kollinear sind, kann man die Abbildungsgleichung umformen zu $\mathfrak{x}' = \begin{pmatrix}2\\2\end{pmatrix} + (x_1 - 2x_2)\begin{pmatrix}1\\2\end{pmatrix}$. Alle Bildpunkte des $\mathbb{R}^2$ liegen daher auf der Geraden g': $\mathfrak{x}' = \begin{pmatrix}2\\2\end{pmatrix} + \lambda\begin{pmatrix}1\\2\end{pmatrix}$. Andererseits tritt jeder Punkt von g als Bildpunkt bestimmter Punkte des $\mathbb{R}^2$ auf, weil x_1, x_2 unabhängig voneinander jeden reellen Zahlenwert annehmen können und daher λ alle reellen Zahlen durchläuft. g' ist deshalb die Bildmenge des $\mathbb{R}^2$.

Da sich in g': $\mathfrak{x}' = \begin{pmatrix}2\\2\end{pmatrix} + \lambda\begin{pmatrix}1\\2\end{pmatrix}$ für $\lambda = 1$ der Vektor $\overline{\mathfrak{x}}' = \begin{pmatrix}3\\4\end{pmatrix}$ ergibt, gehört $\overline{X}'$ zur Bildmenge des $\mathbb{R}^2$.
Für Urpunkte $\overline{X}$, die auf $\overline{X}'$ abgebildet werden, muß gelten:

$$\begin{pmatrix}3\\4\end{pmatrix} = \begin{pmatrix}1\\2\end{pmatrix}\overline{x}_1 + \begin{pmatrix}-2\\-4\end{pmatrix}\overline{x}_2 + \begin{pmatrix}2\\2\end{pmatrix} \Rightarrow \begin{pmatrix}1\\2\end{pmatrix} = \begin{pmatrix}1\\2\end{pmatrix}\overline{x}_1 + \begin{pmatrix}-2\\-4\end{pmatrix}\overline{x}_2$$

$$\Rightarrow \begin{cases}\overline{x}_1 - 2\overline{x}_2 - 1 = 0\\ 2\overline{x}_1 - 4\overline{x}_2 - 2 = 0\end{cases}$$

Da sich diese Gleichungen als Gleichung ein und derselben Geraden $\overline{g}$ deuten lassen, ist die Menge alle Urpunkte $\overline{X}$ die Gerade $\overline{g}$: $\begin{pmatrix}1\\-2\end{pmatrix}\overline{\mathfrak{x}} - 1 = 0$ (Bild 2.10).

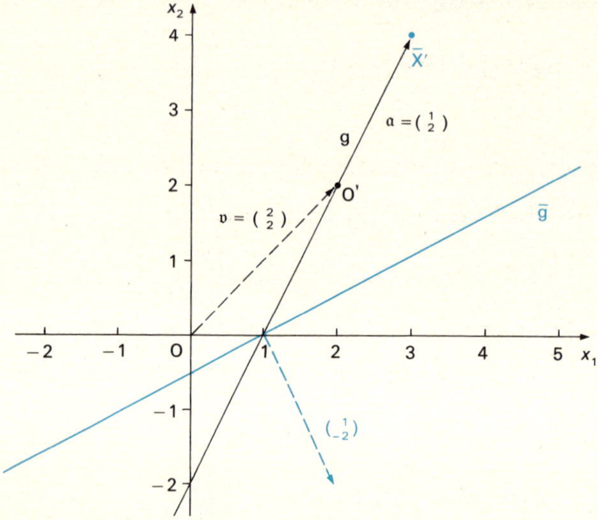

Bild 2.10

Aufgaben

1. Zeichne das Pfeildiagramm einer Abbildung, die weder injektiv noch surjektiv ist.
2. Stelle die zur Gleichung $\mathfrak{x}' = x_1 \begin{pmatrix}1\\1\end{pmatrix} + x_2 \begin{pmatrix}0\\3\end{pmatrix} + \begin{pmatrix}2\\1\end{pmatrix}$ gehörenden Gitternetze dar und trage die folgenden Punkte mit ihren Bildern ein: A(2/1), B(1/2), C(1/0), D(0/1), E(0/0).
3. Wie heißt die Abbildungsgleichung für eine Drehung um den Nullpunkt, wenn um 90° mit dem Uhrzeigersinn gedreht wird?
4. Wie unterscheiden sich geometrisch die zentrischen Streckungen vom Nullpunkt aus, wenn $|k| < 1$, $|k| > 1$, $|k| = 1$, $k > 0$, $k < 0$ ist?
5. a) Stelle die zur Gleichung $\mathfrak{x}' = x_1 \begin{pmatrix}3\\0\end{pmatrix} + x_2 \begin{pmatrix}0\\3\end{pmatrix} + \begin{pmatrix}2\\2\end{pmatrix}$ gehörenden Gitternetze dar und bilde die Ecken des Einheitsquadrates A(0/0), B(1/0), C(1/1), D(0/1) ab. Um was für eine Abbildung handelt es sich?

   b) Bilde die Ecken desselben Quadrates ab nach der Gleichung $\mathfrak{x}' = x_1 \begin{pmatrix}4\\0\end{pmatrix} + x_2 \begin{pmatrix}0\\4\end{pmatrix} - \begin{pmatrix}6\\6\end{pmatrix}$. Wie unterscheidet sich diese Abbildung von der vorhergehenden?
6. Führe für die Abbildung A: $\mathfrak{x}' = x_1 \begin{pmatrix}2\\0\end{pmatrix} + x_2 \begin{pmatrix}0\\3\end{pmatrix}$ eine Netzkonstruktion durch.

   a) In welche Punkte werden die Ecken des Einheitsquadrats (s. Aufg. 5a) abgebildet?

   b) Bilde mehrere Punkte der Geraden g_1: $\begin{pmatrix}2\\-1\end{pmatrix} \mathfrak{x} = 0$ ab.

   c) Bilde mehrere Punkte der Geraden g_2: $\begin{pmatrix}2\\-1\end{pmatrix} \mathfrak{x} - 1 = 0$ ab.

   Diskutiere die Ergebnisse von b) und c) einzeln und im Vergleich zueinander.

7. Welche affine Abbildung bildet die Ecken des Dreiecks CDE in die Ecken des Dreiecks C'D'E' ab?
a) C(1/2), D(2/2), E(0/4), C'(2/2), D'(3/2), E'(1/3),
b) C(1/1), D(0/0), E(−1/3), C'(3/2), D'(0/1), E'(5/0),
c) C(0/0), D(1/1), E(2/−1), C'(0/0), D'(3/0), E'(0/−3).

8. Konstruiere das Bild des Kreises K: $\mathfrak{x}^2 = 1$ punktweise mit Hilfe einer Netzkonstruktion, wenn die Abbildung durch die Gleichung $\mathfrak{x}' = x_1 \begin{pmatrix} 1 \\ 0 \end{pmatrix} + x_2 \begin{pmatrix} 0 \\ 2 \end{pmatrix}$ gegeben ist.

9. Gegeben sei eine Abbildung durch die Gleichung $\mathfrak{x}' = x_1 \begin{pmatrix} 1 \\ 2 \end{pmatrix} + x_2 \begin{pmatrix} 2 \\ 4 \end{pmatrix} + \begin{pmatrix} 1 \\ 1 \end{pmatrix}$. Konstruiere die Bildpunkte von 4 beliebigen Punkten C, D, E, F und diskutiere das Ergebnis.

10. Gegeben sei eine affine Abbildung durch die Gleichung $\mathfrak{x}' = x_1 \begin{pmatrix} 1 \\ 1 \end{pmatrix} + x_2 \begin{pmatrix} 2 \\ 1 \end{pmatrix} + \begin{pmatrix} 2 \\ 1 \end{pmatrix}$. Berechne die Urpunkte der folgenden Bildpunkte: C'(2/1), D'(1/1), E'(2/1), F'(−1/1), G'(2/3).

11. Gegeben seien die Eckpunkte eines Vierecks: C(1/5), D(3/1), E(9/4), F(5/7).
a) Zeige, daß es sich um ein rechtwinkliges Trapez handelt.
b) Berechne F', wenn die Bilder der drei übrigen Punkte gegeben sind: C'(2/9), D'(0/−5), E'(9/−2).
c) Sind C', D', E', F' wieder Eckpunkte eines rechtwinkligen Trapezes?

12. Gegeben ist die affine Abbildung A: $\mathfrak{x}' = \begin{pmatrix} 1 \\ -3 \end{pmatrix} x_1 + \begin{pmatrix} -2 \\ 6 \end{pmatrix} x_2 + \begin{pmatrix} -2 \\ 1 \end{pmatrix}$.
a) Bestimme die Bildmenge g' des $\mathbb{R}^2$.
b) Welche Punkte des $\mathbb{R}^2$ werden jeweils auf P'(−4/7), Q'(−3/4), R'(−2/1), S'(−1/−2) und T'(0/5) abgebildet?
c) Falls gilt: $P_1' \in g'$ und $P_2' \in g'$ und $P_1' \neq P_2'$, dann liegen alle Punkte P_1 mit dem Bild P_1' und alle Punkte P_2 mit dem Bild P_2' jeweils auf einer Geraden g_1 bzw. g_2, und es gilt: g_1 ist parallel zu g_2.

3. Matrizen

3.1. Der Rang von Matrizen

Vorübung

Suche aus der Tabelle auf Seite 5 und 6 Abbildungsgleichungen heraus, in denen $\mathfrak{x}'$ durch einen Vektorterm dargestellt wird, der $\mathfrak{x}$ enthält. Warum ist eine solche Darstellung bei den übrigen Abbildungsgleichungen der Tabelle nicht möglich?

Wir haben auf den Seiten 5 und 6 Beispiele für spezielle affine Abbildungen kennengelernt. Betrachten wir die zugehörigen Abbildungsgleichungen, so fällt auf, daß sich manchmal die Ortsvektoren der Bildpunkte unmittelbar durch die Ortsvektoren der Urpunkte ausdrücken lassen, wie z. B. bei der Abbildungsgleichung

a) der Parallelverschiebung: $\mathfrak{x}' = \mathfrak{x} + \mathfrak{v}$,

b) der Halbdrehung um den Ursprung: $\mathfrak{x}' = -\mathfrak{x}$,

c) der zentrischen Streckung von O aus: $\mathfrak{x}' = k\mathfrak{x}$,

d) der zentrischen Streckung von Z aus: $\mathfrak{x}' = k\mathfrak{x} + (1-k)\mathfrak{z}$.

Alle diese Gleichungen haben sogar eine gemeinsame Form, nämlich

$$\mathfrak{x}' = k\mathfrak{x} + \mathfrak{v} \quad \text{mit} \quad k \in \mathbb{R}\setminus\{0\}.$$

In anderen Fällen dagegen kann man die Ortsvektoren $\mathfrak{x}'$ der Bildpunkte zunächst nur mit Hilfe der *Koordinaten* der ursprünglichen Ortsvektoren darstellen, nicht aber unter Verwendung von $\mathfrak{x}$ selbst. Es gelingt auch bei Besinnung auf die uns bisher bekannt gewordenen mathematischen Hilfsmittel nicht, hier für $\mathfrak{x}'$ einen Term zu finden, der den Vektor $\mathfrak{x}$ unmittelbar enthält, nicht aber seine Koordinaten. Beispiele dafür sind die Abbildungsgleichungen

e) der Spiegelung an der x_1-Achse: $\mathfrak{x}' = \begin{pmatrix}1\\0\end{pmatrix} x_1 + \begin{pmatrix}0\\-1\end{pmatrix} x_2$,

f) der Spiegelung an der Winkelhalbierenden des 1. Quadranten: $\mathfrak{x}' = \begin{pmatrix}0\\1\end{pmatrix} x_1 + \begin{pmatrix}1\\0\end{pmatrix} x_2$,

g) der Dehnung senkrecht zur x_1-Achse: $\mathfrak{x}' = \begin{pmatrix}1\\0\end{pmatrix} x_1 + \begin{pmatrix}0\\k\end{pmatrix} x_2$.

Es wäre nun zweifellos befriedigender, wenn sich bei *jeder* Gleichung einer affinen Abbildung der Vektor $\mathfrak{x}'$ unmittelbar durch das zugehörige $\mathfrak{x}$ ausdrücken ließe, weil es im folgenden oft erforderlich sein wird, für den Vektor $\mathfrak{x}$ andere Vektorterme einzusetzen oder die Abbildungsgleichung nach dem Vektor $\mathfrak{x}$ aufzulösen. Wenn wir dieses Ziel aber erreichen wollen, müssen wir – wie oben dargelegt wurde – ein neues Hilfsmittel bereitstellen. Dieses sollte nach Möglichkeit so beschaffen sein, daß damit nicht nur eine kurze und einprägsame Schreibweise für Abbildungsgleichungen verbunden ist, sondern sich zugleich auch rechnerische Vorteile ergeben. Ein solches Hilfsmittel ist gerade der jetzt einzuführende Begriff einer *Matrix*. Wie wir sehen werden, ermöglicht dieser Begriff eine einheitliche und zugleich zweckmäßige Schreibweise für alle Gleichungen von affinen Abbildungen. Darüber hinaus verschafft uns der auf ihm basierende *Matrizenkalkül* bei der Behandlung der affinen Abbildungen spürbare rechnerische Erleichterungen.

Für die folgende Betrachtung gehen wir zunächst von der Gleichung der affinen Abbildung in der Form

$$\mathfrak{x}' = \mathfrak{a}x_1 + \mathfrak{b}x_2 + \mathfrak{v}$$

aus und schreiben sie als Gleichungssystem

$$\begin{aligned} x_1' &= a_1x_1 + b_1x_2 + v_1 \\ x_2' &= a_2x_1 + b_2x_2 + v_2 \,. \end{aligned}$$

Wir sehen, daß hier a_1, a_2, b_1 und b_2 in festliegender Anordnung mit den Koordinaten des Vektors $\mathfrak{x}$ multipliziert werden. Wir wollen deshalb diese vier Formvariablen in einem „Schema" zusammenstellen und anschließend ein „Produkt" dieses Schemas mit dem Vektor $\mathfrak{x}$ erklären. Das führt uns zu der

Definition 3.1.

Unter einer *Matrix* $\mathfrak{A}$ verstehen wir das Zahlenschema $\begin{pmatrix} a_1 & b_1 \\ a_2 & b_2 \end{pmatrix}$. Dabei heißen a_1, a_2, b_1, b_2 *Elemente* der Matrix. $\begin{pmatrix} a_1 \\ a_2 \end{pmatrix}$ und $\begin{pmatrix} b_1 \\ b_2 \end{pmatrix}$ sind die *Spaltenvektoren.* In Analogie dazu sollen (a_1, b_1) und (a_2, b_2) *Zeilenvektoren* heißen. Wir schreiben

$$\mathfrak{A} = \begin{pmatrix} a_1 & b_1 \\ a_2 & b_2 \end{pmatrix}.$$

Der hier definierte Begriff einer Matrix ist verallgemeinerungsfähig. Neben den an dieser Stelle betrachteten quadratischen (2,2)-reihigen Matrizen gibt es auch rechteckige (m, n)-reihige Matrizen mit m Zeilen und n Spalten. In diesem Sinne ist zum Beispiel der Vektor $\begin{pmatrix} 3 \\ 5 \end{pmatrix}$ eine (2,1)-reihige Matrix. Matrizen bezeichnen wir mit großen Frakturbuchstaben (Alphabet am Ende des Buches).

Wir definieren nun für (2,2)-Matrizen:

Definition 3.2.

$$\mathfrak{A}\mathfrak{x} = \begin{pmatrix} a_1 & b_1 \\ a_2 & b_2 \end{pmatrix} \begin{pmatrix} x_1 \\ x_2 \end{pmatrix} = \begin{pmatrix} a_1x_1 + b_1x_2 \\ a_2x_1 + b_2x_2 \end{pmatrix}.$$

Das bedeutet: das Produkt einer Matrix $\mathfrak{A}$ mit dem Vektor $\mathfrak{x}$ ist ein Vektor. Seine erste Koordinate ist das Skalarprodukt des ersten Zeilenvektors von $\mathfrak{A}$ mit dem Vektor $\mathfrak{x}$, seine zweite Koordinate das Skalarprodukt des zweiten Zeilenvektors mit $\mathfrak{x}$. Damit ist der Name „Produkt" gerechtfertigt.

Die Gleichung der affinen Abbildung

$$\mathfrak{x}' = \mathfrak{a}x_1 + \mathfrak{b}x_2 + \mathfrak{v}$$

bzw. das Gleichungssystem

$$\begin{aligned} x_1' &= a_1x_1 + b_1x_2 + v_1 \\ x_2' &= a_2x_1 + b_2x_2 + v_2 \end{aligned}$$

lassen sich nun schreiben in der Form

$$\mathfrak{x}' = \mathfrak{A}\mathfrak{x} + \mathfrak{v} \,.$$

Damit haben wir unser Ziel erreicht. Bei allen affinen Abbildungen ist der Ortsvektor $\mathfrak{x}'$ eines Bildpunktes X' gleich dem Term $\mathfrak{A}\mathfrak{x}+\mathfrak{v}$, der den Ortsvektor $\mathfrak{x}$ des Urpunktes X enthält.

Wir wollen nun die Determinante $\begin{vmatrix} a_1 & b_1 \\ a_2 & b_2 \end{vmatrix}$ als *Determinante der Matrix* $\mathfrak{A}$ bezeichnen und schreiben dafür $|\mathfrak{A}| = \begin{vmatrix} a_1 & b_1 \\ a_2 & b_2 \end{vmatrix} = a_1 b_2 - a_2 b_1$. Ist $|\mathfrak{A}| \neq 0$, so nennen wir $\mathfrak{A}$ eine *reguläre Matrix*, da dann durch $\mathfrak{x}' = \mathfrak{A}\mathfrak{x}+\mathfrak{v}$ immer regulär affine Abbildungen wiedergegeben werden. Ist dagegen $|\mathfrak{A}| = 0$, so sprechen wir von einer *singulären Matrix*, weil dann auch die zugehörigen affinen Abbildungen singulär sind.

Wir können diese Überlegungen auch noch unter einem anderen Gesichtspunkt betrachten. Am Ende des Abschnitts 2.2 haben wir untersucht, auf welche Punktmenge bei einer affinen Abbildung die Punkte des $\mathbb{R}^2$ abgebildet werden. Die dortigen Überlegungen lassen sich, wie folgt, zusammenfassen: Ist für eine affine Abbildung $A: \mathfrak{x}' = \mathfrak{A}\mathfrak{x}+\mathfrak{v}$ die Determinante $|\mathfrak{A}| \neq 0$, so ist die Abbildung bijektiv: der $\mathbb{R}^2$ wird auf den ganzen $\mathbb{R}^2$ abgebildet. Ist jedoch $|\mathfrak{A}| = 0$, aber mindestens ein Element der Matrix $\mathfrak{A}$ ungleich Null, so werden alle Punkte des $\mathbb{R}^2$ auf einen $\mathbb{R}^1$, nämlich auf eine Gerade, abgebildet. Sind schließlich alle Elemente von $\mathfrak{A}$ gleich Null, handelt es sich also um die sog. *Nullmatrix* $\mathfrak{O}$, so wird der $\mathbb{R}^2$ auf einen „$\mathbb{R}^0$“, das ist ein einziger Punkt, abgebildet. Um diese drei Fälle klarer unterscheiden zu können, führen wir den Begriff des Ranges einer Matrix ein.

Definition 3.3

Unter dem *Rang* einer Matrix $\mathfrak{A} \neq \mathfrak{O}$ verstehen wir die Maximalzahl linear unabhängiger Spaltenvektoren. Der Nullmatrix $\mathfrak{O}$ wird der Rang 0 zugeordnet.

Danach entscheidet also der Rang der Matrix $\mathfrak{A}$ darüber, ob bei einer affinen Abbildung der $\mathbb{R}^2$ auf den $\mathbb{R}^2$, auf einen $\mathbb{R}^1$ oder einen $\mathbb{R}^0$ abgebildet wird. Im ersten Fall ist der Rang von $\mathfrak{A}$ gleich 2, in den anderen beiden Fällen 1 bzw 0.

3.2. Affine Abbildungen und ihre Matrizen

Vorübung

Vergleiche die Abbildungen

a) $A_1: \mathfrak{x}' = \mathfrak{A}\mathfrak{x}+\mathfrak{v}_1$, $A_2: \mathfrak{x}' = \mathfrak{A}\mathfrak{x}+\mathfrak{v}_2$ und $A_3: \mathfrak{x}' = \mathfrak{A}\mathfrak{x}$,

b) A: $\mathfrak{x}' = \mathfrak{A}\mathfrak{x}+\mathfrak{v}$ und A^*: $\mathfrak{x}' = \mathfrak{A}^*\mathfrak{x}+\mathfrak{v}$

im Hinblick auf Parallelogrammgitternetz und Bild des Ursprungs.

Da wir die Definition der Matrizen eng an die affinen Abbildungen geknüpft haben, können wir uns fragen, ob sich die Matrizen umkehrbar eindeutig den affinen Abbildungen zuordnen lassen. Man sieht unmittelbar, daß das nicht möglich ist. Denn zu jeder Matrix $\mathfrak{A}$ gehören unendlich viele Abbildungen, nämlich alle die, deren Gleichung die Form hat $\mathfrak{x}' = \mathfrak{A}\mathfrak{x}+\mathfrak{v}$ mit beliebig gewähltem $\mathfrak{v} \in \mathbb{V}^2$. Wohl aber kann man vermuten, daß die Zuordnung bijektiv wird, wenn man zuordnet:

$$\mathfrak{A} \mapsto A \quad \text{mit} \quad A: \mathfrak{x}' = \mathfrak{A}\mathfrak{x}.$$

Dadurch haben wir aus der Menge der Abbildungen, die zu $\mathfrak{A}$ gehören, den Repräsentanten herausgegriffen, für den $\mathfrak{v} = \mathfrak{o}$ ist. Durch die Gleichung $\mathfrak{x}' = \mathfrak{A}\mathfrak{x}$ ist stets eine *nullpunkttreue* affine Abbildung gegeben, d. h. der Nullpunkt O wird auf sich selbst abgebildet: für $\mathfrak{x} = \mathfrak{o}$ ergibt sich

$$\mathfrak{x}' = \begin{pmatrix} a_1 & b_1 \\ a_2 & b_2 \end{pmatrix} \begin{pmatrix} 0 \\ 0 \end{pmatrix} = \begin{pmatrix} 0 \\ 0 \end{pmatrix} = \mathfrak{o}\,.$$

Umgekehrt kann man nachweisen, daß jede nullpunkttreue Abbildung eine Gleichung der Form $\mathfrak{x}' = \mathfrak{A}\mathfrak{x}$ haben muß. Denn eine Abbildung A: $\mathfrak{x}' = \mathfrak{A}\mathfrak{x} + \mathfrak{v}$ mit $\mathfrak{v} \neq \mathfrak{o}$ bildet O auf $O'[\mathfrak{v}]$ mit $O' \neq O$ ab. Damit gilt:

Satz 3.1

Die und nur die affinen Abbildungen sind nullpunkttreu, deren Gleichungen die Form haben

$$\mathfrak{x}' = \mathfrak{A}\mathfrak{x}\,.$$

Um unsere eben ausgesprochene Vermutung zu bestätigen, beweisen wir den

Satz 3.2

Jeder nullpunkttreuen affinen Abbildung A ist umkehrbar eindeutig ihre Matrix $\mathfrak{A}$ zugeordnet.

Zum Beweis dieses Satzes müssen wir zeigen, daß jede nullpunkttreue affine Abbildung durch genau eine Matrix $\mathfrak{A}$ festgelegt ist.
Würde etwa neben $\mathfrak{A}$ auch $\mathfrak{A}^*$ die gleiche nullpunkttreue affine Abbildung charakterisieren, so müßte für alle $\mathfrak{x} \in \mathbb{V}^2$ gelten:

$$\mathfrak{x}' = \mathfrak{A}\mathfrak{x} = \mathfrak{A}^*\mathfrak{x}$$

oder

$$\begin{aligned} a_1 x_1 + b_1 x_2 &= a_1^* x_1 + b_1^* x_2 \\ a_2 x_1 + b_2 x_2 &= a_2^* x_1 + b_2^* x_2 \end{aligned}$$

Es folgt:

$$\begin{aligned} 0 &= (a_1 - a_1^*)\, x_1 + (b_1 - b_1^*)\, x_2 \\ 0 &= (a_2 - a_2^*)\, x_1 + (b_2 - b_2^*)\, x_2 \end{aligned}$$

Beide Gleichungen müssen bezüglich der Variablen x_1 und x_2 allgemeingültig sein. Das ist aber nur möglich, wenn zugleich $a_1 = a_1^*$, $a_2 = a_2^*$, $b_1 = b_1^*$ und $b_2 = b_2^*$ ist.
Auf Grund von Satz 3.2 ist es sinnvoll, zwei Matrizen als gleich anzusehen, wenn sie dieselbe nullpunkttreue affine Abbildung charakterisieren. Deshalb definieren wir:

Definition 3.4

Zwei Matrizen $\mathfrak{A}$ und $\mathfrak{A}^*$ sind genau dann gleich, wenn sie in allen Elementen übereinstimmen:

$$\begin{pmatrix} a_1 & b_1 \\ a_2 & b_2 \end{pmatrix} = \begin{pmatrix} a_1^* & b_1^* \\ a_2^* & b_2^* \end{pmatrix} \Leftrightarrow \quad a_1 = a_1^* \quad \text{und} \quad a_2 = a_2^* \quad \text{und} \quad b_1 = b_1^* \quad \text{und} \quad b_2 = b_2^*.$$

Betrachtet man nun noch einmal die Menge aller affinen Abbildungen, so kann man abschließend beweisen (siehe Aufgabe 7):

Satz 3.3

Jede affine Abbildung A mit der Gleichung $\mathfrak{x}' = \mathfrak{A}\mathfrak{x} + \mathfrak{v}$ läßt sich zerlegen in die nullpunkttreue affine Abbildung mit der Matrix $\mathfrak{A}$ mit anschließender Parallelverschiebung um den Vektor $\mathfrak{v}$. Die Matrix $\mathfrak{A}$ und der Vektor $\mathfrak{v}$ bestimmen die Abbildung A eindeutig.

Beispiel

Bestimme die Bildmenge des $\mathbb{R}^2$ für die affine Abbildung $A: \mathfrak{x}' = \begin{pmatrix} 6 & -9 \\ -4 & 6 \end{pmatrix} \mathfrak{x} + \begin{pmatrix} 4 \\ 1 \end{pmatrix}$.

Lösung:

Wegen $|\mathfrak{A}| = \begin{vmatrix} 6 & -9 \\ -4 & 6 \end{vmatrix} = 0$ und $\mathfrak{A} \neq \mathfrak{O}$ ist der Rang von $\mathfrak{A}$ gleich 1. Mithin ist die Bildmenge ein $\mathbb{R}^1$ und zwar nach Seite 8 die Gerade $g': \mathfrak{x}' = \mathfrak{v} + \lambda \mathfrak{a}$, also hier $g': \mathfrak{x}' = \begin{pmatrix} 4 \\ 1 \end{pmatrix} + \lambda \begin{pmatrix} 6 \\ -4 \end{pmatrix}$.

Aufgaben

1. Welche Matrix gehört
   a) zu einer Parallelverschiebung,
   b) zu einer Drehung um O um 90°,
   c) zur zentrischen Streckung von O aus,
   d) zur Halbdrehung um O,
   e) zur Spiegelung an der x_1-Achse,
   f) zur Spiegelung an der x_2-Achse,
   g) zur Spiegelung an der Winkelhalbierenden des ersten und dritten Quadranten?

2. Berechne die Vektoren
   a) $\begin{pmatrix} 2 & 3 \\ 0 & 5 \end{pmatrix} \begin{pmatrix} 2 \\ 3 \end{pmatrix}$, b) $\begin{pmatrix} 4 & 1 \\ -2 & -3 \end{pmatrix} \begin{pmatrix} 4 \\ 1 \end{pmatrix}$, c) $\begin{pmatrix} 0 & 4 \\ 0 & 0 \end{pmatrix} \begin{pmatrix} 0 \\ 1 \end{pmatrix}$,
   d) $\begin{pmatrix} 0 & 0 \\ 0 & 0 \end{pmatrix} \begin{pmatrix} 2 \\ 5 \end{pmatrix}$, e) $\begin{pmatrix} 1 & 0 \\ 0 & 2 \end{pmatrix} \begin{pmatrix} 3 \\ 0 \end{pmatrix} + \begin{pmatrix} 5 & 2 \\ 0 & 0 \end{pmatrix} \begin{pmatrix} 3 \\ 1 \end{pmatrix}$.

3. Bilde je ein Beispiel einer (m, n)-reihigen Matrix für
   a) $m = 4, n = 3$; b) $m = 1, n = 5$; c) $m = 3, n = 1$; d) $m = 4, n = 4$.

4. Bestimme den Rang folgender Matrizen:
   a) $\begin{pmatrix} 4 & 3 \\ 2 & -5 \end{pmatrix}$, b) $\begin{pmatrix} 18 & -12 \\ 12 & 8 \end{pmatrix}$, c) $\begin{pmatrix} 15 & -15 \\ 10 & 10 \end{pmatrix}$, d) $\begin{pmatrix} 0 & 4 \\ 0 & 6 \end{pmatrix}$, e) $\begin{pmatrix} 0 & 0 \\ 2 & 0 \end{pmatrix}$.

5. Berechne $|\mathfrak{A}|$ für die Matrizen aus Aufgabe 1.

6. Gib je ein Beispiel von Matrizen $\mathfrak{A}$, $\mathfrak{B}$ an, für die gilt: $\mathfrak{A} \neq \mathfrak{B}$ und $|\mathfrak{A}| = |\mathfrak{B}|$ und die sich a) in vier, b) in drei, c) in zwei Elementen und d) in nur einem Element unterscheiden.

7. Beweise den Satz 3.3.

8. Auf welche Bildpunkte werden bei der Abbildung A die Punkte P(2/3), Q(−1/4), R(2/0), S(0/−4) abgebildet?

a) $A: \mathfrak{x}' = \begin{pmatrix} 2 & -3 \\ 7 & 1 \end{pmatrix} \mathfrak{x} + \begin{pmatrix} 2 \\ 1 \end{pmatrix}$, b) $A: \mathfrak{x}' = \begin{pmatrix} 2 & 6 \\ -3 & -9 \end{pmatrix} \mathfrak{x} + \begin{pmatrix} 11 \\ 17 \end{pmatrix}$.

Warum ist in Aufgabe b) P′ = Q′? Gib weitere Urpunkte an, die auf P′ abgebildet werden.

9. Auf welche Punktmenge wird der $\mathbb{R}^2$ durch die affine Abbildung A abgebildet?

a) $A: \mathfrak{x}' = \begin{pmatrix} 3 & 7 \\ 6 & 14 \end{pmatrix} \mathfrak{x} + \begin{pmatrix} -2 \\ 1 \end{pmatrix}$, b) $A: \mathfrak{x}' = \begin{pmatrix} -10 & 15 \\ 6 & 9 \end{pmatrix} \mathfrak{x}$.

10. a) Zeige, daß die Abbildung

$A: \mathfrak{x}' = \begin{pmatrix} 6 & -9 \\ -8 & 12 \end{pmatrix} \mathfrak{x} + \begin{pmatrix} 3 \\ 7 \end{pmatrix}$ singulär ist.

b) Bestimme die Bildpunktmenge g′ des $\mathbb{R}^2$.

c) Welche Punktmenge des $\mathbb{R}^2$ wird auf den Bildpunkt von P(3/10) abgebildet?

11. a) Bestimme die Bildmenge $A(\mathbb{R}^2)$ für die affine Abbildung

$$A: \mathfrak{x}' = \begin{pmatrix} 2 & -4 \\ -3 & 6 \end{pmatrix} \mathfrak{x} + \begin{pmatrix} 0 \\ -4 \end{pmatrix}.$$

b) Welche Punktmenge wird auf den Punkt P′(−2/−1) abgebildet?

c) Zeige, daß alle Urpunkte, die auf ein und denselben Bildpunkt aus $A(\mathbb{R}^2)$ abgebildet werden, auf einer Geraden liegen.

12. Beweise:

a) Bei einer singulär affinen Abbildung, deren Matrix den Rang 1 hat, ist die Menge der Urpunkte, die jeweils auf ein und denselben Bildpunkt abgebildet werden, eine Gerade.

b) Zwei verschiedene Bildpunkte haben bei dieser Abbildung zueinander parallele „Urpunktgeraden".

3.3. Addition und S-Multiplikation von Matrizen

Vorübungen

1. Bestimme die Vektoren $\begin{pmatrix} 2 & 1 \\ 3 & -1 \end{pmatrix} \mathfrak{x}$ und $\begin{pmatrix} 5 & -2 \\ 4 & 2 \end{pmatrix} \mathfrak{x}$ und berechne ihre Summe. Wie kann man diesen Summenvektor als Produkt einer einzigen Matrix mit dem Vektor $\mathfrak{x}$ ausdrücken? Vergleiche die drei Matrizen miteinander.

2. Wie berechnet man das Produkt zwischen einer reellen Zahl und einem Spaltenvektor? Welche Rechengesetze gelten für diese S-Multiplikation?

Wir wollen in diesem Kapitel erste Rechenoperationen für Matrizen kennenlernen und damit erste Rechengesetze des Matrizenkalküls bereitstellen. Dabei beschränken wir uns in diesem Buch auf die *Menge* $\mathbb{M}$ *der* (2,2)-*Matrizen.*

Wir gehen von zwei Matrizen $\mathfrak{A}$ und $\mathfrak{A}^*$ und dem Vektor $\mathfrak{x}$ aus. Berechnet man nun den Summenvektor der Vektoren $\mathfrak{A}\mathfrak{x}$ und $\mathfrak{A}^*\mathfrak{x}$, so ergibt sich:

$$\begin{aligned}\mathfrak{A}\mathfrak{x}+\mathfrak{A}^*\mathfrak{x} &= \begin{pmatrix} a_1 & b_1 \\ a_2 & b_2 \end{pmatrix}\begin{pmatrix} x_1 \\ x_2 \end{pmatrix} + \begin{pmatrix} a_1^* & b_1^* \\ a_2^* & b_2^* \end{pmatrix}\begin{pmatrix} x_1 \\ x_2 \end{pmatrix} \\ &= \begin{pmatrix} a_1 x_1 + b_1 x_2 \\ a_2 x_1 + b_2 x_2 \end{pmatrix} + \begin{pmatrix} a_1^* x_1 + b_1^* x_2 \\ a_2^* x_1 + b_2^* x_2 \end{pmatrix} \\ &= \begin{pmatrix} (a_1 + a_1^*)\, x_1 + (b_1 + b_1^*)\, x_2 \\ (a_2 + a_2^*)\, x_1 + (b_2 + b_2^*)\, x_2 \end{pmatrix}.\end{aligned}$$

Dieser Vektor läßt sich nach Definition 3.2 auch schreiben in der Form

$$\begin{pmatrix} a_1 + a_1^* & b_1 + b_1^* \\ a_2 + a_2^* & b_2 + b_2^* \end{pmatrix} \mathfrak{x}.$$

Vergleicht man die vor $\mathfrak{x}$ stehende Matrix mit den Matrizen $\mathfrak{A}$ und $\mathfrak{A}^*$, so stellen wir fest: die Elemente der neuen Matrix erhält man durch Addition der an entsprechenden Stellen stehenden Elemente von $\mathfrak{A}$ und $\mathfrak{A}^*$. Die Addition der Vektoren $\mathfrak{A}\mathfrak{x}$ und $\mathfrak{A}^*\mathfrak{x}$ ist gleichbedeutend mit der Addition entsprechender Elemente der Matrizen $\mathfrak{A}$ und $\mathfrak{A}^*$. Deshalb setzen wir fest:

Definition 3.5

Unter der Summe $\mathfrak{A}+\mathfrak{A}^*$ zweier beliebiger Matrizen $\mathfrak{A}, \mathfrak{A}^* \in \mathbb{M}$ versteht man:

$$\mathfrak{A}+\mathfrak{A}^* = \begin{pmatrix} a_1 & b_1 \\ a_2 & b_2 \end{pmatrix} + \begin{pmatrix} a_1^* & b_1^* \\ a_2^* & b_2^* \end{pmatrix} = \begin{pmatrix} a_1 + a_1^* & b_1 + b_1^* \\ a_2 + a_2^* & b_2 + b_2^* \end{pmatrix}.$$

In dieser Definition wird die Summe zweier Matrizen auf die Summenbildung reeller Zahlen zurückgeführt. Da nun die Menge der reellen Zahlen eine kommutative Gruppe bezüglich der Addition ist, kann man erwarten, daß auch die Menge der Matrizen eine abelsche Gruppe bezüglich der oben definierten Addition bildet. Wir beweisen deshalb den

Satz 3.4

Die Menge $\mathbb{M}$ der Matrizen bildet eine kommutative Gruppe bezüglich der Addition.

Da nach der Definition 3.5 die Summe zweier beliebiger Matrizen wieder eine Matrix bildet und eindeutig bestimmt ist, ist $(\mathbb{M}; +)$ ein Verknüpfungsgebilde.

Die Gültigkeit des kommutativen Gesetzes wird im Beispiel am Schluß des Kapitels und die des assoziativen Gesetzes in Aufgabe 2 bewiesen.

Das neutrale Element ist die Nullmatrix $\mathfrak{O}$, denn es gilt:

$$\begin{pmatrix} a_1 & b_1 \\ a_2 & b_2 \end{pmatrix} + \begin{pmatrix} 0 & 0 \\ 0 & 0 \end{pmatrix} = \begin{pmatrix} 0 & 0 \\ 0 & 0 \end{pmatrix} + \begin{pmatrix} a_1 & b_1 \\ a_2 & b_2 \end{pmatrix} = \begin{pmatrix} a_1 & b_1 \\ a_2 & b_2 \end{pmatrix}.$$

Dabei gilt: $\mathfrak{O} \in \mathbb{M}$.

Ferner gehört zur Matrix $\mathfrak{A} = \begin{pmatrix} a_1 & b_1 \\ a_2 & b_2 \end{pmatrix}$ das inverse Element $\begin{pmatrix} -a_1 & -b_1 \\ -a_2 & -b_2 \end{pmatrix}$, da ja

$$\begin{pmatrix} a_1 & b_1 \\ a_2 & b_2 \end{pmatrix} + \begin{pmatrix} -a_1 & -b_1 \\ -a_2 & -b_2 \end{pmatrix} = \begin{pmatrix} -a_1 & -b_1 \\ -a_2 & -b_2 \end{pmatrix} + \begin{pmatrix} a_1 & b_1 \\ a_2 & b_2 \end{pmatrix} = \begin{pmatrix} 0 & 0 \\ 0 & 0 \end{pmatrix} \quad \text{ist.}$$

Diese inverse Matrix ist wieder ein Element von $\mathbb{M}$. Für das inverse Element der Matrix $\mathfrak{A}$ vereinbaren wir in Anlehnung an die auch sonst übliche Schreibweise für inverse Elemente bei additiven Gruppen[1]):

Definition 3.6

$$-\mathfrak{A} = \begin{pmatrix} -a_1 & -b_1 \\ -a_2 & -b_2 \end{pmatrix}$$

Es gilt somit $\mathfrak{A} + (-\mathfrak{A}) = \mathfrak{O}$.
Wir haben früher an einzelnen Beispielen erkannt, daß sich in Gruppen eine Umkehrung der Gruppenoperation einführen läßt, die wir im Falle additiver Gruppen „Subtraktion“ nannten. So kann man z. B. für die Menge der reellen Zahlen oder für die Menge aller Vektoren bzw. Pfeilklassen eine Subtraktion definieren. Wollen wir jetzt eine solche Subtraktion für Matrizen einführen, so müssen wir nachweisen, daß sich die Matrizengleichung

(1) $$\mathfrak{X} + \mathfrak{A}^* = \mathfrak{A}$$

stets eindeutig lösen läßt. Untersucht man nun diese Gleichung auf Lösungen, so erkennt man durch Addition von $(-\mathfrak{A}^*)$ auf beiden Seiten der Gleichung (1), daß $\mathfrak{A} + (-\mathfrak{A}^*)$ die Lösungsmatrix ist.
Deshalb können wir, wie bei reellen Zahlen und Vektoren, die Subtraktion einer Matrix $\mathfrak{A}^*$ als Addition ihrer Gegenmatrix $-\mathfrak{A}^*$ erklären:

Definition 3.7

Unter der Differenz $\mathfrak{A} - \mathfrak{A}^*$ zweier beliebiger Matrizen $\mathfrak{A}, \mathfrak{A}^* \in \mathbb{M}$ versteht man

$$\mathfrak{A} - \mathfrak{A}^* = \mathfrak{A} + (-\mathfrak{A}^*).$$

Mit Definition 3.2 haben wir erklärt, was unter dem Produkt einer Matrix mit einem Vektor verstanden werden soll. Für diese Multiplikation von Matrizen mit Vektoren gelten nun die folgenden beiden Distributivgesetze:

Satz 3.5

Für alle $\mathfrak{A}, \mathfrak{A}^* \in \mathbb{M}$ und alle $\mathfrak{x}, \mathfrak{y} \in \mathbb{V}^2$ gilt:

(1) $$\mathfrak{A}(\mathfrak{x} + \mathfrak{y}) = \mathfrak{A}\mathfrak{x} + \mathfrak{A}\mathfrak{y}$$

(2) $$(\mathfrak{A} + \mathfrak{A}^*)\,\mathfrak{x} = \mathfrak{A}\mathfrak{x} + \mathfrak{A}^*\mathfrak{x}$$

Gesetz (1) beweisen wir in Aufgabe 8, Gleichung (2) folgt unmittelbar aus den Definitionen 3.2 und 3.5.

[1] Zur Abkürzung der Sprechweise wollen wir in Zukunft Gruppen, bei denen die Verknüpfung als Addition geschrieben wird, additive Gruppen nennen.

Da Vektoren spezielle Matrizen sind, kann man versuchen, die für Vektoren definierte S-Multiplikation zu einer S-Multiplikation von Matrizen zu verallgemeinern: Wie Vektoren kann man auch Matrizen wiederholt zu sich selbst addieren. So ist einerseits $\mathfrak{A} + \mathfrak{A} = \begin{pmatrix} 2a_1 & 2b_1 \\ 2a_2 & 2b_2 \end{pmatrix}$, andererseits liegt es nahe, für $\mathfrak{A} + \mathfrak{A}$ das Symbol $2\mathfrak{A}$ einzuführen. Ebenso einleuchtend ist für eine Summe aus n Summanden $\mathfrak{A}$ die Schreibweise

$$\underbrace{\mathfrak{A} + \mathfrak{A} + \cdots + \mathfrak{A}}_{\text{n-mal}} = \begin{pmatrix} na_1 & nb_1 \\ na_2 & nb_2 \end{pmatrix} = n\mathfrak{A}.$$

Diese zunächst für natürliche Zahlen n eingeführte S-Multiplikation mit Matrizen verallgemeinern wir nun auf beliebige reelle Zahlen λ:

Definition 3.8

Für jede Matrix $\mathfrak{A} \in \mathbb{M}$ und für jedes $\lambda \in \mathbb{R}$ soll gelten:

$$\lambda\mathfrak{A} = \begin{pmatrix} \lambda a_1 & \lambda b_1 \\ \lambda a_2 & \lambda b_2 \end{pmatrix} = \begin{pmatrix} a_1\lambda & b_1\lambda \\ a_2\lambda & b_2\lambda \end{pmatrix} = \mathfrak{A}\lambda.$$

Für die S-Multiplikation von Matrizen lassen sich die folgenden Rechengesetze beweisen, die uns schon bei der S-Multiplikation von Vektoren begegnet sind:

(1) $\lambda(\mu\mathfrak{A}) = (\lambda\mu)\mathfrak{A}$ gemischt assoziatives Gesetz

(2) $(\lambda + \mu)\mathfrak{A} = \lambda\mathfrak{A} + \mu\mathfrak{A}$ 1. distributives Gesetz

(3) $\lambda(\mathfrak{A} + \mathfrak{A}^*) = \lambda\mathfrak{A} + \lambda\mathfrak{A}^*$ 2. distributives Gesetz

(4) $1\mathfrak{A} = \mathfrak{A}$.

Die zugehörigen Beweise werden in Aufgabe 3 geführt.

Wir haben früher erfahren, daß eine Menge von Vektoren einen linearen Vektorraum bildet, wenn sie eine additive Gruppe ist und wenn eine S-Multiplikation definiert ist, für die die oben erwähnten Rechengesetze gelten. Alle unsere Untersuchungen über Matrizen lassen sich abschließend zusammenfassen in dem

Satz 3.6

Die Menge $\mathbb{M}$ aller Matrizen bildet bezüglich der eingeführten Rechenoperationen der Addition und der S-Multiplikation einen linearen Vektorraum. Dabei ist die Nullmatrix der „Nullvektor".

Beispiele

1. Beweise das kommutative Gesetz für die Addition von Matrizen.

Lösung:

$$\mathfrak{A} + \mathfrak{A}^* = \begin{pmatrix} a_1 & b_1 \\ a_2 & b_2 \end{pmatrix} + \begin{pmatrix} a_1^* & b_1^* \\ a_2^* & b_2^* \end{pmatrix} = \begin{pmatrix} a_1 + a_1^* & b_1 + b_1^* \\ a_2 + a_2^* & b_2 + b_2^* \end{pmatrix} = \begin{pmatrix} a_1^* + a_1 & b_1^* + b_1 \\ a_2^* + a_2 & b_2^* + b_2 \end{pmatrix}$$

$$= \begin{pmatrix} a_1^* & b_1^* \\ a_2^* & b_2^* \end{pmatrix} + \begin{pmatrix} a_1 & b_1 \\ a_2 & b_2 \end{pmatrix} = \mathfrak{A}^* + \mathfrak{A}.$$

2. Zeige, daß die Matrizen $\begin{pmatrix}0 & 1\\1 & 1\end{pmatrix}, \begin{pmatrix}1 & 0\\1 & 1\end{pmatrix}, \begin{pmatrix}1 & 1\\0 & 1\end{pmatrix}, \begin{pmatrix}1 & 1\\1 & 0\end{pmatrix}$ als „Vektoren" des linearen Vektorraumes der Matrizen aufgefaßt, linear unabhängig sind.

Lösung:

Wir müssen beweisen, daß für die Variablen p_1, p_2, p_3, p_4 in der Gleichung

(1) $$p_1\begin{pmatrix}0 & 1\\1 & 1\end{pmatrix} + p_2\begin{pmatrix}1 & 0\\1 & 1\end{pmatrix} + p_3\begin{pmatrix}1 & 1\\0 & 1\end{pmatrix} + p_4\begin{pmatrix}1 & 1\\1 & 0\end{pmatrix} = \mathfrak{O}$$

nur die Lösung $p_1 = p_2 = p_3 = p_4 = 0$ möglich ist. Führt man auf der linken Seite von (1) die Multiplikationen aus und addiert die entstandenen Matrizen, so erhält man

$$\begin{pmatrix}p_2 + p_3 + p_4 & p_1 + p_3 + p_4\\p_1 + p_2 + p_4 & p_1 + p_2 + p_3\end{pmatrix} = \begin{pmatrix}0 & 0\\0 & 0\end{pmatrix}.$$

Auf Grund der Definition der Gleichheit von Matrizen folgt

(2) $$p_2 + p_3 + p_4 = 0\,,$$

(3) $$p_1 + p_3 + p_4 = 0\,,$$

(4) $$p_1 + p_2 + p_4 = 0\,,$$

(5) $$p_1 + p_2 + p_3 = 0\,.$$

Addiert man diese Gleichungen und dividiert durch 3, so ergibt sich

(6) $$p_1 + p_2 + p_3 + p_4 = 0\,.$$

Subtrahiert man nun (2) von (6), so ergibt sich $p_1 = 0$. Entsprechend folgt aus (3) und (6), aus (4) und (6) sowie aus (5) und (6) $p_2 = p_3 = p_4 = 0$. Die gegebenen Matrizen sind also linear unabhängig.

Aufgaben

1. Berechne die Vektoren

a) $\begin{pmatrix}2 & 1\\1 & 2\end{pmatrix}\mathfrak{x} + \begin{pmatrix}1 & 2\\2 & 1\end{pmatrix}\mathfrak{x}$, b) $\begin{pmatrix}-4 & 0\\-1 & 1\end{pmatrix}\mathfrak{x} - 4\begin{pmatrix}3 & 2\\0 & -3\end{pmatrix}\mathfrak{x}$, c) $-2\begin{pmatrix}2 & 0\\0 & 2\end{pmatrix}\mathfrak{x} + 3\begin{pmatrix}0 & 1\\1 & 0\end{pmatrix}\mathfrak{x}$.

2. Beweise die Gültigkeit des assoziativen Gesetzes für die Addition von Matrizen.

3. Beweise die Rechengesetze (1) bis (3) von Seite 20 für die S-Multiplikation von Matrizen.

4. Untersuche, ob die Menge aller Matrizen, deren Elemente gerade Zahlen sind, eine kommutative Gruppe bezüglich der Addition bildet.

5. Zeige:

a) Die vier Matrizen $\begin{pmatrix}1 & 0\\0 & 0\end{pmatrix}, \begin{pmatrix}0 & 1\\0 & 0\end{pmatrix}, \begin{pmatrix}0 & 0\\1 & 0\end{pmatrix}, \begin{pmatrix}0 & 0\\0 & 1\end{pmatrix}$ sind linear unabhängig.

b) Jede andere Matrix $\mathfrak{A}$ ist von diesen vier Matrizen linear abhängig. Der Vektorraum der Matrizen ist also vierdimensional, wobei die vier Matrizen aus a) besonders einfache „Basisvektoren" sind.

6. Untersuche die folgenden Matrizen auf lineare Abhängigkeit

a) $\begin{pmatrix}3 & -2\\4 & -1\end{pmatrix}$ und $\begin{pmatrix}-6 & 4\\-8 & 2\end{pmatrix}$, b) $\begin{pmatrix}3 & 0\\0 & 4\end{pmatrix}$ und $\begin{pmatrix}2 & 0\\0 & 3\end{pmatrix}$, c) $\begin{pmatrix}2 & 1\\1 & 0\end{pmatrix}, \begin{pmatrix}3 & 2\\2 & 1\end{pmatrix}, \begin{pmatrix}7 & 4\\4 & 1\end{pmatrix}$.

d) $\begin{pmatrix}-1 & 2\\2 & 1\end{pmatrix}, \begin{pmatrix}3 & 1\\-1 & 3\end{pmatrix}, \begin{pmatrix}1 & 3\\3 & -1\end{pmatrix}$.

7. Untersuche, ob die vier Matrizen $\begin{pmatrix}1 & 1\\ 0 & 0\end{pmatrix}, \begin{pmatrix}1 & 0\\ 1 & 0\end{pmatrix}, \begin{pmatrix}0 & 0\\ 1 & 1\end{pmatrix}, \begin{pmatrix}0 & 1\\ 0 & 1\end{pmatrix}$ linear unabhängig sind.

8. Beweise: Für alle Matrizen $\mathfrak{A}$ und für alle Vektoren $\mathfrak{x}, \mathfrak{y} \in \mathbb{V}^2$ gilt:

$$\mathfrak{A}(\mathfrak{x}+\mathfrak{y}) = \mathfrak{A}\mathfrak{x} + \mathfrak{A}\mathfrak{y}\,.$$

9. Es sei $\mathfrak{A} \neq \mathfrak{O}$ eine beliebige, fest vorgegebene Matrix. Zeige:
Bilden geeignete Repräsentanten der n Vektoren $\mathfrak{a}_1, \mathfrak{a}_2, \ldots, \mathfrak{a}_n$ des $\mathbb{V}^2$ einen geschlossenen Linienzug, so lassen sich auch Repräsentanten der n Vektoren $\mathfrak{A}\mathfrak{a}_1, \mathfrak{A}\mathfrak{a}_2, \ldots, \mathfrak{A}\mathfrak{a}_n$ zu einem geschlossenen Linienzug zusammensetzen.

3.4. Punkt- und Vektorabbildungen

Vorübungen

1. Bestimme bei der Abbildung $A: \mathfrak{x}' = \begin{pmatrix}2 & 1\\ 3 & 4\end{pmatrix}\mathfrak{x} + \begin{pmatrix}-1\\ 3\end{pmatrix}$ die Bildpunkte von P(2/1) und Q(4/5).
2. Wie kann man einen Vektor als Klasse von geordneten Punktepaaren definieren? Spiegele das Punktepaar (P, Q) mit P(3/1), Q(5/2) an der x_1-Achse. Spiegele ein anderes Punktepaar derselben Klasse ebenfalls an der x_1-Achse. Was läßt sich über die beiden Bildpunktepaare feststellen?

Bisher haben wir in der Abbildungsgeometrie Abbildungsgleichungen für *Punktabbildungen* betrachtet. Die Abbildungsgleichung ermöglicht es uns, den Ortsvektor $\mathfrak{x}'$ eines Bildpunktes X′ aus der Abbildungsmatrix $\mathfrak{A}$, dem Ortsvektor $\mathfrak{x}$ des Urpunktes X und dem Verschiebungsvektor $\mathfrak{v}$ zu berechnen. Es gilt:

(1) $$\mathfrak{x}' = \mathfrak{A}\mathfrak{x} + \mathfrak{v}\,.$$

So wird der Punkt P[$\mathfrak{p}$] auf den Bildpunkt P′[$\mathfrak{A}\mathfrak{p}+\mathfrak{v}$], der Punkt Q[$\mathfrak{q}$] entsprechend auf Q′[$\mathfrak{A}\mathfrak{q}+\mathfrak{v}$] abgebildet.
Insbesondere wird also auch das Punktepaar (P, Q) auf das Bildpunktepaar (P′, Q′) abgebildet. Das bedeutet aber: Mit jeder Punktabbildung A: $\mathfrak{x}' = \mathfrak{A}\mathfrak{x} + \mathfrak{v}$ wird gleichzeitig eine Abbildung von geordneten Punktepaaren bewirkt.
Nun läßt sich das Punktepaar (P, Q) als Repräsentant des Vektors $\overrightarrow{PQ}$, das Punktepaar (P′,Q′) als Repräsentant des Vektors $\overrightarrow{P'Q'}$ auffassen. Wir fragen uns deshalb, ob es vielleicht eine „Vektorabbildung" $\breve{A}$ gibt, die den Vektor $\overrightarrow{PQ}$ auf den Vektor $\overrightarrow{P'Q'}$ abbildet und wie sie gegebenenfalls mit der Punktabbildung A zusammenhängt. Eine solche Vektorabbildung existiert genau dann, wenn jeder Repräsentant von $\overrightarrow{PQ}$ als Bild einen Repräsentanten von $\overrightarrow{P'Q'}$ hat.
Ist nun (P, Q) ein erster Repräsentant von $\overrightarrow{PQ}$ und (P′, Q′) sein Bild, so gilt für dessen Vektor $\overrightarrow{P'Q'}$ unter Anwendung von (1) und Satz 3.5

(2) $$\overrightarrow{P'Q'} = \mathfrak{q}' - \mathfrak{p}' = (\mathfrak{A}\mathfrak{q}+\mathfrak{v}) - (\mathfrak{A}\mathfrak{p}+\mathfrak{v}) = \mathfrak{A}\mathfrak{q} - \mathfrak{A}\mathfrak{p} = \mathfrak{A}(\mathfrak{q}-\mathfrak{p})$$
$$= \mathfrak{A}\overrightarrow{PQ}\,.$$

Ist (R, S) ein anderes zu $\overrightarrow{PQ}$ gehörendes Punktepaar, ist also $\overrightarrow{RS} = \overrightarrow{PQ}$, und ist (R′, S′) das Bildpunktepaar von (R, S), so folgt:

$$(3) \qquad \begin{aligned}\overrightarrow{R'S'} &= \mathfrak{s}' - \mathfrak{r}' = (\mathfrak{A}\mathfrak{s} + \mathfrak{v}) - (\mathfrak{A}\mathfrak{r} + \mathfrak{v}) = \mathfrak{A}\mathfrak{s} - \mathfrak{A}\mathfrak{r} = \mathfrak{A}(\mathfrak{s} - \mathfrak{r}) \\ &= \mathfrak{A}\overrightarrow{RS}\,.\end{aligned}$$

Wegen $\overrightarrow{RS} = \overrightarrow{PQ}$ folgt aus (2) und (3) $\mathfrak{A}\overrightarrow{RS} = \mathfrak{A}\overrightarrow{PQ}$, d. h. $\overrightarrow{R'S'} = \overrightarrow{P'Q'}$.
Damit ist gezeigt, daß es zu der Punktabbildung A eine Vektorabbildung Ă gibt, die den Vektor $\overrightarrow{PQ}$ auf den Vektor $\overrightarrow{P'Q'}$ abbildet. Ihre Gleichung hat nach (2) die Form $\overrightarrow{P'Q'} = \mathfrak{A}\overrightarrow{PQ}$.
Somit ergibt sich:

Satz 3.7

Zu jeder affinen *Punktabbildung*

$$A: \mathfrak{x}' = \mathfrak{A}\mathfrak{x} + \mathfrak{v}\,,$$

die jeden Punkt $X[\mathfrak{x}] \in \mathbb{R}^2$ abbildet auf den Punkt $X'[\mathfrak{A}\mathfrak{x} + \mathfrak{v}] \in \mathbb{R}^2$, gehört die *Vektorabbildung*

$$\breve{A}: \mathfrak{u}' = \mathfrak{A}\mathfrak{u}\,,$$

die jeden Vektor $\mathfrak{u} \in \mathbb{V}^2$ abbildet auf den Vektor $\mathfrak{A}\mathfrak{u} \in \mathbb{V}^2$.

Die Abbildungsgleichung der Vektorabbildung Ă geht also formal aus der Abbildungsgleichung der zugehörigen affinen Punktabbildung A dadurch hervor, daß man in deren Gleichung den Verschiebungsvektor $\mathfrak{v}$ fortläßt.
Da gilt

$$\mathfrak{A}\mathfrak{e}_1 = \begin{pmatrix} a_1 & b_1 \\ a_2 & b_2 \end{pmatrix}\begin{pmatrix} 1 \\ 0 \end{pmatrix} = \begin{pmatrix} a_1 \\ a_2 \end{pmatrix} = \mathfrak{a}$$

und

$$\mathfrak{A}\mathfrak{e}_2 = \begin{pmatrix} a_1 & b_1 \\ a_2 & b_2 \end{pmatrix}\begin{pmatrix} 0 \\ 1 \end{pmatrix} = \begin{pmatrix} b_1 \\ b_2 \end{pmatrix} = \mathfrak{b}\,,$$

bekommen die in der Matrix $\mathfrak{A}$ der Abbildungsgleichung $\mathfrak{x}' = \mathfrak{A}\mathfrak{x} + \mathfrak{v}$ auftretenden Spaltenvektoren $\mathfrak{a}$ und $\mathfrak{b}$ eine überraschend einfache geometrische Bedeutung:

Satz 3.8

Die in der Matrix $\mathfrak{A}$ der Vektorabbildung $\breve{A}: \mathfrak{u}' = \mathfrak{A}\mathfrak{u}$ auftretenden Spaltenvektoren $\mathfrak{a}$ und $\mathfrak{b}$ sind die Bildvektoren der Basisvektoren $\mathfrak{e}_1$ und $\mathfrak{e}_2$.

Wir haben soeben Abbildungen von Vektoren kennengelernt. Nun sind Vektoren Elemente linearer Vektorräume, deren charakteristische Verknüpfungen die Vektoraddition und die S-Multiplikation sind. Deshalb wollen wir uns für das Bild des Summenvektors $\mathfrak{u} + \mathfrak{v}$ und das des Vielfachenvektors $\lambda\mathfrak{u}$ mit $\lambda \in \mathbb{R}$ besonders interessieren.
Es sei also

$$\mathfrak{u}' = \mathfrak{A}\mathfrak{u} \quad \text{und} \quad \mathfrak{v}' = \mathfrak{A}\mathfrak{v} \quad \text{mit} \quad \mathfrak{u}, \mathfrak{v} \in \mathbb{V}^2 \quad \text{und} \quad \mathfrak{A} \in \mathbb{M}\,.$$

Wir bilden mit Hilfe von Satz 3.5

$$(\mathfrak{u}+\mathfrak{v})' = \mathfrak{A}(\mathfrak{u}+\mathfrak{v}) = \mathfrak{A}\,\mathfrak{u} + \mathfrak{A}\,\mathfrak{v} = \mathfrak{u}' + \mathfrak{v}'$$

und weiter auf Grund von Definition 3.2 und 3.8

$$(\lambda\mathfrak{u})' = \mathfrak{A}(\lambda\mathfrak{u}) = \lambda(\mathfrak{A}\mathfrak{u}) = \lambda\mathfrak{u}'\,.$$

Es ergibt sich also:

Satz 3.9

Für jede Vektorabbildung $\breve{A}: \mathfrak{u}' = \mathfrak{A}\mathfrak{u}$ und für alle Vektoren $\mathfrak{u}, \mathfrak{v} \in \mathbb{V}^2$ und jedes $\lambda \in \mathbb{R}$ gilt:

$$(\mathfrak{u}+\mathfrak{v})' = \mathfrak{u}' + \mathfrak{v}' \qquad \text{(Summenregel)}$$

$$(\lambda\mathfrak{u})' = \lambda\mathfrak{u}' \qquad \text{(Vielfachenregel)}$$

Da man diese beiden Eigenschaften zusammen Linearitätseigenschaften nennt, heißen die Vektorabbildungen mit diesen Eigenschaften auch *lineare Abbildungen.* Bei linearen Abbildungen ist also das Bild eines Summenvektors gleich der Summe der Bildvektoren und das Bild des λ-fachen eines Vektors $\mathfrak{u}$ gleich dem λ-fachen des zu $\mathfrak{u}$ gehörigen Bildvektors $\mathfrak{u}'$ (Bild 3.1 und 3.2).

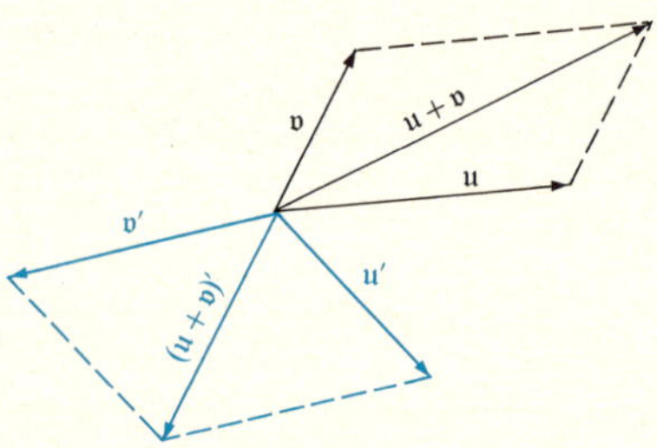

Bild 3.1

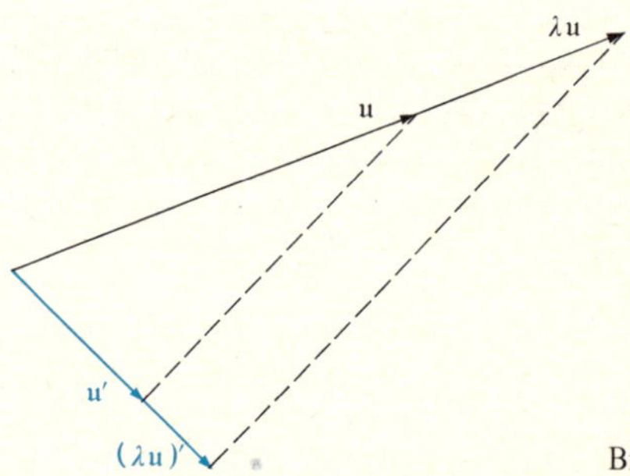

Bild 3.2

Mit Hilfe des Satzes 3.9 kann man nun zeigen:

Satz 3.10

Bei jeder linearen Abbildung $\breve{A}$ des $\mathbb{V}^2$ ist die Menge aller Bildvektoren wiederum ein linearer Vektorraum.

Den Beweis wollen wir in Aufgabe 11 durchführen.

Wir wissen, daß eine Vektorabbildung $\breve{A}: \mathfrak{u}' = \mathfrak{A}\mathfrak{u}$ durch ihre Matrix bestimmt ist. Weil bei dieser Vektorabbildung Vektoren auf Vektoren abgebildet werden, kann man sich fragen, wieviele Vektoren mit ihren Bildvektoren vorgegeben sein müssen, damit die Matrix $\mathfrak{A}$ eindeutig festgelegt ist. Nun genügt sicherlich die Angabe eines einzigen Vektors $\mathfrak{u}$ mit seinem Bildvektor $\mathfrak{u}'$ nicht. Denn man erhält in diesem Falle nur zwei Koordinatengleichungen mit den vier Matrizenelementen als Variablen. Gibt man noch einen weiteren Vektor $\mathfrak{v}$ mit seinem Bild $\mathfrak{v}'$ vor, so erhält man die folgenden vier Gleichungen:

(4) $$u_1' = a_1 u_1 + b_1 u_2,$$

(4') $$u_2' = a_2 u_1 + b_2 u_2,$$

(5) $$v_1' = a_1 v_1 + b_1 v_2,$$

(5') $$v_2' = a_2 v_1 + b_2 v_2.$$

Ordnet man dieses Gleichungssystem in folgender Weise um,

(4) $$u_1' = u_1 a_1 + u_2 b_1,$$

(5) $$v_1' = v_1 a_1 + v_2 b_1,$$

(4') $$u_2' = u_1 a_2 + u_2 b_2,$$

(5') $$v_2' = v_1 a_2 + v_2 b_2,$$

so erkennt man, daß sich aus den Gleichungen (4) und (5) die Variablen a_1, b_1 und ebenso aus den Gleichungen (4') und (5') a_2, b_2 genau dann eindeutig berechnen lassen, falls $\begin{vmatrix} u_1 & u_2 \\ v_1 & v_2 \end{vmatrix} \neq 0$ ist. Das bedeutet aber, daß die Vektoren $\mathfrak{u}$ und $\mathfrak{v}$ nicht kollinear sein dürfen. Damit ist gezeigt, daß die Matrix $\mathfrak{A}$ durch zwei nichtkollineare Vektoren $\mathfrak{u}$ und $\mathfrak{v}$ und ihre Bilder eindeutig gekennzeichnet ist. Demnach können die Bildvektoren $\mathfrak{u}'$ und $\mathfrak{v}'$ sowohl kollinear als auch nicht kollinear sein.

Was bedeutet es nun für die Matrix $\mathfrak{A}$, wenn die Vektoren $\mathfrak{u}'$ und $\mathfrak{v}'$ nicht kollinear sind? Dazu fassen wir die Gleichungen (4) und (4') sowie (5) und (5') zu je einer Vektorgleichung zusammen:

(6) $$\mathfrak{u}' = u_1 \mathfrak{a} + u_2 \mathfrak{b},$$

(7) $$\mathfrak{v}' = v_1 \mathfrak{a} + v_2 \mathfrak{b}.$$

Wenn $\mathfrak{u}'$ und $\mathfrak{v}'$ nicht kollinear sind, dann können auch $\mathfrak{a}$ und $\mathfrak{b}$ nicht kollinear sein. (Denn wären $\mathfrak{a}$, $\mathfrak{b}$ kollinear, so müßten nach (6) und (7) auch $\mathfrak{u}'$ und $\mathfrak{v}'$ kollinear sein.) Das bedeutet: sind $\mathfrak{u}'$ und $\mathfrak{v}'$ nicht kollinear, dann ist die Matrix $\mathfrak{A}$ regulär.

Umgekehrt folgt auch aus der Regularität von $\mathfrak{A}$ die Nichtkollinearität von $\mathfrak{u}'$ und $\mathfrak{v}'$. Denn wegen

$$\begin{vmatrix} u_1 & u_2 \\ v_1 & v_2 \end{vmatrix} = \begin{vmatrix} u_1 & v_1 \\ u_2 & v_2 \end{vmatrix} \neq 0$$

läßt sich das Gleichungssystem (6), (7) stets eindeutig nach $\mathfrak{a}$, $\mathfrak{b}$ auflösen:

(8) $$\mathfrak{a} = \frac{1}{\begin{vmatrix} u_1 & u_2 \\ v_1 & v_2 \end{vmatrix}} (v_2 \mathfrak{u}' - u_2 \mathfrak{v}')$$

(9) $$\mathfrak{b} = \frac{1}{\begin{vmatrix} u_1 & u_2 \\ v_1 & v_2 \end{vmatrix}} (u_1 \mathfrak{v}' - v_1 \mathfrak{u}')$$

Genau wie eben ergibt sich aus der Nichtkollinearität von $\mathfrak{a}$ und $\mathfrak{b}$ die Nichtkollinearität von $\mathfrak{u}'$ und $\mathfrak{v}'$.
Wir fassen unsere Ergebnisse zusammen und erhalten:

Satz 3.11

Eine lineare Vektorabbildung $\check{A}$ ist durch Vorgabe von zwei nicht kollinearen Vektoren $\mathfrak{u}$ und $\mathfrak{v}$ und deren Bildvektoren eindeutig bestimmt.
Sie ist genau dann regulär, wenn $\mathfrak{u}'$, $\mathfrak{v}'$ nicht kollinear sind und folglich genau dann singulär, wenn $\mathfrak{u}'$, $\mathfrak{v}'$ kollinear sind.

Wir fragen uns nun entsprechend, wodurch eine affine *Punktabbildung* eindeutig bestimmt ist. Nach den vorhergehenden Überlegungen ist zu vermuten, daß drei nicht auf einer Geraden liegende Punkte P, Q, R und deren Bildpunkte P', Q', R' die Abbildung eindeutig bestimmen, weil die „nicht kollinearen" Punktepaare (P, Q) und (P, R) die zugehörige Vektorabbildung eindeutig festlegen. Wir beweisen daher den

Satz 3.12

Eine affine Punktabbildung A ist durch Vorgabe von drei nicht auf einer Geraden liegenden Punkten P, Q, R und deren Bildpunkten P', Q', R' eindeutig festgelegt.
Sie ist genau dann regulär, wenn P', Q', R' nicht auf einer Geraden liegen und folglich genau dann singulär, wenn P', Q', R' auf einer Geraden liegen.

Zum Beweis dieses Satzes müssen wir zunächst zeigen, daß sich in der Abbildungsgleichung

$$\mathfrak{x}' = \mathfrak{A}\mathfrak{x} + \mathfrak{v}$$

die Matrix $\mathfrak{A}$ und der Vektor $\mathfrak{v}$ eindeutig bestimmen lassen. Setzt man die Ortsvektoren von P, Q, R und P', Q', R' in die Abbildungsgleichung ein, so erhält man

(10) $$\mathfrak{p}' = \mathfrak{A}\mathfrak{p} + \mathfrak{v}\,,$$

(11) $$\mathfrak{q}' = \mathfrak{A}\mathfrak{q} + \mathfrak{v}\,,$$

(12) $$\mathfrak{r}' = \mathfrak{A}\mathfrak{r} + \mathfrak{v}\,.$$

Subtrahiert man nun (10) von (11) bzw. (12), so folgt

(13) $$\mathfrak{q}' - \mathfrak{p}' = \mathfrak{A}(\mathfrak{q} - \mathfrak{p})\,,$$

(14) $$\mathfrak{r}' - \mathfrak{p}' = \mathfrak{A}(\mathfrak{r} - \mathfrak{p})\,.$$

Die Gleichungen (13) und (14) lassen sich folgendermaßen interpretieren: die Vektoren $\mathfrak{q}' - \mathfrak{p}'$ bzw. $\mathfrak{r}' - \mathfrak{p}'$ sind die Bilder der nach Voraussetzung nicht kollinearen Vektoren $\mathfrak{q} - \mathfrak{p}$ bzw. $\mathfrak{r} - \mathfrak{p}$ bei der Vektorabbildung $\check{A} : \mathfrak{u}' = \mathfrak{A}\mathfrak{u}$. Deshalb kann man nach Satz 3.11 die Matrix $\mathfrak{A}$ aus den Gleichungen (13) und (14) eindeutig bestimmen.
Nunmehr ist von unserer vorgegebenen Punktabbildung $A : \mathfrak{x}' = \mathfrak{A}\mathfrak{x} + \mathfrak{v}$ die Matrix $\mathfrak{A}$ bekannt. Den Vektor $\mathfrak{v}$ berechnen wir aus einer der Gleichungen (10) bis (12) etwa als $\mathfrak{v} = \mathfrak{p}' - \mathfrak{A}\mathfrak{p}$.
Die übrigen Behauptungen des Satzes 3.12 folgen unmittelbar aus dem Satz 3.11.

Beispiel

Welche lineare Vektorabbildung $\breve{A}$ bildet die Vektoren $\mathfrak{c} = \begin{pmatrix} 1 \\ 1 \end{pmatrix}$ und $\mathfrak{d} = \begin{pmatrix} 1 \\ -1 \end{pmatrix}$ in die Bildvektoren $\mathfrak{c}' = \begin{pmatrix} 5 \\ 2 \end{pmatrix}$ bzw. $\mathfrak{d}' = \begin{pmatrix} -2 \\ 4 \end{pmatrix}$ ab?

Lösung:

Die gesuchte Abbildungsgleichung hat die Form $\mathfrak{u}' = \mathfrak{A}\mathfrak{u}$. Da $\mathfrak{c}'$ das Bild von $\mathfrak{c}$ sein soll, gilt

$$\begin{pmatrix} 5 \\ 2 \end{pmatrix} = \begin{pmatrix} a_1 & b_1 \\ a_2 & b_2 \end{pmatrix} \begin{pmatrix} 1 \\ 1 \end{pmatrix}$$

oder

(1) $$5 = a_1 + b_1$$

(2) $$2 = a_2 + b_2 \,.$$

Entsprechend ist $\mathfrak{d}'$ das Bild von $\mathfrak{d}$, also gilt

$$\begin{pmatrix} -2 \\ 4 \end{pmatrix} = \begin{pmatrix} a_1 & b_1 \\ a_2 & b_2 \end{pmatrix} \begin{pmatrix} 1 \\ -1 \end{pmatrix}$$

oder

(3) $$-2 = a_1 - b_1$$

(4) $$4 = a_2 - b_2 \,.$$

Aus (1) und (3) erhält man durch Addition:

$$3 = 2a_1 \Rightarrow a_1 = \tfrac{3}{2} \,.$$

Dann ist $b_1 = \frac{7}{2}$. Aus (2) und (4) ergibt sich entsprechend:

$$a_2 = 3 \quad \text{und} \quad b_2 = -1 \,.$$

Die Vektorabbildung $\breve{A}$ hat die Gleichung $\mathfrak{u}' = \begin{pmatrix} \frac{3}{2} & \frac{7}{2} \\ 3 & -1 \end{pmatrix} \mathfrak{u}$.

Aufgaben

1. Durch welche Vektorabbildung wird der Vektor $\mathfrak{c}$ auf $\mathfrak{c}'$ und zugleich $\mathfrak{d}$ auf $\mathfrak{d}'$ abgebildet?
   a) $\mathfrak{c} = \begin{pmatrix} -1 \\ 2 \end{pmatrix}, \mathfrak{c}' = \begin{pmatrix} 3 \\ 1 \end{pmatrix}, \mathfrak{d} = \begin{pmatrix} 2 \\ -3 \end{pmatrix}, \mathfrak{d}' = \begin{pmatrix} -1 \\ -2 \end{pmatrix}$; b) $\mathfrak{c} = \begin{pmatrix} -2 \\ 1 \end{pmatrix}, \mathfrak{c}' = \begin{pmatrix} 2 \\ 3 \end{pmatrix}, \mathfrak{d} = \begin{pmatrix} 1 \\ 3 \end{pmatrix}, \mathfrak{d}' = \begin{pmatrix} 5 \\ 7 \end{pmatrix}$.

2. Zeige: Für jede lineare Vektorabbildung gilt
   a) $\mathfrak{o}' = \mathfrak{o}$, b) $(\mathfrak{u} - \mathfrak{v})' = \mathfrak{u}' - \mathfrak{v}'$, c) $(-\mathfrak{u})' = -\mathfrak{u}'$.

3. Bei einer Vektorabbildung $\breve{A}$ wird der Vektor $\begin{pmatrix} 5 \\ 2 \end{pmatrix}$ in den Vektor $\begin{pmatrix} -1 \\ 2 \end{pmatrix}$, zugleich der Vektor $\begin{pmatrix} -2 \\ 7 \end{pmatrix}$ in den Vektor $\begin{pmatrix} 3 \\ -6 \end{pmatrix}$ abgebildet.
   a) Bestimme die Abbildungsgleichung.
   b) Zeige, daß die Vektorabbildung singulär ist und bestimme das Bild des $\mathbb{V}^2$.

4. Prüfe, ob folgende Vektorabbildungen lineare Abbildungen sind:

a) $\breve{A}: \mathfrak{u}' = 2\mathfrak{u} + \begin{pmatrix} 2 \\ 3 \end{pmatrix}$, b) $\breve{A}: \mathfrak{u}' = \mathfrak{A}\mathfrak{u} + \mathfrak{u}$, c) $\breve{A}: \mathfrak{u}' = \mathfrak{u}^2 \cdot \mathfrak{u}$.

d) $\breve{A}: \mathfrak{u}' = (\mathfrak{u}\mathfrak{v})\mathfrak{w}$ ($\mathfrak{v}, \mathfrak{w}$ seien fest vorgegeben).

e) $\breve{A}: \mathfrak{u}' = \mathfrak{A}\mathfrak{u} + (\mathfrak{u}\mathfrak{v})\mathfrak{v}$ ($\mathfrak{v}$ sei fest vorgegeben).

5. Unter welcher Bedingung erfüllt die Vektorabbildung
$\breve{A}: \mathfrak{u}' = \mathfrak{A}\mathfrak{u} + \mathfrak{v}$ ($\mathfrak{v}$ fest)
die Linearitätseigenschaften aus Satz 3.9?

6. Gibt es eine Vektorabbildung $\breve{A}$, durch die die Vektoren $\mathfrak{c} = \begin{pmatrix} -2 \\ 3 \end{pmatrix}$ und $\mathfrak{d} = \begin{pmatrix} 3 \\ -4,5 \end{pmatrix}$ in die Bildvektoren $\mathfrak{c}' = \begin{pmatrix} 4 \\ 2 \end{pmatrix}$ bzw. $\mathfrak{d}' = \begin{pmatrix} 3 \\ 6 \end{pmatrix}$ abgebildet werden?

7. Durch welche affine Abbildung werden die Punkte P(3/4), Q(1/0), R(−2/2) in die Punkte P′(1/0), Q′(−2/2), R′(3/4) abgebildet?

8. Gegeben sind die Eckpunkte A(1/0), B(0/1), C(−1/−1) eines Dreiecks. Bestimme die Gleichung der affinen Abbildung, die das Dreieck so auf sich selbst abbildet, daß A′ = C, C′ = A und B′ = B ist.

9. Läßt sich das Viereck ABCD mit A(2/0), B(3/1), C(−1/1), D(0/−1) durch eine affine Abbildung auf das Bildviereck A′B′C′D′ mit A′(5/2), B′(6/5), C′(−2/1), D′(2/−2) abbilden?

10. Gegeben sind die Eckpunkte A(1/0), B(1/1), C(0/1), D(0/0) des Einheitsquadrates.
a) Ermittle die Gleichung einer affinen Abbildung A, durch die dieses Quadrat auf das Parallelogramm A′B′C′D′ mit A′(0/0), B′(−3/1), C′(−4/1), D′(−1/0) abgebildet wird.
b) Gibt es Vektoren $\mathfrak{u} \in \mathbb{V}^2$, die durch die zugehörige lineare Vektorabbildung $\breve{A}$ in ihre Gegenvektoren $-\mathfrak{u}$ abgebildet werden?

11. Beweise den Satz 3.10

3.5. Die Verkettung von affinen Abbildungen und die Multiplikation von Matrizen

Vorübungen

1. Wie heißt das erste Gruppenaxiom?
2. Was versteht man unter einem Verknüpfungsgebilde?
3. Sind a) die Parallelverschiebungen, b) die Dehnungen parallel zur x_1-Achse, c) die Spiegelungen an Geraden mit gemeinsamem Schnittpunkt bezüglich der Hintereinanderausführung Verknüpfungsgebilde?

Wie wir aus der Mittelstufengeometrie wissen, bilden gewisse Mengen von Abbildungen, wenn wir sie hintereinander ausführen oder, wie wir sagen wollen, *verketten,* Verknüpfungsgebilde: z. B. die Parallelverschiebungen, die Drehungen um einen gemeinsamen Drehpunkt und die zentrischen Streckungen mit gemeinsamem Zentrum. Da alle diese Abbildungen insbesondere auch affine Abbildungen sind, ist es von Interesse zu erfahren, ob die Menge aller affinen Abbildungen bezüglich der Verkettung ein Verknüpfungsgebilde darstellt. Wir wollen diese Untersuchung nicht geometrisch-konstruktiv durchführen, sondern auf analytischem Wege mit Hilfe von Vektoren und Matrizen unsere Ergebnisse gewinnen. Dabei werden wir auf eine neue Verknüpfung von Matrizen, die sog. Matrizenmultiplikation, stoßen, die für die Verkettung affiner Abbildungen, aber auch für andere wichtige Zweige der Mathematik bedeutungsvoll ist.

Gegeben seien zwei Punktabbildungen A und A*:

(1) $$A: \mathfrak{x}' = \mathfrak{A}\mathfrak{x} + \mathfrak{v} \quad \text{mit} \quad \mathfrak{A} = \begin{pmatrix} a_1 & b_1 \\ a_2 & b_2 \end{pmatrix},$$

(2) $$A^*: \mathfrak{x}' = \mathfrak{A}^*\mathfrak{x} + \mathfrak{v}^* \quad \text{mit} \quad \mathfrak{A}^* = \begin{pmatrix} a_1^* & b_1^* \\ a_2^* & b_2^* \end{pmatrix}.$$

Wir wollen zunächst die Abbildung A und dann die Abbildung A* ausführen und die Gleichung der Verkettungsabbildung A** bestimmen. Durch A wird jeder Punkt X des $\mathbb{R}^2$ abgebildet auf seinen Bildpunkt X', durch A* soll anschließend jeder dieser Punkte X' nochmals abgebildet werden auf X'' (Bild 3.3 veranschaulicht den Sachverhalt in einem Pfeildiagramm):

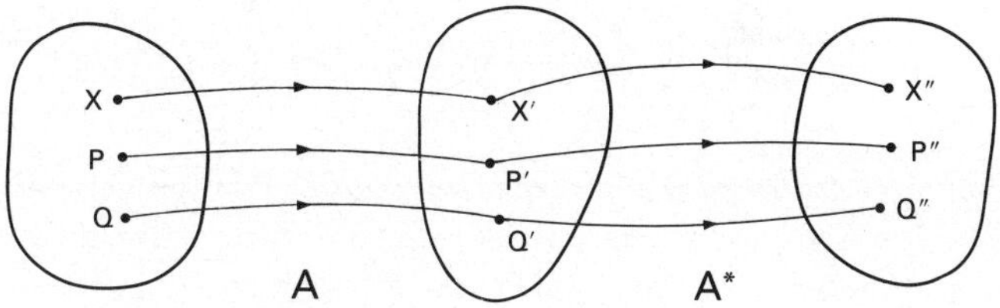

Bild 3.3

Um zum Ausdruck zu bringen, daß die Bildmenge von A zugleich die Definitionsmenge von A* ist (oder aber bei singulären Abbildungen eine Teilmenge davon), wollen wir als Abbildungsgleichung für A* schreiben:

(2') $$\mathfrak{x}'' = \mathfrak{A}^*\mathfrak{x}' + \mathfrak{v}^*.$$

Um nun die Gleichung von A** zu berechnen, setzen wir den Term für $\mathfrak{x}'$ aus (1) in (2') ein:

$$A^{**}: \mathfrak{x}'' = \mathfrak{A}^*(\mathfrak{A}\mathfrak{x} + \mathfrak{v}) + \mathfrak{v}^*.$$

Nach Satz 3.5 folgt weiter:

$$A^{**}: \mathfrak{x}'' = \mathfrak{A}^*(\mathfrak{A}\mathfrak{x}) + \mathfrak{A}^*\mathfrak{v} + \mathfrak{v}^*.$$

Für den Vektor $\mathfrak{A}^*\mathfrak{v} + \mathfrak{v}^*$ schreiben wir $\mathfrak{v}^{**}$ und erhalten:

(3) $$A^{**}: \mathfrak{x}'' = \mathfrak{A}^*(\mathfrak{A}\mathfrak{x}) + \mathfrak{v}^{**}.$$

Wir müssen nun noch den Vektor $\mathfrak{A}^*(\mathfrak{A}\mathfrak{x})$ berechnen:

$$\mathfrak{A}^*(\mathfrak{A}\mathfrak{x}) = \begin{pmatrix} a_1^* & b_1^* \\ a_2^* & b_2^* \end{pmatrix} \begin{pmatrix} a_1x_1 + b_1x_2 \\ a_2x_1 + b_2x_2 \end{pmatrix} = \begin{pmatrix} a_1^*(a_1x_1 + b_1x_2) + b_1^*(a_2x_1 + b_2x_2) \\ a_2^*(a_1x_1 + b_1x_2) + b_2^*(a_2x_1 + b_2x_2) \end{pmatrix}.$$

Wir multiplizieren die Klammern aus, ordnen nach x_1 und x_2 und erhalten:

$$\mathfrak{A}^*(\mathfrak{A}\mathfrak{x}) = \begin{pmatrix} (a_1^*a_1 + b_1^*a_2)\,x_1 + (a_1^*b_1 + b_1^*b_2)\,x_2 \\ (a_2^*a_1 + b_2^*a_2)\,x_1 + (a_2^*b_1 + b_2^*b_2)\,x_2 \end{pmatrix}.$$

Dafür können wir nach Definition 3.2 auch schreiben:

$$\mathfrak{A}^*(\mathfrak{A}\mathfrak{x}) = \begin{pmatrix} a_1^* a_1 + b_1^* a_2 & a_1^* b_1 + b_1^* b_2 \\ a_2^* a_1 + b_2^* a_2 & a_2^* b_1 + b_2^* b_2 \end{pmatrix} \mathfrak{x}\,.$$

Aus Abbildungsgleichung (3) ergibt sich nun:

$$A^{**}\colon \mathfrak{x}'' = \begin{pmatrix} a_1^* a_1 + b_1^* a_2 & a_1^* b_1 + b_1^* b_2 \\ a_2^* a_1 + b_2^* a_2 & a_2^* b_1 + b_2^* b_2 \end{pmatrix} \mathfrak{x} + \mathfrak{v}^{**}\,.$$

Bezeichnen wir die Matrix von A^{**} mit $\mathfrak{A}^{**}$, so können wir die letzte Gleichung abkürzend schreiben:

$$\mathfrak{x}'' = \mathfrak{A}^{**}\mathfrak{x} + \mathfrak{v}^{**} \qquad \text{mit} \qquad \mathfrak{v}^{**} = \mathfrak{A}^*\mathfrak{v} + \mathfrak{v}^*\,.$$

So erkennt man unmittelbar, daß die vorliegende Gleichung die einer affinen Abbildung ist. Wir erhalten also den

Satz 3.13

Die Menge aller (regulären und singulären) affinen Abbildungen bildet bezüglich der Verkettung ein Verknüpfungsgebilde.

Die schlecht überschaubare Abbildungsmatrix $\mathfrak{A}^{**}$ wollen wir jetzt in eine einprägsame Form bringen. Dazu sehen wir uns den Aufbau von $\mathfrak{A}^{**}$ an, das auf recht geheimnisvolle Weise aus den Elementen von $\mathfrak{A}$ und $\mathfrak{A}^*$ gebildet zu sein scheint. Die vier Elemente dieser Matrix $\mathfrak{A}^{**}$ sind jeweils Summen von je zwei Produkten: genau genommen ist a_1^{**} das skalare Produkt des ersten Zeilenvektors von $\mathfrak{A}^*$ mit dem ersten Spaltenvektor von $\mathfrak{A}$; b_1^{**} ist das Skalarprodukt des ersten Zeilenvektors von $\mathfrak{A}^*$ mit dem zweiten Spaltenvektor von $\mathfrak{A}$; a_2^{**} erscheint als Skalarprodukt des zweiten Zeilenvektors von $\mathfrak{A}^*$ mit dem ersten Spaltenvektor von $\mathfrak{A}$ und b_2^{**} als Skalarprodukt des zweiten Zeilenvektors von $\mathfrak{A}^*$ mit dem zweiten Spaltenvektor von $\mathfrak{A}$. Da die Elemente von $\mathfrak{A}^{**}$ als Skalarprodukte gedeutet werden können, nennt man die Matrix $\mathfrak{A}^{**}$ *Produktmatrix* von $\mathfrak{A}^*$ und $\mathfrak{A}$, die Abbildung A^{**} *Produktabbildung* von A^* und A und schreibt:

$$\mathfrak{A}^{**} = \mathfrak{A}^* \cdot \mathfrak{A} = \mathfrak{A}^*\mathfrak{A}\,.$$

Definition 3.9

Das Produkt zweier quadratischer Matrizen ist wiederum eine quadratische Matrix, und es soll gelten:

$$\mathfrak{A}^* \cdot \mathfrak{A} = \begin{pmatrix} a_1^* & b_1^* \\ a_2^* & b_2^* \end{pmatrix} \cdot \begin{pmatrix} a_1 & b_1 \\ a_2 & b_2 \end{pmatrix} = \begin{pmatrix} a_1^* a_1 + b_1^* a_2 & a_1^* b_1 + b_1^* b_2 \\ a_2^* a_1 + b_2^* a_2 & a_2^* b_1 + b_2^* b_2 \end{pmatrix}.$$

Das Schema der Produktabbildung der beiden Matrizen kann man sich folgendermaßen veranschaulichen und einprägen:

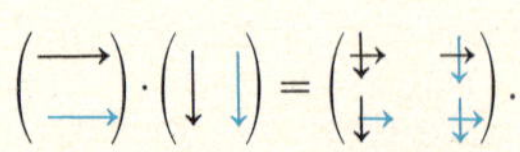

$$\mathfrak{A}^* \quad \cdot \quad \mathfrak{A} \quad = \quad \mathfrak{A}^{**}$$

Aus der letzten Definition und der vorhergehenden Rechnung ergibt sich ferner:

Satz 3.14

Für alle $\mathfrak{A}$, $\mathfrak{A}^*$ und $\mathfrak{x}$ gilt: $\mathfrak{A}^*(\mathfrak{A}\mathfrak{x}) = (\mathfrak{A}^*\mathfrak{A})\,\mathfrak{x} = \mathfrak{A}^*\mathfrak{A}\mathfrak{x}$.

Somit ist nun das zu Anfang dieses Abschnittes aufgeworfene Problem der Verkettung zweier affiner Abbildungen gelöst:
Es sei $A: \mathfrak{x}' = \mathfrak{A}\mathfrak{x} + \mathfrak{v}$ und $A^*: \mathfrak{x}'' = \mathfrak{A}^*\mathfrak{x}' + \mathfrak{v}$;
dann gilt für A^{**}:

$$\mathfrak{x}'' = \mathfrak{A}^*(\mathfrak{A}\mathfrak{x} + \mathfrak{v}) + \mathfrak{v}^* \Rightarrow$$

$$\mathfrak{x}'' = \mathfrak{A}^*\mathfrak{A}\mathfrak{x} + \mathfrak{A}^*\mathfrak{v} + \mathfrak{v}^*$$

Beispiele

1. Berechne die Produktabbildung von $A: \mathfrak{x}' = \begin{pmatrix} 1 & 3 \\ 2 & 4 \end{pmatrix} \mathfrak{x}$ und $A^*: \mathfrak{x}'' = \begin{pmatrix} 1 & 2 \\ 4 & 3 \end{pmatrix} \mathfrak{x}'$.

   Lösung:
   Es gilt für A^{**}: $\mathfrak{x}'' = \mathfrak{A}^*\mathfrak{A}\mathfrak{x}$, d.h. $\mathfrak{x}'' = \begin{pmatrix} 1 & 2 \\ 4 & 3 \end{pmatrix} \begin{pmatrix} 1 & 3 \\ 2 & 4 \end{pmatrix} \mathfrak{x}$.
   Wir bilden $\mathfrak{A}^*\mathfrak{A} = \begin{pmatrix} 1 & 2 \\ 4 & 3 \end{pmatrix} \begin{pmatrix} 1 & 3 \\ 2 & 4 \end{pmatrix} = \begin{pmatrix} 1+4 & 3+8 \\ 4+6 & 12+12 \end{pmatrix} = \begin{pmatrix} 5 & 11 \\ 10 & 24 \end{pmatrix}$.
   Damit erhält man:

$$A^{**}: \mathfrak{x}'' = \begin{pmatrix} 5 & 11 \\ 10 & 24 \end{pmatrix} \mathfrak{x}.$$

2. Berechne die Produktabbildung von $\tilde{A}: \mathfrak{x}' = \begin{pmatrix} 1 & 2 \\ 4 & 3 \end{pmatrix} \mathfrak{x}$ und $\tilde{A}^*: \mathfrak{x}'' = \begin{pmatrix} 1 & 3 \\ 2 & 4 \end{pmatrix} \mathfrak{x}'$.

   Lösung:
   Im Vergleich zum Beispiel 1 ist die Reihenfolge der beiden Abbildungen vertauscht. Es ergibt sich für $\tilde{A}^{**}$:

$$\mathfrak{x}'' = \tilde{\mathfrak{A}}^*\tilde{\mathfrak{A}}\mathfrak{x}, \quad \text{d.h.} \quad \mathfrak{x}'' = \begin{pmatrix} 1 & 3 \\ 2 & 4 \end{pmatrix} \begin{pmatrix} 1 & 2 \\ 4 & 3 \end{pmatrix} \mathfrak{x}.$$

   Wir berechnen die Produktmatrix:

$$\tilde{\mathfrak{A}}^*\tilde{\mathfrak{A}} = \begin{pmatrix} 1 & 3 \\ 2 & 4 \end{pmatrix} \begin{pmatrix} 1 & 2 \\ 4 & 3 \end{pmatrix} = \begin{pmatrix} 1+12 & 2+9 \\ 2+16 & 4+12 \end{pmatrix} = \begin{pmatrix} 13 & 11 \\ 18 & 16 \end{pmatrix}.$$

   Somit gilt für die Produktabbildung $\tilde{A}^{**}$:

$$\tilde{A}^{**}: \mathfrak{x}'' = \begin{pmatrix} 13 & 11 \\ 18 & 16 \end{pmatrix} \mathfrak{x},$$

   insbesondere ist $A^{**} \neq \tilde{A}^{**}$ und $\mathfrak{A}^{**} \neq \tilde{\mathfrak{A}}^{**}$.

3. Verkette die folgenden Abbildungen:

   (1) $$A: \mathfrak{x}' = \begin{pmatrix} 1 & 0 \\ 1 & -1 \end{pmatrix} \mathfrak{x} + \begin{pmatrix} 1 \\ 0 \end{pmatrix}$$

   und

   (2) $$A^*: \mathfrak{x}'' = \begin{pmatrix} 2 & 0 \\ -1 & 1 \end{pmatrix} \mathfrak{x}' + \begin{pmatrix} 1 \\ 1 \end{pmatrix}.$$

Lösung:

Wir setzen den Term für $\mathfrak{x}'$ aus Gleichung (1) in Gleichung (2) ein:

$$\mathfrak{x}'' = \mathfrak{A}^*(\mathfrak{A}\mathfrak{x} + \mathfrak{v}) + \mathfrak{v}^* \Rightarrow \mathfrak{x}'' = \mathfrak{A}^*\mathfrak{A}\mathfrak{x} + \mathfrak{A}^*\mathfrak{v} + \mathfrak{v}^*.$$

Es ist $\mathfrak{A}^*\mathfrak{A} = \begin{pmatrix} 2 & 0 \\ -1 & 1 \end{pmatrix}\begin{pmatrix} 1 & 0 \\ 1 & -1 \end{pmatrix} = \begin{pmatrix} 2 & 0 \\ 0 & -1 \end{pmatrix}$ und $\mathfrak{A}^*\mathfrak{v} = \begin{pmatrix} 2 & 0 \\ -1 & 1 \end{pmatrix}\begin{pmatrix} 1 \\ 0 \end{pmatrix} = \begin{pmatrix} 2 \\ -1 \end{pmatrix}$ und

$$\mathfrak{A}^*\mathfrak{v} + \mathfrak{v}^* = \begin{pmatrix} 3 \\ 0 \end{pmatrix}.$$

Somit ergibt sich:

$$A^{**}\colon \mathfrak{x}'' = \begin{pmatrix} 2 & 0 \\ 0 & -1 \end{pmatrix}\mathfrak{x} + \begin{pmatrix} 3 \\ 0 \end{pmatrix}.$$

Die ersten beiden Beispielaufgaben machen deutlich, daß die *Verkettung* zweier affiner Abbildungen *keine kommutative Verknüpfung* ist. Deshalb ist folgende Feststellung mit der nachfolgenden Festsetzung von Wichtigkeit:

1. Wenn zunächst die Abbildung A, sodann die Abbildung A* durchgeführt wird, so ist bei der Bildung der Produktmatrix von A** die Reihenfolge der Matrizen zu vertauschen:

   zur Abbildung A** gehört die Matrix $\mathfrak{A}^*\mathfrak{A}$.

   Die Reihenfolge der Matrizen ist also umgekehrt wie die Reihenfolge der Abbildungen. Beachtet man diese Tatsache nicht, so erhält man falsche Ergebnisse, da die *Verkettung affiner Abbildungen nicht kommutativ* ist.

Wir wollen vereinbaren:

2. In Anlehnung an die Reihenfolge der Matrizen wollen wir die Produktabbildung von A mit A* mit $A^* \circ A$ bezeichnen und $A^* \circ A$ lesen als: „A* nach A".
   Bei der affinen Abbildung $A^* \circ A$ wird also zunächst A, sodann A* ausgeführt.
3. Die zu einer Abbildung gehörende Matrix soll mit dem entsprechenden großen Frakturbuchstaben bezeichnet werden. Es gilt also:

   $$A\colon \mathfrak{x}' = \mathfrak{A}\mathfrak{x} + \mathfrak{v}; \quad B\colon \mathfrak{x}' = \mathfrak{B}\mathfrak{x} + \mathfrak{w}; \quad \cdots$$

   (s. Frakturalphabet am Ende des Buches!)

Aufgaben

1. Berechne die folgenden Matrizenprodukte:

   a) $\begin{pmatrix} 2 & -1 \\ 1 & 0 \end{pmatrix}\begin{pmatrix} 1 & 0 \\ -1 & 1 \end{pmatrix}$, b) $\begin{pmatrix} 2 & -1 \\ -2 & 1 \end{pmatrix}\begin{pmatrix} 1 & 0 \\ 0 & 3 \end{pmatrix}$, c) $\begin{pmatrix} 1 & -2 \\ 2 & -1 \end{pmatrix}\begin{pmatrix} \frac{1}{2} & 0 \\ 0 & -\frac{1}{2} \end{pmatrix}$, d) $\begin{pmatrix} 1 & 0 \\ 0 & 1 \end{pmatrix}\begin{pmatrix} 2 & \pi \\ \sqrt{2} & -\frac{1}{3} \end{pmatrix}$,

   e) $\begin{pmatrix} 2 & \pi \\ \sqrt{2} & -\frac{1}{3} \end{pmatrix}\begin{pmatrix} 1 & 0 \\ 0 & 1 \end{pmatrix}$, f) $\begin{pmatrix} \cos\alpha & -\sin\alpha \\ \sin\alpha & \cos\alpha \end{pmatrix}\begin{pmatrix} \cos\beta & -\sin\beta \\ \sin\beta & \cos\beta \end{pmatrix}$,

   g) $\begin{pmatrix} \cos\alpha & \sin\alpha \\ \sin\alpha & -\cos\alpha \end{pmatrix}\begin{pmatrix} \cos\beta & \sin\beta \\ \sin\beta & -\cos\beta \end{pmatrix}$, h) $\begin{pmatrix} 2 & 1 \\ 3 & -1 \end{pmatrix}\begin{pmatrix} 0 & 1 \\ 1 & 0 \end{pmatrix}$, i) $\left[\begin{pmatrix} 1 & 1 \\ 0 & -1 \end{pmatrix}\begin{pmatrix} 2 & 0 \\ 1 & -2 \end{pmatrix}\right]\begin{pmatrix} -1 & 0 \\ 0 & 1 \end{pmatrix}$.

2. Berechne eine Matrix $\mathfrak{B}$, für die gilt:

   a) $\begin{pmatrix} 1 & 3 \\ 0 & 1 \end{pmatrix}\mathfrak{B} = \begin{pmatrix} 1 & 3 \\ 0 & 1 \end{pmatrix}$, b) $\begin{pmatrix} 1 & 1 \\ 1 & 2 \end{pmatrix}\mathfrak{B} = \begin{pmatrix} 1 & 0 \\ 0 & 1 \end{pmatrix}$.

3. Berechne die Produktmatrix $\mathfrak{A}\mathfrak{A}$, die man auch mit $\mathfrak{A}^2$ bezeichnet, wobei $\mathfrak{A} = \begin{pmatrix} a_1 & b_1 \\ a_2 & b_2 \end{pmatrix}$ sein soll.

4. Verkette die Abbildungen:

a) $A: \mathfrak{x}' = \begin{pmatrix} 2 & 0 \\ 0 & 2 \end{pmatrix} \mathfrak{x} + \begin{pmatrix} 1 \\ -1 \end{pmatrix}$; $A^*: \mathfrak{x}'' = \begin{pmatrix} 1 & 0 \\ 1 & 1 \end{pmatrix} \mathfrak{x}'$,

b) $A: \mathfrak{x}' = \begin{pmatrix} 1 & 0 \\ 0 & -1 \end{pmatrix} \mathfrak{x}$; $A^*: \mathfrak{x}'' = \begin{pmatrix} 1 & 0 \\ 0 & -1 \end{pmatrix} \mathfrak{x}'$,

c) $A: \mathfrak{x}' = \begin{pmatrix} 1 & 0 \\ 0 & -1 \end{pmatrix} \mathfrak{x} + \begin{pmatrix} 0 \\ 1 \end{pmatrix}$; $A^*: \mathfrak{x}'' = \begin{pmatrix} 1 & 1 \\ 0 & 1 \end{pmatrix} \mathfrak{x}' + \begin{pmatrix} 1 \\ 0 \end{pmatrix}$,

d) $A: \mathfrak{x}' = \begin{pmatrix} 1 & 1 \\ 1 & 2 \end{pmatrix} \mathfrak{x} + \begin{pmatrix} 2 \\ 1 \end{pmatrix}$; $A^*: \mathfrak{x}'' = \begin{pmatrix} 2 & 1 \\ 1 & 1 \end{pmatrix} \mathfrak{x}' + \begin{pmatrix} 1 \\ 2 \end{pmatrix}$.

5. Gib zwei Matrizen $\mathfrak{A}$ und $\mathfrak{B}$ an, für die gilt: $\mathfrak{A}\mathfrak{B} = \mathfrak{B}\mathfrak{A}$.

6. Bestimme die Gleichungen der Produktabbildungen $A \circ B$ und $B \circ A$, wobei A und B folgendermaßen definiert sind:
a) A sei die Spiegelung an der x_1-Achse, B sei die Drehung um 90° um den Nullpunkt;
b) A sei die Spiegelung an der Winkelhalbierenden des ersten und dritten Quadranten, B sei die Halbdrehung um den Nullpunkt;
c) A sei die Spiegelung an der x_1-Achse, B sei die Spiegelung an der x_2-Achse;
d) A sei die Verschiebung mit $\mathfrak{v} = \begin{pmatrix} 1 \\ 2 \end{pmatrix}$, B sei die Drehung um $-90°$ um den Nullpunkt;
e) A sei eine zentrische Streckung vom Ursprung aus, B sei die Drehung um $-90°$ um den Nullpunkt.

7. Verschiebe das Dreieck A(1/0) B(0/1) C(−1/0) um $\mathfrak{v} = \begin{pmatrix} 1 \\ 2 \end{pmatrix}$ und spiegele die verschobenen Eckpunkte anschließend an der Winkelhalbierenden des zweiten und vierten Quadranten. Berechne die Eckpunkte des zuletzt erhaltenen Bilddreiecks.

3.6. Struktureigenschaften von Matrizenmengen

Vorübungen

1. Was versteht man unter einer Gruppe, was unter einem linearen Vektorraum?
2. Nenne Modelle für einen linearen Vektorraum.
3.[1] Welche algebraischen Strukturen haben $(\mathbb{R}; +)$, $(\mathbb{R}\setminus\{0\}; \cdot)$, $(\mathbb{N}; \cdot)$, $(\mathbb{N}_0; +)$? Gib jeweils die neutralen Elemente und die zu einem Mengenelement gehörenden inversen Elemente an, falls sie existieren.
4. Für welche Matrizen gilt
a) $\mathfrak{A}\begin{pmatrix} 0 & 0 \\ 0 & 0 \end{pmatrix} = \begin{pmatrix} 1 & 0 \\ 0 & 1 \end{pmatrix}$, b) $\mathfrak{A}\begin{pmatrix} 0 & 0 \\ 0 & 0 \end{pmatrix} = \begin{pmatrix} 0 & 0 \\ 0 & 0 \end{pmatrix}$?

In der Menge aller quadratischen Matrizen haben wir bisher zwei Verknüpfungen kennengelernt:
1. die Addition von Matrizen,
2. die Multiplikation von Matrizen.

[1] („$\mathbb{R}$; +)“ wird gelesen: „Die Menge der reellen Zahlen bezüglich der Addition.“

Zusätzlich haben wir außer der Multiplikation einer Matrix mit einem Vektor die Multiplikation einer Matrix mit einer reellen Zahl definiert. Wenn man innerhalb der Analytischen Geometrie mit Matrizen rechnen will, nützt die Kenntnis der Rechenoperationen allein wenig, solange man nicht gleichzeitig die zugehörigen Rechengesetze beherrscht. Wir wollen deshalb im folgenden die Menge der Matrizen hinsichtlich dieser Rechenoperationen auf ihre Rechengesetze hin und damit auf ihre algebraische Struktur untersuchen. Wir wollen also den *Matrizenkalkül* für quadratische Matrizen weiter ausbauen, um anschließend mit Hilfe dieses Kalküls Probleme der Abbildungsgeometrie lösen zu können.

I. Die additive Gruppe der Matrizen
Im Satz 3.4 haben wir bereits festgestellt, daß die Menge aller Matrizen bezüglich der Addition eine kommutative Gruppe bildet. Demnach gelten für die Addition von Matrizen die Rechengesetze für Gruppen.

II. Der lineare Vektorraum der Matrizen
Nach Satz 3.6 ist die Menge $\mathbb{M}$ aller Matrizen sogar ein linearer Vektorraum hinsichtlich der Addition und der S-Multiplikation. Die gültigen Rechengesetze sind die eines linearen Vektorraums.

III. Die multiplikative Gruppe der regulären Matrizen
Für die Behandlung der affinen Abbildungen ist die Multiplikation von Matrizen von ganz besonderer Bedeutung, während die Matrizenaddition in der affinen Abbildungsgeometrie keine besondere Rolle spielt. Wie wir im weiteren sehen werden, sind besonders wichtig die regulären affinen Abbildungen, also diejenigen, deren Matrixdeterminante einen von Null verschiedenen Wert hat. Deshalb wollen wir in diesem Abschnitt die Menge $\mathbb{M}_R$ der regulären Matrizen gesondert in unsere Überlegungen einbeziehen.

1. Auf Grund von Satz 3.13 wissen wir, daß die Menge $\mathbb{M}$ aller Matrizen ein multiplikatives Verknüpfungsgebilde ist. Wir untersuchen nun die Menge $\mathbb{M}_R$ aller regulären Matrizen auf diese Eigenschaft hin.
   Es seien also $\mathfrak{A}$ und $\mathfrak{A}^*$ reguläre Matrizen, d. h. es gelte $|\mathfrak{A}| \neq 0$ und $|\mathfrak{A}^*| \neq 0$. Zu zeigen ist, daß die Produktmatrix $\mathfrak{A}^*\mathfrak{A}$ ebenfalls zu $\mathbb{M}_R$ gehört, daß also gilt: $|\mathfrak{A}^*\mathfrak{A}| \neq 0$.

   Berechnet man für beliebige Matrizen $\mathfrak{A}, \mathfrak{A}^* \in \mathbb{M}$ das Produkt $\mathfrak{A}^*\mathfrak{A}$, bildet die Determinante $|\mathfrak{A}^*\mathfrak{A}|$ und vergleicht mit $|\mathfrak{A}^*|$ und $|\mathfrak{A}|$, so ergibt sich zunächst der sog. *Determinantenmultiplikationssatz* (s. Aufgabe 7):

   Satz 3.15

   Für alle $\mathfrak{A}, \mathfrak{A}^* \in \mathbb{M}$ gilt: $|\mathfrak{A}^*\mathfrak{A}| = |\mathfrak{A}^*|\,|\mathfrak{A}|$.

   Auf Grund dieses Satzes muß also, falls $|\mathfrak{A}^*| \neq 0$ und $|\mathfrak{A}| \neq 0$ ist, auch $|\mathfrak{A}^*\mathfrak{A}| \neq 0$ sein. Damit ist nachgewiesen:

   Satz 3.16

   Die Menge $\mathbb{M}_R$ aller regulären Matrizen ist ein multiplikatives Verknüpfungsgebilde.

2. Der Vermutung, daß $(\mathbb{M};\cdot)$ und $(\mathbb{M}_R;\cdot)$ sogar multiplikative Gruppen sind, wollen wir nun nachgehen. Dazu ist zunächst die Gültigkeit des assoziativen Gesetzes für $(\mathbb{M};\cdot)$ nachzuweisen.

Satz 3.17

Für alle $\mathfrak{A}^{**}, \mathfrak{A}^{*}; \mathfrak{A} \in \mathbb{M}$ gilt: $(\mathfrak{A}^{**}\cdot\mathfrak{A}^{*})\cdot\mathfrak{A} = \mathfrak{A}^{**}\cdot(\mathfrak{A}^{*}\cdot\mathfrak{A}) = \mathfrak{A}^{**}\cdot\mathfrak{A}^{*}\cdot\mathfrak{A}$.

Der Beweis, der durch Ausmultiplizieren der Matrizen geführt wird, soll dem Leser überlassen werden (s. Aufgabe 5).
Da das assoziative Gesetz für alle Matrizen gilt, gilt es speziell auch für alle regulären Matrizen:

Satz 3.18

Für alle $\mathfrak{A}^{**}, \mathfrak{A}^{*}, \mathfrak{A} \in \mathbb{M}_R$ gilt: $(\mathfrak{A}^{**}\cdot\mathfrak{A}^{*})\cdot\mathfrak{A} = \mathfrak{A}^{**}\cdot(\mathfrak{A}^{*}\cdot\mathfrak{A}) = \mathfrak{A}^{**}\cdot\mathfrak{A}^{*}\cdot\mathfrak{A}$.

3. Wie man durch Ausmultiplizieren leicht nachweisen kann, gilt:

Satz 3.19

Die Menge $\mathbb{M}$ und auch die Menge $\mathbb{M}_R$ enthalten ein neutrales Element bezüglich der Multiplikation, nämlich die *Einheitsmatrix* $\mathfrak{E} = \begin{pmatrix} 1 & 0 \\ 0 & 1 \end{pmatrix}$.
Für alle $\mathfrak{A} \in \mathbb{M}$ und damit auch für alle Matrizen aus $\mathbb{M}_R$ gilt:

$$\mathfrak{A}\cdot\mathfrak{E} = \mathfrak{E}\cdot\mathfrak{A} = \mathfrak{A}$$

Wegen $\mathfrak{E}\mathfrak{x} = \begin{pmatrix} 1 & 0 \\ 0 & 1 \end{pmatrix}\begin{pmatrix} x_1 \\ x_2 \end{pmatrix} = \begin{pmatrix} x_1 \\ x_2 \end{pmatrix} = \mathfrak{x}$ bildet die affine Abbildung E: $\mathfrak{x}' = \mathfrak{E}\mathfrak{x}$ jeden Punkt $X \in \mathbb{R}^2$ auf sich selbst ab; man nennt sie deshalb auch die *identische Abbildung*.

4. Bei der Frage nach der Existenz der inversen Matrix zur Matrix $\mathfrak{A}$ erinnern wir uns zunächst der Tatsache, daß alle regulären affinen Abbildungen bijektiv sind und daß die singulären affinen Abbildungen nicht umkehrbar eindeutig sind (s. Abschnitt 2.2); das bedeutet, daß zu jeder nullpunktstreuen regulären Abbildung – und nur zu jeder nullpunktstreuen regulären Abbildung – A: $\mathfrak{x}' = \begin{pmatrix} a_1 & b_1 \\ a_2 & b_2 \end{pmatrix}\mathfrak{x}$, die X auf X' abbildet, genau eine „Rückabbildung" existiert. Diese Rückabbildung wollen wir *inverse Abbildung* A^I nennen. Sie bildet jeden Punkt X' wieder auf X ab. Ihre Koordinatengleichungen lauten (s. Abschnitt 2.2)

$$x_1 = \frac{b_2}{|\mathfrak{A}|}x_1' + \frac{-b_1}{|\mathfrak{A}|}x_2'$$

$$x_2 = \frac{-a_2}{|\mathfrak{A}|}x_1' + \frac{a_1}{|\mathfrak{A}|}x_2'$$

oder in Matrizenschreibweise:

$$\mathfrak{x} = \begin{pmatrix} \dfrac{b_2}{|\mathfrak{A}|} & \dfrac{-b_1}{|\mathfrak{A}|} \\ \dfrac{-a_2}{|\mathfrak{A}|} & \dfrac{a_1}{|\mathfrak{A}|} \end{pmatrix} \mathfrak{x}' \quad \text{bzw.} \quad \mathfrak{x} = \frac{1}{|\mathfrak{A}|} \begin{pmatrix} b_2 & -b_1 \\ -a_2 & a_1 \end{pmatrix} \mathfrak{x}'.$$

Verkettet man A mit A^I, so wird durch diese Produktabbildung $A^I \circ A$ jedes X wieder auf sich selbst abgebildet, denn A bildet X auf X' und A^I jedes X' zurück auf das zugehörige X ab, und damit ist $A^I \circ A = E$. Das bedeutet nun für die zugehörigen Matrizen:

$$\mathfrak{A}^I \cdot \mathfrak{A} = \mathfrak{E}.$$

Man rechnet leicht nach, daß auch $\mathfrak{A} \cdot \mathfrak{A}^I = \mathfrak{E}$ ist (siehe Aufgabe 10). Weiter gilt:

$$|\mathfrak{A}^I| = \begin{vmatrix} \dfrac{b_2}{|\mathfrak{A}|} & \dfrac{-b_1}{|\mathfrak{A}|} \\ \dfrac{-a_2}{|\mathfrak{A}|} & \dfrac{a_1}{|\mathfrak{A}|} \end{vmatrix} = \frac{1}{|\mathfrak{A}|^2}(a_1 b_2 - a_2 b_1) = \frac{1}{|\mathfrak{A}|}.$$

Somit erhalten wir den

Satz 3.20

Zu jeder regulären Matrix $\mathfrak{A} = \begin{pmatrix} a_1 & b_1 \\ a_2 & b_2 \end{pmatrix}$ gibt es genau eine reguläre inverse Matrix $\mathfrak{A}^I = \frac{1}{|\mathfrak{A}|} \cdot \begin{pmatrix} b_2 & -b_1 \\ -a_2 & a_1 \end{pmatrix}$, für die gilt:

$$\mathfrak{A}^I \cdot \mathfrak{A} = \mathfrak{A} \cdot \mathfrak{A}^I = \mathfrak{E}.$$

Man findet also zu einer (regulären) Matrix $\mathfrak{A}$ die inverse Matrix $\mathfrak{A}^I$, indem man in $\mathfrak{A}$ die Elemente der Hauptdiagonale (a_1 und b_2) miteinander vertauscht, die Elemente der Nebendiagonale (a_2 und b_1) mit negativem Vorzeichen versieht und die so erhaltene Matrix mit $\frac{1}{|\mathfrak{A}|}$ multipliziert.

Da der Wert der Determinante jeder singulären Matrix Null ist, mithin $\frac{1}{|\mathfrak{A}|}$ nicht definiert ist, gibt es zu keiner singulären Matrix eine Inverse. Diese Tatsache geht auch daraus hervor, daß singuläre Abbildungen nicht bijektiv sind und daß deshalb zu ihnen keine inversen Abbildungen existieren können.

Schließlich erinnern wir uns daran, daß die Verkettung affiner Abbildungen und damit die Multiplikation von Matrizen nicht kommutativ ist und können so zusammenfassend feststellen:

Satz 3.21

Die Menge $\mathbb{M}_R$ aller regulären Matrizen ist eine multiplikative, nichtkommutative Gruppe.

Die Menge $\mathbb{M}$ aller Matrizen bildet hingegen keine Gruppe bezüglich der Multiplikation. Der Vollständigkeit halber sei noch die Gültigkeit des distributiven Gesetzes erwähnt (s. Aufgabe 11):

Satz 3.22

Für jedes $\mathfrak{A}, \mathfrak{B}, \mathfrak{C} \in \mathbb{M}$ gilt: 1) $\mathfrak{A}(\mathfrak{B}+\mathfrak{C}) = \mathfrak{A}\mathfrak{B} + \mathfrak{A}\mathfrak{C}$

2) $(\mathfrak{A}+\mathfrak{B})\,\mathfrak{C} = \mathfrak{A}\mathfrak{C} + \mathfrak{B}\mathfrak{C}$.

Beispiele

1. Es sei $\mathfrak{A} = \begin{pmatrix} 1 & 1 \\ 2 & 3 \end{pmatrix}$ und $\mathfrak{C} = \begin{pmatrix} 4 & -1 \\ 0 & 2 \end{pmatrix}$. Berechne die Matrix $\mathfrak{B}$, für die gilt: $\mathfrak{A}\mathfrak{B} = \mathfrak{C}$.

Lösung:

Zur Bestimmung von $\mathfrak{B}$ multiplizieren wir die Gleichung von links mit $\mathfrak{A}^{I}$, formen unter Berücksichtigung der Gruppenaxiome um und erhalten:

$$\begin{aligned} \mathfrak{A}\mathfrak{B} &= \mathfrak{C} \quad \Rightarrow \\ \mathfrak{A}^{I}(\mathfrak{A}\mathfrak{B}) &= \mathfrak{A}^{I}\mathfrak{C} \quad \Rightarrow \\ (\mathfrak{A}^{I}\mathfrak{A})\,\mathfrak{B} &= \mathfrak{A}^{I}\mathfrak{C} \quad \Rightarrow \\ \mathfrak{E}\mathfrak{B} &= \mathfrak{A}^{I}\mathfrak{C} \quad \Rightarrow \\ \mathfrak{B} &= \mathfrak{A}^{I}\mathfrak{C}\,. \end{aligned}$$

Wir bilden $\mathfrak{A}^{I}$: $\quad \mathfrak{A}^{I} = \frac{1}{3-2}\begin{pmatrix} 3 & -1 \\ -2 & 1 \end{pmatrix} = \begin{pmatrix} 3 & -1 \\ -2 & 1 \end{pmatrix}$ und multiplizieren $\mathfrak{A}^{I}$ mit $\mathfrak{C}$:

$\mathfrak{A}^{I}\mathfrak{C} = \begin{pmatrix} 3 & -1 \\ -2 & 1 \end{pmatrix}\begin{pmatrix} 4 & -1 \\ 0 & 2 \end{pmatrix} = \begin{pmatrix} 12 & -5 \\ -8 & 4 \end{pmatrix}$. Nunmehr ergibt sich: $\mathfrak{B} = \mathfrak{A}^{I}\,\mathfrak{C} = \begin{pmatrix} 12 & -5 \\ -8 & 4 \end{pmatrix}$.

2. Berechne die inverse Abbildung A^{I} zu $A: \mathfrak{x}' = \begin{pmatrix} 2 & 4 \\ 0 & 1 \end{pmatrix}\mathfrak{x} + \begin{pmatrix} 2 \\ 6 \end{pmatrix}$.

Lösung:

Wir lösen die Gleichung $\mathfrak{x}' = \mathfrak{A}\mathfrak{x} + \mathfrak{v}$ nach $\mathfrak{x}$ auf. Dazu multiplizieren wir beide Seiten der Gleichung von links mit $\mathfrak{A}^{I}$ und berücksichtigen die Gruppenaxiome:

$$\begin{aligned} \mathfrak{x}' &= \mathfrak{A}\mathfrak{x} + \mathfrak{v} \quad \Rightarrow \\ \mathfrak{A}^{I}\mathfrak{x}' &= \mathfrak{A}^{I}\mathfrak{A}\mathfrak{x} + \mathfrak{A}^{I}\mathfrak{v} \quad \Rightarrow \\ \mathfrak{A}^{I}\mathfrak{x}' &= \mathfrak{x} + \mathfrak{A}^{I}\mathfrak{v} \quad \Rightarrow \\ \mathfrak{x} &= \mathfrak{A}^{I}\mathfrak{x}' - \mathfrak{A}^{I}\mathfrak{v}\,. \end{aligned}$$

Wir gehen nun zum Zahlenbeispiel über:

$$\mathfrak{A}^{I} = \frac{1}{2}\begin{pmatrix} 1 & -4 \\ 0 & 2 \end{pmatrix} = \begin{pmatrix} \frac{1}{2} & -2 \\ 0 & 1 \end{pmatrix}$$

$$\mathfrak{A}^{I}\mathfrak{v} = \begin{pmatrix} \frac{1}{2} & -2 \\ 0 & 1 \end{pmatrix}\begin{pmatrix} 2 \\ 6 \end{pmatrix} = \begin{pmatrix} -11 \\ 6 \end{pmatrix}.$$

Damit erhält man als inverse Abbildung A^{I}:

$$A^{I}: \mathfrak{x} = \begin{pmatrix} \frac{1}{2} & -2 \\ 0 & 1 \end{pmatrix}\mathfrak{x}' + \begin{pmatrix} +11 \\ -\ 6 \end{pmatrix}.$$

Aufgaben

1. Ist $(\mathbb{M}_{\mathbf{R}}; +)$ ein Gruppenmodell?
2. Zeige: Der Vektorraum aller Matrizen ist vierdimensional.

3. Untersuche, ob die Menge aller Matrizen der Form $\lambda\begin{pmatrix}1 & 0\\ 0 & 0\end{pmatrix}$ mit $\lambda \in \mathbb{R}$ ein Modell eines linearen Vektorraums ist. Bestimme, wenn möglich, seine Dimension.

4. Definiere die lineare Abhängigkeit für Matrizen.

5. Zeige, daß für alle Matrizen aus $\mathbb{M}$ das assoziative Gesetz bezüglich der Multiplikation gilt.

6. Weise die Gültigkeit des Multiplikationssatzes für Determinanten an folgenden Matrizen nach: $\mathfrak{A} = \begin{pmatrix}-1 & 6\\ 2 & -3\end{pmatrix}$; $\mathfrak{B} = \begin{pmatrix}3 & 1\\ 5 & 2\end{pmatrix}$.

7. Beweise den Multiplikationssatz für Determinanten.

8. Zeige: Für jedes $\lambda \in \mathbb{R}$ und für jedes $\mathfrak{A} \in \mathbb{M}$ gilt: $|\lambda\mathfrak{A}| = \lambda^2|\mathfrak{A}|$.

9. Gilt für alle Matrizen: $|\mathfrak{A} + \mathfrak{A}^*| = |\mathfrak{A}| + |\mathfrak{A}^*|$?

10. Bestätige durch Ausmultiplizieren: Für jedes $\mathfrak{A} \in \mathbb{M}_R$ gilt: $\mathfrak{A}\mathfrak{A}^I = \mathfrak{E}$.

11. Beweise: Für alle $\mathfrak{A}, \mathfrak{B}, \mathfrak{C} \in \mathbb{M}$ gilt:
   a) $\mathfrak{A}(\mathfrak{B} + \mathfrak{C}) = \mathfrak{A}\mathfrak{B} + \mathfrak{A}\mathfrak{C}$
   b) $(\mathfrak{A} + \mathfrak{B})\mathfrak{C} = \mathfrak{A}\mathfrak{C} + \mathfrak{B}\mathfrak{C}$.

12. Berechne $\mathfrak{C}$ aus folgenden Gleichungen:

   a) $\begin{pmatrix}2 & 3\\ 1 & 2\end{pmatrix}\begin{pmatrix}1 & 2\\ 0 & 1\end{pmatrix}\mathfrak{C} = \begin{pmatrix}0 & 1\\ 1 & 0\end{pmatrix}$, b) $\left[\begin{pmatrix}2 & 4\\ 1 & 2\end{pmatrix} + \lambda\mathfrak{E}\right]\mathfrak{C} = \mathfrak{E}$.

13. Für welche $\lambda \in \mathbb{R}$ gilt $|\mathfrak{A} - \lambda\mathfrak{E}| = 0$ mit $\mathfrak{A} \in \mathbb{M}_R$?

14. Berechne, falls möglich, die Abbildungsgleichung von A^I zu

   a) $A: \mathfrak{x}' = \begin{pmatrix}\frac{1}{2} & 0\\ 0 & \frac{1}{2}\end{pmatrix}\mathfrak{x} + \begin{pmatrix}-1\\ 2\end{pmatrix}$, b) $A: \mathfrak{x}' = \begin{pmatrix}2 & 4\\ 1 & 2\end{pmatrix}\mathfrak{x} - \begin{pmatrix}2\\ 1\end{pmatrix}$.

15. Zeige:
   a) Für jedes $\mathfrak{A} \in \mathbb{M}_R$ gilt: $(\mathfrak{A}^I)^I = \mathfrak{A}$.
   b) Für jedes $\mathfrak{A} \in \mathbb{M}$ gilt: $\mathfrak{A}\mathfrak{E} = \mathfrak{E}\mathfrak{A} = \mathfrak{A}$
   c) $\mathfrak{E}\mathfrak{E} = \mathfrak{E}$.

16. Zeige: Die Menge aller Matrizen der Form
   a) $\begin{pmatrix}\cos\alpha & -\sin\alpha\\ \sin\alpha & \cos\alpha\end{pmatrix}$ bildet eine multiplikative Untergruppe von $(\mathbb{M}_R; \cdot)$,
   b) $\begin{pmatrix}k & 0\\ 0 & k\end{pmatrix}$ mit $k \in \mathbb{R}\setminus\{0\}$ bildet eine multiplikative Untergruppe von $(\mathbb{M}_R; \cdot)$,
   c) $\begin{pmatrix}\cos\alpha & \sin\alpha\\ \sin\alpha & -\cos\alpha\end{pmatrix}$ bildet keine multiplikative Untergruppe von $(\mathbb{M}_R; \cdot)$.

17. Zeige: Für jedes $\mathfrak{A}, \mathfrak{A}^* \in \mathbb{M}_R$ gilt:

$$(\mathfrak{A} \cdot \mathfrak{A}^*)^I = \mathfrak{A}^{*I} \cdot \mathfrak{A}^I$$

4. Invarianten und Fixelemente von affinen Abbildungen

4.1. Die Invarianten der affinen Abbildungen

Vorübungen

1. Welche Eigenschaften von Punktmengen bleiben bei Parallelverschiebungen, Drehungen und Spiegelungen erhalten, welche bei zentrischen Streckungen?
2. Untersuche, ob bei der Abbildung $A: \mathfrak{x}' = \begin{pmatrix} 1 & -1 \\ 1 & 3 \end{pmatrix} \mathfrak{x}$ die Strecke CD mit C(1/3) und D(3/5) dieselbe Länge hat wie C'D' und ob der Mittelpunkt M von CD in den Mittelpunkt von C'D' abgebildet wird.
3. Bestimme das affine Bild der Geraden $g: \mathfrak{x} = \begin{pmatrix} 1 \\ 0 \end{pmatrix} + \lambda \begin{pmatrix} 1 \\ 2 \end{pmatrix}$ bei der affinen Abbildung $A: \mathfrak{x}' = \begin{pmatrix} 6 & -3 \\ -4 & 2 \end{pmatrix} \mathfrak{x}$.

Aus der Geometrie der Mittelstufe wissen wir, daß durch jede Drehung jede Strecke wieder in eine Strecke abgebildet wird. Die Eigenschaft also, daß eine Punktmenge eine Strecke ist, trifft auch auf ihr „Drehbild" zu. Ferner ist uns bekannt, daß jede Urstrecke dieselbe Länge hat wie ihre Bildstrecke, wenn man als Abbildung eine beliebige Drehung, Parallelverschiebung oder Spiegelung wählt. Auch die Streckenlänge ist demnach eine gemeinsame Eigenschaft von Urbild und Bild, sobald die Abbildung eine Drehung, Verschiebung oder Spiegelung ist.

Einer der Gründe, weshalb man sich mit affinen Abbildungen beschäftigt, ist der, daß bestimmte Urbildmengen Eigenschaften besitzen können, die auch ihren Bildmengen zukommen. Solche Eigenschaften, die Urbildmenge und Bildmenge bei einer vorgegebenen Menge von Abbildungen gemeinsam haben, nennt man *Invarianten dieser Abbildungsmenge.*

Die Länge einer Strecke ist in diesem Sinne keine Invariante gegenüber allen zentrischen Streckungen mit $k \neq \pm 1$, wohl aber gegenüber allen Spiegelungen.

In diesem Kapitel wollen wir uns nun mit den Invarianten der affinen Abbildungen beschäftigen. Falls man sie kennt, kann man ohne große Mühe Aussagen über Bildmengen machen, sobald man gewisse Eigenschaften ihrer Urbildmengen kennt.

Wir wissen bereits, daß jede affine Punktabbildung jeden Punkt X des $\mathbb{R}^2$ wieder in einen Punkt X' des $\mathbb{R}^2$ abbildet.

Nun ist es naheliegend zu fragen, ob die Eigenschaft, daß drei oder mehr Punkte auf einer gemeinsamen Geraden liegen, invariant ist gegenüber allen affinen Abbildungen. Wir fragen uns also, ob bei jeder affinen Abbildung A jede Gerade g in eine Gerade g' abgebildet wird oder ob es affine Abbildungen gibt, die eine Gerade in einen Kreis, eine Parabel oder in eine andere Punktmenge abbilden.

Wie Vorübung 3 zeigt, gibt es singuläre Abbildungen, die nicht alle Geraden wiederum in Geraden abbilden. Deshalb wollen wir nur das regulär affine Bild von Geraden untersuchen.

Gegeben sei somit neben der regulär affinen Abbildung

(1) $$A: \mathfrak{x}' = \mathfrak{A}\mathfrak{x} + \mathfrak{v}$$

eine beliebige Gerade

(2) $$g: \mathfrak{x} = \mathfrak{c} + \lambda \mathfrak{u}\,.$$

Wir setzen den Vektorterm für $\mathfrak{x}$ aus (2) in (1) ein

$$\mathfrak{x}' = \mathfrak{A}(\mathfrak{c} + \lambda \mathfrak{u}) + \mathfrak{v}\,,$$

formen auf Grund von Satz 3.5 um

$$\mathfrak{x}' = \mathfrak{A}\mathfrak{c} + \lambda\mathfrak{A}\mathfrak{u} + \mathfrak{v}$$

und erhalten:

(3) $$\mathfrak{x}' = (\mathfrak{A}\mathfrak{c} + \mathfrak{v}) + \lambda(\mathfrak{A}\mathfrak{u})$$

Das ist wegen $\mathfrak{A}\mathfrak{u} \neq \mathfrak{o}$ (vgl. Aufg. 17) die Gleichung einer Geraden $g': \mathfrak{x}' = \mathfrak{c}' + \lambda\mathfrak{u}'$ mit dem Richtungsvektor $\mathfrak{A}\mathfrak{u}$, die durch den Bildpunkt $C'[\mathfrak{A}\mathfrak{c} + \mathfrak{v}]$ von $C[\mathfrak{c}]$ läuft. Dabei ist $\mathfrak{A}\mathfrak{u} = \mathfrak{u}'$ das Bild des Vektors $\mathfrak{u}$ bei der zu A gehörigen Vektorabbildung $\breve{A}$.
Da sich jede Strecke s als Teilmenge einer Geraden darstellen läßt in der Form

$$s: \mathfrak{x} = \mathfrak{c} + \lambda\mathfrak{u} \quad \text{mit} \quad e \leqq \lambda \leqq f \quad \text{und} \quad e \neq f \quad \text{und} \quad e, f \in \mathbb{R},$$

ist auch das regulär affine Bild jeder Strecke s wieder eine Strecke s':

$$s': \mathfrak{x}' = \mathfrak{c}' + \lambda\mathfrak{u}' \quad \text{mit} \quad e \leqq \lambda \leqq f.$$

Damit erhalten wir den

Satz 4.1

Jede Gerade g (Strecke s) wird durch jede regulär affine Abbildung wieder in eine Gerade g' (Strecke s') abgebildet.

Die Eigenschaft, daß drei Punkte A, B, C auf einer Geraden liegen, ist somit eine Invariante gegenüber allen regulär affinen Abbildungen.

Bilden wir insbesondere zwei parallele Geraden

$$g_1: \mathfrak{x} = \mathfrak{c} + \lambda\mathfrak{u} \quad \text{und} \quad g_2: \mathfrak{x} = \mathfrak{d} + \mu\mathfrak{u}$$

regulär affin ab, so haben wegen Gleichung (3) beide Bildgeraden den Richtungsvektor $\mathfrak{A}\mathfrak{u}$, und es gilt mithin:
Jede Schar paralleler Geraden wird durch jede regulär affine Abbildung in eine Schar paralleler Geraden abgebildet.
Zerlegt man die Menge $\mathbb{G}$ aller Geraden in Klassen von jeweils zueinander parallelen Geraden, so erhält man als Teilmengen von $\mathbb{G}$ lauter Scharen paralleler Geraden; jede Gerade $g \in \mathbb{G}$ liegt in genau einer Teilmenge, und je zwei dieser Teilmengen sind stets elementefremd. Die Vereinigungsmenge aller Teilmengen ist $\mathbb{G}$. Da alle Geraden derselben Teilmenge gleichgerichtet sind, sagen wir auch:
Unter der *Richtung* r_{g_1} *einer Geraden* g_1 verstehen wir die Menge aller zu g_1 parallelen Geraden. Jede Gerade dieser Menge heißt *Repräsentant der Richtung.* Nun läßt sich die zuletzt bewiesene Invarianzeigenschaft besonders einfach formulieren:

Satz 4.2

Jede Geradenrichtung r_g wird durch jede regulär affine Abbildung in eine Geradenrichtung $r'_{g'}$ abgebildet.

Der Sonderfall der singulär affinen Abbildung wird in den Aufgaben 18 und 19 behandelt.
Die Parallelität ist somit eine Invariante gegenüber allen regulär affinen Abbildungen.
Werden nun auch je zwei nicht parallele Geraden g_1 und g_2 bei jeder affinen Abbildung in zwei nicht parallele Geraden g'_1 und g'_2 abgebildet?

Falls A singulär und der Rang von $\mathfrak{A}$ gleich 1 ist, ist das Bild des $\mathbb{R}^2$ ein $\mathbb{R}^1$, und somit gilt insbesondere $g_1' \subseteqq \mathbb{R}^1$, $g_2' \subseteqq \mathbb{R}^1$. Also werden zwei nicht parallele Geraden g_1 und g_2 sicherlich nicht bei jeder affinen Abbildung in zwei nicht parallele Geraden abgebildet.
Ist A jedoch regulär affin, dann existiert zu A die inverse Abbildung A^I, und es gilt:

$$\begin{aligned} \mathfrak{x}' &= \mathfrak{A}\mathfrak{x} + \mathfrak{v} &&\Rightarrow \\ \mathfrak{A}^I\mathfrak{x}' &= \mathfrak{A}^I\mathfrak{A}\mathfrak{x} + \mathfrak{A}^I\mathfrak{v} &&\Rightarrow \\ \mathfrak{A}^I\mathfrak{x}' &= \mathfrak{x} + \mathfrak{A}^I\mathfrak{v} &&\Rightarrow \\ \mathfrak{x} &= \mathfrak{A}^I\mathfrak{x}' - \mathfrak{A}^I\mathfrak{v}\,. \end{aligned}$$

Die letzte Gleichung ist die Abbildungsgleichung von A^I. Man erkennt wegen Satz 3.20, daß A^I wieder eine regulär affine Abbildung ist, und kann nun leicht mit einem indirekten Beweis (siehe Aufgabe 8) den folgenden Lehrsatz bestätigen:

Satz 4.3

Je zwei nicht parallele Geraden g_1 und g_2 werden bei jeder regulär affinen Abbildung in zwei nicht parallele Geraden abgebildet; dabei gilt:

$$g_1 \cap g_2 = \{S\} \;\Rightarrow\; g_1' \cap g_2' = \{S'\}\,.$$

S' ist dabei das regulär affine Bild von S.

Nun sind Streckenlängen und Winkelgrößen sicherlich keine Invarianten gegenüber allen affinen Abbildungen (siehe Aufgabe 6 und 7): Streckenlängen verändern sich z. B. bei Streckungen mit $|k| \neq 1$, Winkelgrößen bei Scherungen. Andererseits haben wir in Vorübung 2 gesehen, daß bei der dort vorgegebenen Abbildung der Mittelpunkt M einer Strecke CD in den Mittelpunkt M' ihrer Bildstrecke C'D' abgebildet wird. Es ist deshalb naheliegend zu fragen, ob bei allen affinen Abbildungen der Mittelpunkt jeder Strecke in den Mittelpunkt ihrer Bildstrecke abgebildet wird und ob darüberhinaus sogar das *Teilverhältnis* τ, in dem ein Punkt T eine Strecke CD teilt, invariant ist gegenüber allen affinen Abbildungen (Bild 4.1).
Wegen Satz 4.1 können die folgenden Überlegungen nur für regulär affine Abbildungen gelten.

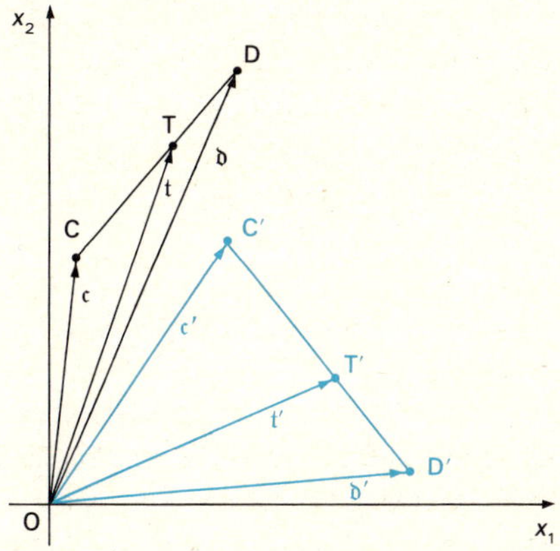

Bild 4.1

Für den Teilpunkt T[t] gilt:

$$\mathfrak{t} = \frac{\mathfrak{c} + \tau\mathfrak{d}}{1+\tau} \quad \text{mit} \quad \tau \neq -1\,.$$

Wir setzen den Term für t in die Abbildungsgleichung

$$\mathfrak{x}' = \mathfrak{A}\mathfrak{x} + \mathfrak{v}$$

ein:

$$\mathfrak{t}' = \mathfrak{A}\left(\frac{\mathfrak{c} + \tau\mathfrak{d}}{1+\tau}\right) + \mathfrak{v}\,.$$

Unter Beachtung von Satz 3.5 und Definition 3.8 formen wir um:

$$\mathfrak{t}' = \frac{1}{1+\tau}(\mathfrak{A}\mathfrak{c} + \tau\mathfrak{A}\mathfrak{d}) + \frac{1+\tau}{1+\tau}\mathfrak{v} \Rightarrow$$

$$\mathfrak{t}' = \frac{(\mathfrak{A}\mathfrak{c} + \mathfrak{v}) + \tau(\mathfrak{A}\mathfrak{d} + \mathfrak{v})}{1+\tau} \Rightarrow$$

$$\mathfrak{t}' = \frac{\mathfrak{c}' + \tau\mathfrak{d}'}{1+\tau}.$$

Damit ist bewiesen, daß der Bildpunkt T′ von T die Bildstrecke C′D′ von CD im gleichen Verhältnis τ teilt wie T die Strecke CD.

Satz 4.4

Das Teilverhältnis jedes Punktes bezüglich einer Strecke ist invariant gegenüber allen regulär affinen Abbildungen.

Wir wollen abschließend untersuchen, in welcher Beziehung der Flächeninhalt F einer Figur zu dem Flächeninhalt F′ ihrer Bildfigur steht. Als Figur wählen wir zunächst ein Rechteck. Falls die zugrundeliegende Abbildung regulär affin ist, wird es wegen Satz 4.2 in ein Parallelogramm abgebildet. Da wir uns nur für die Flächeninhalte F und F′ der Ur- und Bildfigur interessieren, die jeweils durch die Seitenvektoren $\mathfrak{f}$ und $\mathfrak{g}$ bzw. $\mathfrak{f}'$ und $\mathfrak{g}'$ gegeben sind, betrachten wir statt der Punktabbildung

$$A: \mathfrak{x}' = \mathfrak{A}\mathfrak{x} + \mathfrak{v}$$

die zugehörige Vektorabbildung $\breve{A}: \mathfrak{u}' = \mathfrak{A}\mathfrak{u}$ und bilden die Seitenvektoren $\mathfrak{f}$ und $\mathfrak{g}$ in $\mathfrak{f}'$ und $\mathfrak{g}'$ ab. Für die anschließenden Überlegungen genügt es sogar, als Urfigur ein achsenparalleles Rechteck OCDE (s. Bild 4.2) mit den Kantenvektoren $\mathfrak{f}$ und $\mathfrak{g}$ und dem Flächeninhalt F zu betrachten.

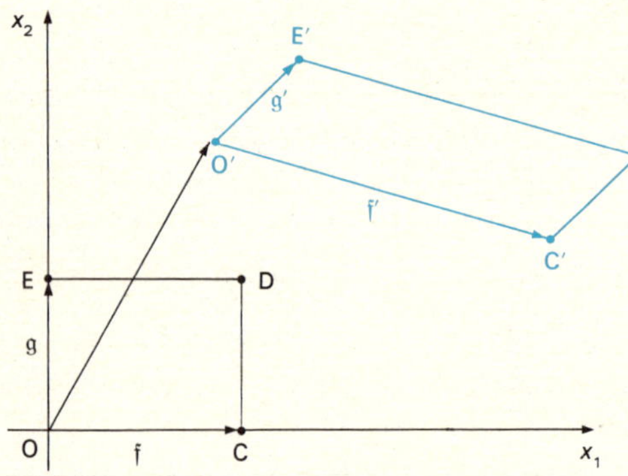

Bild 4.2

Nun gilt:

$$\mathfrak{f} = \begin{pmatrix} f_1 \\ 0 \end{pmatrix} \quad \text{und} \quad \mathfrak{g} = \begin{pmatrix} 0 \\ g_2 \end{pmatrix} \Rightarrow F = |f_1 g_2|.$$

Das affine Bild dieses Rechtecks OCDE ist das Parallelogramm O′C′D′E′ mit den Seitenvektoren $\mathfrak{f}'$ und $\mathfrak{g}'$ und dem Flächeninhalt F′. Man erhält:

(4) $$\mathfrak{f}' = \mathfrak{A}\mathfrak{f} = \begin{pmatrix} a_1 & b_1 \\ a_2 & b_2 \end{pmatrix}\begin{pmatrix} f_1 \\ 0 \end{pmatrix} = \begin{pmatrix} a_1 f_1 \\ a_2 f_1 \end{pmatrix}$$

und

(5) $$\mathfrak{g}' = \mathfrak{A}\mathfrak{g} = \begin{pmatrix} a_1 & b_1 \\ a_2 & b_2 \end{pmatrix}\begin{pmatrix} 0 \\ g_2 \end{pmatrix} = \begin{pmatrix} b_1 g_2 \\ b_2 g_2 \end{pmatrix}.$$

Nun[1]) beträgt der Flächeninhalt F′ eines Parallelogramms mit den Seitenvektoren $\mathfrak{f}'$ und $\mathfrak{g}'$

(6) $$F' = |f_1' g_2' - f_2' g_1'|\,.$$

Setzt man die Koordinaten von $\mathfrak{f}'$ und $\mathfrak{g}'$ aus (4) und (5) in (6) ein, dann erhält man:

$$F' = |a_1 f_1 \cdot b_2 g_2 - a_2 f_1 \cdot b_1 g_2| = |f_1 g_2 (a_1 b_2 - a_2 b_1)| = |f_1 g_2| \cdot |a_1 b_2 - a_2 b_1| \;\Rightarrow\; F' = F\,\|\mathfrak{A}\|,$$

wobei $\|\mathfrak{A}\|$ den Betrag der Determinante von $\mathfrak{A}$ bedeutet.
Da es für unsere Überlegung unwesentlich war, daß zwei Seiten des Rechtecks auf den Koordinatenachsen liegen, gilt für den Flächeninhalt F′ aller regulär affinen Bilder aller achsenparallelen Rechtecke mit dem Flächeninhalt F

$$F' = F \cdot \|\mathfrak{A}\|\,.$$

Der Beweis gilt auch, falls $|\mathfrak{A}| = 0$ ist. Infolgedessen hat die Beziehung $F' = F \cdot \|\mathfrak{A}\|$ auch für singuläre und damit für alle affinen Abbildungen Gültigkeit.
Wir betrachten nun eine Urfigur, deren Fläche durch eine beliebige Kurve begrenzt sei (s. Bild 4.3). Der Flächeninhalt dieser Fläche läßt sich stets mit Hilfe eines hinreichend feinen Netzes achsenparalleler Rechtecke approximieren, und alle diese Rechtecke gehen bei der affinen Abbildung in Parallelogramme vom $\|\mathfrak{A}\|$-fachen Flächeninhalt über. Der Flächeninhalt der Bildfigur wiederum wird approximiert durch den Gesamtflächeninhalt aller im Innern der Bildfigur liegenden Bildparallelogramme. Damit ergibt sich

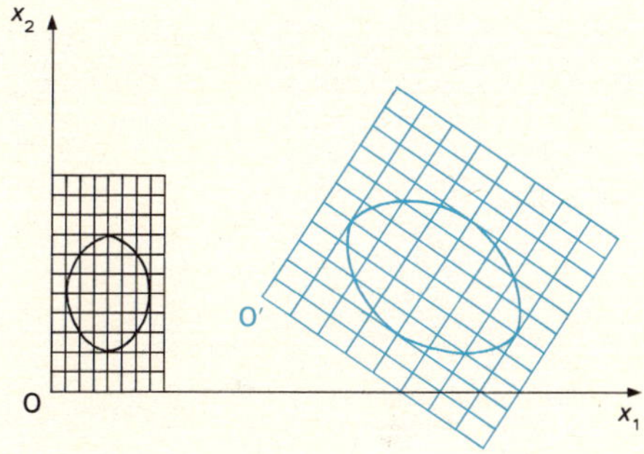

Bild 4.3

Satz 4.5

Jede Figur mit dem Flächeninhalt F wird durch jede affine Abbildung $A: \mathfrak{x}' = \mathfrak{A}\mathfrak{x} + \mathfrak{v}$ in eine Bildfigur abgebildet, für deren Flächeninhalt F′ gilt:

$$F' = F \cdot \|\mathfrak{A}\|\,.$$

Die Bildfigur hat denselben Flächeninhalt wie die Urfigur genau dann, wenn $|\mathfrak{A}| = \pm 1$ ist. Diese Abbildungen nennen wir *flächentreu.*
Betrachten wir nun zwei Figuren mit den Flächeninhalten F_1 und F_2, wobei $F_1 \neq 0$ und $F_2 \neq 0$ sei; dann gilt für die Flächeninhalte ihrer Bildfiguren, falls $|\mathfrak{A}| \neq 0$ ist,

$$F_1' = F_1 \cdot \|\mathfrak{A}\| \quad \text{und} \quad F_2' = F_2 \cdot \|\mathfrak{A}\| \;\Rightarrow\; \frac{F_1}{F_2} = \frac{F_1'}{F_2'}\,.$$

[1] Siehe Köhler-Höwelmann-Krämer, Analytische Geometrie und Abbildungsgeometrie in vektorieller Darstellung (Bestell-Nr. 5302), Satz 6.5.

Wir erhalten also den

Satz 4.6

Das Verhältnis der Flächeninhalte F_1 und F_2 zweier beliebiger Figuren mit $F_1 \neq 0$ und $F_2 \neq 0$ ist invariant gegenüber allen regulär affinen Abbildungen, d. h. es gilt

$$\frac{F_1}{F_2} = \frac{F'_1}{F'_2}.$$

Beispiel

Bestimme das Bild g' der Geraden g: $\mathfrak{x} = \begin{pmatrix} 1 \\ 0 \end{pmatrix} + \lambda \begin{pmatrix} 1 \\ 1 \end{pmatrix}$ bei der affinen Abbildung A: $\mathfrak{x}' = \begin{pmatrix} 1 & 2 \\ -1 & -1 \end{pmatrix} \mathfrak{x} + \begin{pmatrix} 1 \\ 2 \end{pmatrix}$ und zeige, daß g und g' nicht parallel sind.

Lösung:

Da das affine Bild dieser Geraden wiederum eine Gerade sein muß, bestimmen wir die Gleichung der Bildgeraden, indem wir mit Hilfe der gegebenen Abbildungsgleichung das Bild C' des Punktes C(1/0) und mit Hilfe der Gleichung der zugehörigen Vektorabbildung $\breve{A}$ das Bild des Richtungsvektors berechnen.
C wird abgebildet in C'[c'] mit $\mathfrak{c}' = \mathfrak{A}\mathfrak{c} + \mathfrak{v}$:

$$\mathfrak{c}' = \begin{pmatrix} 1 & 2 \\ -1 & -1 \end{pmatrix} \begin{pmatrix} 1 \\ 0 \end{pmatrix} + \begin{pmatrix} 1 \\ 2 \end{pmatrix} = \begin{pmatrix} 2 \\ 1 \end{pmatrix}$$

u wird abgebildet in u' mit $\mathfrak{u}' = \mathfrak{A}\mathfrak{u}$:

$$\mathfrak{u}' = \begin{pmatrix} 1 & 2 \\ -1 & -1 \end{pmatrix} \begin{pmatrix} 1 \\ 1 \end{pmatrix} = \begin{pmatrix} 3 \\ -2 \end{pmatrix}$$

Damit erhalten wir für die Bildgerade g' die Gleichung:

$$\mathfrak{x}' = \mathfrak{c}' + \lambda \mathfrak{u}', \quad \text{also} \quad \mathfrak{x}' = \begin{pmatrix} 2 \\ 1 \end{pmatrix} + \lambda \begin{pmatrix} 3 \\ -2 \end{pmatrix}.$$

Da $\mathfrak{u} = \begin{pmatrix} 1 \\ 1 \end{pmatrix}$ nicht kollinear zu $\mathfrak{u}' = \begin{pmatrix} 3 \\ -2 \end{pmatrix}$ ist, sind g und g' nicht parallel.

Aufgaben

1. Untersuche an Hand der Sätze über Invarianten affiner Abbildungen, ob bei jeder affinen Abbildung
   a) der Mittelpunkt M jeder Strecke AB in den Mittelpunkt der Bildstrecke abgebildet wird,
   b) eine zentralsymmetrische Figur wieder in eine zentralsymmetrische Figur abgebildet wird,
   c) eine axialsymmetrische Figur wieder in eine axialsymmetrische Figur abgebildet wird.
2. Berechne das affine Bild S' des Schwerpunktes S im Dreieck CDE und zeige, daß S' Schwerpunkt im Bilddreieck C'D'E' ist.
3. Ist das regulär affine Bild
   a) jedes Trapezes wieder ein Trapez?
   b) jedes Quadrates wieder ein Quadrat?

4. Nenne spezielle affine Abbildungen mit ihren Abbildungsgleichungen, die flächentreu sind.

5. Zeige rechnerisch, daß der Mittelpunkt des Einheitsquadrates affin abgebildet wird in den Schnittpunkt der Diagonalen des zugehörigen Bildparallelogramms.

6. Zeige rechnerisch, daß bei der zentrischen Streckung mit der Gleichung $\mathfrak{x}' = \begin{pmatrix} 2 & 0 \\ 0 & 2 \end{pmatrix} \mathfrak{x}$ die Streckenlänge $\overline{AB}$ nicht invariant bleibt. A(1/1), B(3/1).

7. Zeige rechnerisch, daß die affine Abbildung $A: \mathfrak{x}' = \begin{pmatrix} 2 & 0 \\ 0 & 3 \end{pmatrix} \mathfrak{x}$ die Größe des Winkels zwischen den Ortsvektoren $\mathfrak{c} = \begin{pmatrix} 1 \\ 2 \end{pmatrix}$ und $\mathfrak{d} = \begin{pmatrix} -2 \\ 1 \end{pmatrix}$ nicht invariant läßt.

8. Beweise indirekt den Lehrsatz 4.3.

9. Berechne das Bild der Geraden $g: \mathfrak{x} = \begin{pmatrix} 1 \\ 2 \end{pmatrix} + \lambda \begin{pmatrix} 2 \\ 3 \end{pmatrix}$ bezüglich der Abbildung

   $A: \mathfrak{x}' = \begin{pmatrix} 1 & 1 \\ 0 & 3 \end{pmatrix} \mathfrak{x}.$

   Wo schneiden sich g und g'? Welches Bild hat dieser Schnittpunkt?

10. Strecke die Gerade $g: \mathfrak{x} = \begin{pmatrix} 1 \\ 2 \end{pmatrix} + \lambda \begin{pmatrix} -1 \\ 1 \end{pmatrix}$ vom Zentrum Z(1/1) aus um $k = 2$.

11. Welche affine Abbildung bildet den Nullpunkt in den Nullpunkt und die Gerade $g: \mathfrak{x} = \begin{pmatrix} 2 \\ 3 \end{pmatrix} + \lambda \begin{pmatrix} 1 \\ 1 \end{pmatrix}$ so in die Gerade $g': \mathfrak{x} = \begin{pmatrix} 1 \\ 0 \end{pmatrix} + \lambda \begin{pmatrix} 0 \\ 1 \end{pmatrix}$ ab, daß je zwei Punkte mit gleichem Parameterwert einander zugeordnet werden? Werden bei dieser Abbildung *alle* Punkte mit gleichem λ-Wert einander zugeordnet?

12. Welche affine Abbildung bildet die beiden Geraden

$$g_1: \mathfrak{x} = \begin{pmatrix} 1 \\ 0 \end{pmatrix} + \lambda \begin{pmatrix} 1 \\ 1 \end{pmatrix} \quad \text{und} \quad g_2: \mathfrak{x} = \mu \begin{pmatrix} 1 \\ 1 \end{pmatrix}$$

   so in die Geraden

$$g_1': \mathfrak{x} = \begin{pmatrix} 1 \\ 1 \end{pmatrix} + \lambda \begin{pmatrix} 0 \\ 1 \end{pmatrix} \quad \text{und} \quad g_2': \mathfrak{x}' = \mu \begin{pmatrix} 0 \\ 1 \end{pmatrix}$$

   ab, daß je zwei Punkte mit gleichem λ-Wert bzw. μ-Wert einander zugeordnet werden?

13. Welche affine Abbildung bildet die drei Geraden

$$g_1: \mathfrak{x} = \begin{pmatrix} 1 \\ 1 \end{pmatrix} + \lambda \begin{pmatrix} -1 \\ 2 \end{pmatrix}, \quad g_2: \mathfrak{x} = \begin{pmatrix} 0 \\ 2 \end{pmatrix} + \mu \begin{pmatrix} 1 \\ 2 \end{pmatrix} \quad \text{und} \quad g_3: \mathfrak{x} = \begin{pmatrix} -1 \\ 0 \end{pmatrix} + \nu \begin{pmatrix} 1 \\ -1 \end{pmatrix}$$

   so in die drei Geraden

$$g_1': \mathfrak{x} = \begin{pmatrix} 2 \\ 2 \end{pmatrix} + \lambda \begin{pmatrix} 1 \\ 4 \end{pmatrix}, \quad g_2': \mathfrak{x} = \begin{pmatrix} 2 \\ 4 \end{pmatrix} + \mu \begin{pmatrix} 3 \\ 4 \end{pmatrix} \quad \text{und} \quad g_3': \mathfrak{x}' = \begin{pmatrix} -1 \\ 0 \end{pmatrix} + \nu \begin{pmatrix} 0 \\ -2 \end{pmatrix}$$

   ab, daß alle Punkte mit gleichem λ-Wert, bzw. μ-Wert oder ν-Wert einander zugeordnet werden?

14. Gegeben seien vier Punkte C, D, E, F, von denen je drei nicht auf einer Geraden liegen, und die Bildpunkte C', D', E', die ebenfalls nicht auf einer Geraden liegen sollen. Konstruiere F' (Nutze die Invarianz des Teilverhältnisses aus!).

15. Gegeben ist das Dreieck C(1/1) D(−1/0) E(3/1) und sein affines Bild

$$C'(3/3) \quad D'(0/-1) \quad E'(5/7).$$

Berechne den Flächeninhalt F' derjenigen Bildfigur, die bei der gleichen affinen Abbildung das affine Bild des Kreises K: $\mathfrak{x}^2 = 9$ ist.

16. Bestimme zu der Punktabbildung $A: \mathfrak{x}' = \begin{pmatrix} 1 & 0 \\ 1 & 2 \end{pmatrix} \mathfrak{x}$ die Bilder der folgenden Punktmengen $\mathbb{P}$ und zeichne jeweils die Graphen der Punktmengen und ihrer Bilder:
a) $\mathbb{P} = \{(x_1 | x_2) | x_1 < 3 \text{ und } x_1 \in \mathbb{R}\}$,
b) $\mathbb{P} = \{(x_1 | x_2) | 1 < x_1 < 2 \text{ und } 0 < x_2 < 1 \text{ und } x_1, x_2 \in \mathbb{R}\}$,
c) $\mathbb{P} = \{(x_1 | x_2) | x_1 < x_2 \text{ und } x_1, x_2 \in \mathbb{R}\}$.

17. Zeige: Falls $\mathfrak{A}$ regulär und $\mathfrak{u} \neq \mathfrak{o}$ ist, gilt: $\mathfrak{A}\mathfrak{u} \neq \mathfrak{o}$.

18. Gegeben sei eine singulär affine Abbildung $A: \mathfrak{x}' = \mathfrak{A}\mathfrak{x} + \mathfrak{v}$. Untersuche, welche Geraden als Bild einen Punkt und welche als Bild eine Gerade haben. Unterscheide dabei die Fälle, daß der Rang von $\mathfrak{A}$ gleich 0 und daß der Rang von $\mathfrak{A}$ gleich 1 ist.

19. Untersuche, inwieweit die Parallelität eine Invariante *aller* affinen Abbildungen ist (Benutze das Ergebnis von Aufgabe 18).

20. Wieviele Punkte gibt es, die bei der Abbildung $A: \mathfrak{x}' = \begin{pmatrix} \frac{1}{2}\sqrt{2} & -\frac{1}{2}\sqrt{2} \\ \frac{1}{2}\sqrt{2} & \frac{1}{2}\sqrt{2} \end{pmatrix} \mathfrak{x} + \begin{pmatrix} 1 \\ 1-\sqrt{2} \end{pmatrix}$ auf sich selbst abgebildet werden? Bestimme gegebenenfalls ihre Koordinaten.

4.2. Fixpunkte und Affinitätsachsen

Vorübungen

1. Gegeben sei die Abbildung $A: \mathfrak{x}' = \begin{pmatrix} \frac{1}{2}\sqrt{3} & -\frac{1}{2} \\ \frac{1}{2} & \frac{1}{2}\sqrt{3} \end{pmatrix} \mathfrak{x}$. Untersuche, ob es Punkte gibt, die auf sich selbst abgebildet werden.
2. Welche Punkte fallen bei folgenden Abbildungen mit ihren Bildpunkten zusammen?
   a) Spiegelung an einer Ursprungsgeraden,
   b) Dehnung parallel zur x_2-Achse mit $k = 2$.

Mit den Drehungen ($0° < \alpha < 360°$) haben wir Abbildungen kennengelernt, bei denen genau ein Punkt, nämlich der Drehpunkt, auf sich selbst abgebildet wird.

Definition 4.1

Ein Punkt, der bei einer Abbildung A sich selbst zum Bild hat, soll *Fixpunkt* von A heißen.

Bei den Spiegelungen hat sogar jeder Punkt der Spiegelachse sich selbst zum Bild, ist also Fixpunkt. Ähnlich ist es bei der Dehnung parallel zur x_2-Achse (Bild 4.4)

$$De: \mathfrak{x}' = \begin{pmatrix} 1 & 0 \\ 0 & k \end{pmatrix} \mathfrak{x}.$$

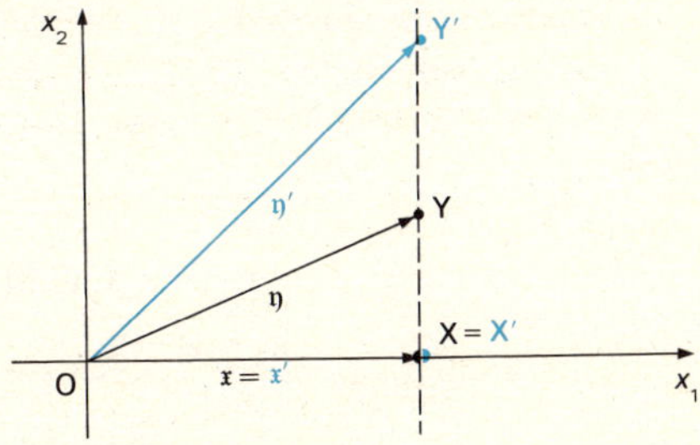

Bild 4.4

Jeder Punkt der x_1-Achse ist ein Fixpunkt. Denn das Bild X' jedes Punktes $X(x_1/0)$ dieser Geraden ist wegen $\mathfrak{x}' = \begin{pmatrix} 1 & 0 \\ 0 & k \end{pmatrix} \begin{pmatrix} x_1 \\ 0 \end{pmatrix} = \begin{pmatrix} x_1 \\ 0 \end{pmatrix} = \mathfrak{x}$ wiederum der Punkt X selbst.

Definition 4.2

Eine Gerade, die bei einer Abbildung A Punkt für Punkt auf sich abgebildet wird, heißt *Fixpunktgerade* von A. Bei affinen Abbildungen heißt eine Fixpunktgerade auch *Affinitätsachse.*

So besitzen alle Achsenspiegelungen und Dehnungen parallel zur x_2-Achse Affinitätsachsen. Andererseits gibt es affine Abbildungen, z. B. Parallelverschiebungen, die keinen Fixpunkt haben, und es ist denkbar, daß andere affine Abbildungen zwei oder drei oder endlich viele Fixpunkte haben oder sogar gekrümmte Kurven als Fixpunktmengen besitzen. Deshalb wollen wir nun allgemein die affine Abbildung $A: \mathfrak{x}' = \mathfrak{A}\mathfrak{x} + \mathfrak{v}$ auf ihre Fixpunktmenge hin untersuchen.

Ist $X[\mathfrak{x}]$ ein Fixpunkt der Abbildung A, so muß nach Definition 4.1 gelten

$$\mathfrak{x} = \mathfrak{x}'$$

und damit

$$\mathfrak{x} = \mathfrak{A}\mathfrak{x} + \mathfrak{v} .$$

Wegen $\mathfrak{x} = \mathfrak{E}\mathfrak{x}$ folgt daraus nach einfacher Umformung

(1) $$(\mathfrak{E} - \mathfrak{A})\,\mathfrak{x} = \mathfrak{v} .$$

Diese Gleichung läßt sich in der Form

(2) $$\begin{pmatrix} 1 - a_1 \\ -a_2 \end{pmatrix} x_1 + \begin{pmatrix} -b_1 \\ 1 - b_2 \end{pmatrix} x_2 = \begin{pmatrix} v_1 \\ v_2 \end{pmatrix}$$

schreiben. Dafür schreiben wir abkürzend

(3) $$\mathfrak{a}^* x_1 + \mathfrak{b}^* x_2 = \mathfrak{v} \quad \text{mit} \quad \mathfrak{a}^* = \begin{pmatrix} 1 - a_1 \\ -a_2 \end{pmatrix} \quad \text{und} \quad \mathfrak{b}^* = \begin{pmatrix} -b_1 \\ 1 - b_2 \end{pmatrix}.$$

Für die weitere Diskussion unterscheiden wir drei Fälle:

1. Wenn der Rang der Matrix $\mathfrak{E} - \mathfrak{A}$ gleich 2 ist, ist $|\mathfrak{E} - \mathfrak{A}| \neq 0$ und die Gleichung (1) läßt sich eindeutig nach $\mathfrak{x}$ auflösen. Dann existiert nämlich $(\mathfrak{E} - \mathfrak{A})^{I}$, und wir multiplizieren die Gleichung (1) von links mit $(\mathfrak{E} - \mathfrak{A})^{I}$:

$$\mathfrak{x} = (\mathfrak{E} - \mathfrak{A})^{I}\,\mathfrak{v} .$$

In diesem Falle besitzt also die Abbildung genau einen Fixpunkt.

2. Ist nun aber der Rang der Matrix $\mathfrak{E} - \mathfrak{A}$ gleich 1 und damit $|\mathfrak{E} - \mathfrak{A}| = 0$, so müssen die Spaltenvektoren $\mathfrak{a}^*$ und $\mathfrak{b}^*$ der Matrix $\mathfrak{E} - \mathfrak{A}$ kollinear und mindestens einer von ihnen muß vom Nullvektor verschieden sein.

Die Menge der Zahlenpaare (x_1, x_2), die die äquivalenten Vektorgleichungen (1) bis (3) erfüllen, stellt die gesuchte Fixpunktmenge dar. Wegen der Kollinearität von $\mathfrak{a}^*$ und $\mathfrak{b}^*$ hängt die Art der Lösungsmenge davon ab, ob auch $\mathfrak{v}$ kollinear zu $\mathfrak{a}^*$ und $\mathfrak{b}^*$ ist oder nicht.

Falls $\mathfrak{v}$ kollinear ist zu $\mathfrak{a}^*$ und $\mathfrak{b}^*$, läßt $\mathfrak{v}$ sich auf beliebig viele Weisen durch $\mathfrak{a}^*$ und $\mathfrak{b}^*$ darstellen. Es gibt also unendlich viele Fixpunkte. Geht man von (2) zu den beiden Koordinatengleichungen

$$(1 - a_1)\, x_1 - b_1 x_2 = v_1\,,$$
$$-a_2 x_1 + (1 - b_2)\, x_2 = v_2$$

über, so erkennt man, daß die Fixpunktmenge eine Gerade ist. Jede der beiden Koordinatengleichungen stellt diese Gerade dar, falls in ihr mindestens ein Koeffizient vor x_1 oder x_2 ungleich Null ist.

Falls nun $\mathfrak{v}$ nicht kollinear zu $\mathfrak{a}^*$ und $\mathfrak{b}^*$ ist, läßt sich $\mathfrak{v}$ nicht als Linearkombination von $\mathfrak{a}^*$ und $\mathfrak{b}^*$ darstellen. Mithin ist die Lösungsmenge von (3) leer und es gibt keinen Fixpunkt.

3. Ist schließlich der Rang von $\mathfrak{E} - \mathfrak{A}$ gleich Null, ist also $\mathfrak{E} - \mathfrak{A}$ die Nullmatrix $\mathfrak{O}$, so ist die Gleichung $(\mathfrak{E} - \mathfrak{A})\,\mathfrak{x} = \mathfrak{v}$ nur erfüllbar, wenn $\mathfrak{v} = \mathfrak{o}$ ist. Dann liegt aber wegen $\mathfrak{E} = \mathfrak{A}$ die identische Abbildung vor, die jeden Punkt zum Fixpunkt hat. Im Falle $\mathfrak{v} \neq \mathfrak{o}$ hat A dagegen keine Fixpunkte: die Abbildung A stellt eine Parallelverschiebung um den Vektor $\mathfrak{v}$ dar.

Wir fassen zusammen:

Satz 4.7

Die affine Abbildung A: $\mathfrak{x}' = \mathfrak{A}\mathfrak{x} + \mathfrak{v}$ hat dann und nur dann genau einen Fixpunkt $F[\mathfrak{f}]$, wenn der Rang der Matrix $\mathfrak{E} - \mathfrak{A}$ gleich 2 ist. Für den Ortsvektor $\mathfrak{f}$ gilt:

$$\mathfrak{f} = (\mathfrak{E} - \mathfrak{A})^I\, \mathfrak{v}\,.$$

Satz 4.8

Die affine Abbildung A: $\mathfrak{x}' = \mathfrak{A}\mathfrak{x} + \mathfrak{v}$ besitzt genau dann eine Affinitätsachse (Fixpunktgerade), wenn der Rang der Matrix $\mathfrak{E} - \mathfrak{A}$ gleich 1 ist und wenn die beiden Spaltenvektoren $\mathfrak{a}^*$ und $\mathfrak{b}^*$ von $\mathfrak{E} - \mathfrak{A}$ und $\mathfrak{v}$ kollinear sind. Die Gleichung der Affinitätsachse ist

$$(1 - a_1)\, x_1 - b_1 x_2 = v_1$$

oder

$$-a_2 x_1 + (1 - b_2)\, x_2 = v_2\,.$$

Satz 4.9

Die affine Abbildung A: $\mathfrak{x}' = \mathfrak{A}\mathfrak{x} + \mathfrak{v}$ hat genau dann keinen Fixpunkt, wenn

a) der Rang von $\mathfrak{E} - \mathfrak{A}$ gleich 1 und die Spaltenvektoren $\mathfrak{a}^*, \mathfrak{b}^*$ von $\mathfrak{E} - \mathfrak{A}$ und $\mathfrak{v}$ nicht kollinear sind oder

b) der Rang von $\mathfrak{E} - \mathfrak{A}$ gleich Null und $\mathfrak{v} \neq \mathfrak{o}$ ist.

Satz 4.10

Bei der Abbildung $A: \mathfrak{x}' = \mathfrak{A}\mathfrak{x} + \mathfrak{v}$ ist genau dann jeder Punkt des $\mathbb{R}^2$ Fixpunkt, wenn der Rang von $\mathfrak{E} - \mathfrak{A}$ gleich Null und $\mathfrak{v} = \mathfrak{o}$ ist.

Bei affinen Abbildungen können demnach als nichtleere Fixpunktmengen nur der $\mathbb{R}^2$, genau eine Gerade (also ein $\mathbb{R}^1$) oder genau ein Punkt (also ein $\mathbb{R}^0$) auftreten.

Beispiele

1. Untersuche die Abbildung $A: \mathfrak{x}' = \begin{pmatrix} 0 & -1 \\ 1 & 0 \end{pmatrix} \mathfrak{x} + \begin{pmatrix} 2 \\ 2 \end{pmatrix}$ auf Fixpunkte.

   Lösung:

   Wegen $|\mathfrak{E} - \mathfrak{A}| = \begin{vmatrix} 1 & 1 \\ -1 & 1 \end{vmatrix} = 2 \neq 0$ besitzt A nach Satz 4.7 genau einen Fixpunkt F[$\mathfrak{f}$]. Es gilt:

$$\mathfrak{f} = (\mathfrak{E} - \mathfrak{A})^I \mathfrak{v} = \frac{1}{2} \begin{pmatrix} 1 & -1 \\ 1 & 1 \end{pmatrix} \begin{pmatrix} 2 \\ 2 \end{pmatrix} = \frac{1}{2} \begin{pmatrix} 0 \\ 4 \end{pmatrix} = \begin{pmatrix} 0 \\ 2 \end{pmatrix}.$$

   Der Punkt F(0/2) ist der einzige Fixpunkt von A.

2. Bestimme die Fixpunkte der affinen Abbildung $A: \mathfrak{x}' = \begin{pmatrix} -2 & 2 \\ 9 & -5 \end{pmatrix} \mathfrak{x} + \begin{pmatrix} -1 \\ 3 \end{pmatrix}$.

   Lösung:

   Wegen $|\mathfrak{E} - \mathfrak{A}| = \begin{vmatrix} 3 & -2 \\ -9 & 6 \end{vmatrix} = 0$ und $\mathfrak{E} - \mathfrak{A} \neq \mathfrak{O}$ ist der Rang von $\mathfrak{E} - \mathfrak{A}$ gleich 1. Die Abbildung A besitzt nach Satz 4.8 eine Affinitätsachse, weil zudem die Vektoren $\mathfrak{a}^* = \begin{pmatrix} 3 \\ -9 \end{pmatrix}$, $\mathfrak{b}^* = \begin{pmatrix} -2 \\ 6 \end{pmatrix}$ und $\mathfrak{v} = \begin{pmatrix} -1 \\ 3 \end{pmatrix}$ kollinear sind. Die Gleichung der Affinitätsachse ist die erste oder zweite Gleichung des Systems

$$\begin{aligned} 3x_1 - 2x_2 &= -1 \\ -9x_1 + 6x_2 &= 3. \end{aligned}$$

Aufgaben

1. Bestimme die Fixpunkte folgender Abbildungen:

   a) $A: \mathfrak{x}' = \begin{pmatrix} 3 & 1 \\ 2 & 4 \end{pmatrix} \mathfrak{x} + \begin{pmatrix} -1 \\ 2 \end{pmatrix}$, b) $A: \mathfrak{x}' = \begin{pmatrix} -2 & 4 \\ 1 & 3 \end{pmatrix} \mathfrak{x} + \begin{pmatrix} 2 \\ 5 \end{pmatrix}$, c) $A: \mathfrak{x}' = \begin{pmatrix} 4 & 7 \\ -9 & -10 \end{pmatrix} \mathfrak{x}$.

2. Untersuche auf Fixpunkte die Abbildungen

   a) $A: \mathfrak{x}' = \begin{pmatrix} -3 & 8 \\ 7 & -13 \end{pmatrix} \mathfrak{x} + \begin{pmatrix} -6 \\ 10{,}5 \end{pmatrix}$, b) $A: \mathfrak{x}' = \begin{pmatrix} 3 & 6 \\ 5 & 11 \end{pmatrix} \mathfrak{x} + \begin{pmatrix} -9 \\ 15 \end{pmatrix}$.

3. Welche Fixpunkte besitzt die affine Abbildung

   a) $A: \mathfrak{x}' = \begin{pmatrix} 2 & 0 \\ 0 & 2 \end{pmatrix} \mathfrak{x} + \begin{pmatrix} 1 \\ 1 \end{pmatrix}$, b) $A: \mathfrak{x}' = \begin{pmatrix} 5 & 20 \\ 3 & 16 \end{pmatrix} \mathfrak{x}$, c) $A: \mathfrak{x}' = \begin{pmatrix} 0 & -2 \\ -2 & -3 \end{pmatrix} \mathfrak{x} + \begin{pmatrix} 3 \\ 6 \end{pmatrix}$,

   d) $A: \mathfrak{x}' = \begin{pmatrix} 0 & 1 \\ 1 & 0 \end{pmatrix} \mathfrak{x} + \mathfrak{v}$, e) $A: \mathfrak{x}' = \begin{pmatrix} 2 & 1 \\ -1 & 0 \end{pmatrix} \mathfrak{x} + \begin{pmatrix} -2 \\ 1 \end{pmatrix}$.

4. Untersuche, ob folgende Abbildungen eine Affinitätsachse besitzen. Bestimme gegebenenfalls ihre Gleichung.

a) $A: \mathfrak{x}' = \begin{pmatrix} 1 & 0 \\ 3 & 2 \end{pmatrix} \mathfrak{x} + \begin{pmatrix} 0 \\ -3 \end{pmatrix}$, b) $A: \mathfrak{x}' = \begin{pmatrix} 1 & 0 \\ 0 & 1 \end{pmatrix} \mathfrak{x} + \begin{pmatrix} -2 \\ -5 \end{pmatrix}$.

5. Welchen gemeinsamen Fixpunkt haben alle affinen Abbildungen, deren Gleichung sich in der Form $\mathfrak{x}' = \mathfrak{A}\mathfrak{x}$ schreiben läßt?

6. Begründe: Für alle affinen Abbildungen mit nichtleerer Fixpunktmenge $\mathbb{F}$ gilt:
a) $\mathbb{F}$ ist ein Punktraum $\mathbb{R}^n$ der Dimension n mit $n \in \{0, 1, 2\}$.
b) Ist r der Rang der Matrix $\mathfrak{E} - \mathfrak{A}$ und n die Dimension der zur Abbildung gehörigen Fixpunktmenge, so gilt stets $r + n = 2$.

7. Die Gerade $g: \mathfrak{x} = \begin{pmatrix} -0{,}5 \\ 0 \end{pmatrix} + \lambda \begin{pmatrix} 2 \\ 1 \end{pmatrix}$ ist die Affinitätsachse einer affinen Abbildung. Ferner werde P(1/1) auf P′(2,5/0,5) abgebildet. Bestimme die Abbildungsgleichung.

8. Bestimme die Matrix $\mathfrak{A}$ von $A: \mathfrak{x}' = \mathfrak{A}\mathfrak{x} + \mathfrak{v}$, wenn $\mathfrak{v} = \begin{pmatrix} 9 \\ -6 \end{pmatrix}$ und $a: \begin{pmatrix} 4 \\ 7 \end{pmatrix} \mathfrak{x} - 3 = 0$ Affinitätsachse ist.

9. Zeige: Jede nullpunktstreue affine Abbildung, bei der der Rang von $\mathfrak{E} - \mathfrak{A}$ gleich 1 ist, hat eine Affinitätsachse, die durch den Ursprung geht.

10. Gegeben ist die affine Abbildung $A: \mathfrak{x}' = \mathfrak{A}\mathfrak{x} + \mathfrak{v}$. Deute die Matrix $\mathfrak{E} - \mathfrak{A}$ als Matrix $\mathfrak{A}^*$ der affinen Abbildung $A^*: \mathfrak{x}' = \mathfrak{A}^*\mathfrak{x}$ und zeige:
a) A hat dann und nur dann genau einen Fixpunkt, wenn die Abbildung A* regulär ist.
b) A hat genau dann eine Affinitätsachse, wenn A* singulär ist mit Rang $\mathfrak{A}^* = 1$ und wenn $X'[\mathfrak{v}]$ ein Punkt des $\mathbb{R}^1$ ist, auf den der $\mathbb{R}^2$ durch A* abgebildet wird.

11. Deute die beiden Koordinatengleichungen von $(\mathfrak{E} - \mathfrak{A})\,\mathfrak{x} = \mathfrak{v}$ als Normalenformen $\begin{pmatrix} 1 - a_1 \\ -b_1 \end{pmatrix} \mathfrak{x} = v_1$ und $\begin{pmatrix} -a_2 \\ 1 - b_2 \end{pmatrix} \mathfrak{x} = v_2$ und beweise unabhängig von Satz 4.8:
Die Abbildung $A: \mathfrak{x}' = \mathfrak{A}\mathfrak{x} + \mathfrak{v}$ hat genau dann eine Affinitätsachse, wenn der Rang von $\mathfrak{E} - \mathfrak{A}$ gleich 1 ist und wenn gilt

$$\left\{X[\mathfrak{x}] \,\middle|\, \begin{pmatrix} 1 - a_1 \\ -b_1 \end{pmatrix} \mathfrak{x} = v_1\right\} \cap \left\{X[\mathfrak{x}] \,\middle|\, \begin{pmatrix} -a_2 \\ 1 - b_2 \end{pmatrix} \mathfrak{x} = v_2\right\} \neq \{\,\}$$

Jede der beiden Normalenformen mit von $\mathfrak{o}$ verschiedenem Normalenvektor stellt dann die Affinitätsachse dar.
(Beachte, daß die Zeilenvektoren von $\mathfrak{E} - \mathfrak{A}$ linear abhängig sind.)

12. Untersuche das Fixpunktproblem für alle singulären Abbildungen.

13. Welche affine Abbildung hat die Affinitätsachse mit der Gleichung
a) $x_1 - 4 = 0$ und bildet O(0/0) in O′(0/1) ab,
b) $x_2 + 2 = 0$ und bildet C(1/0) in C′(1/1) ab,
c) $3x_1 + 4x_2 - 5 = 0$ und bildet C(1/1) in C′(−1/−3) ab,
d) $x_1 + x_2 = 0$ und bildet C(1/2) in C′(−1/0) ab?

14. Untersuche durch Rechnung folgende affine Abbildungen auf Fixpunkte:
   a) die Spiegelung an der Winkelhalbierenden des 1. Quadranten,
   b) die Halbdrehung um den Ursprung,
   c) die zentrische Streckung von Z aus,
   d) die Dehnung parallel zur x_2-Achse.

15. Welche affine Abbildung mit dem Fixpunkt F(1/1) bildet D(1/−1) in D′(0/0) und E(2/0) in E′(1/2) ab? Hat diese Abbildung weitere Fixpunkte?

16. Das Dreieck C(2/1) D(6/2) E(5/3) soll durch eine Achsenaffinität mit der x_1-Achse als Affinitätsachse in ein gleichschenkliges, rechtwinkliges Dreieck abgebildet werden ($\sphericalangle C'E'D' = 90°$).

17. Welche Form hat die Gleichung einer affinen Abbildung, die die Gerade $g: x_2 = \frac{x_1}{2}$ zur Affinitätsachse hat und die x_2-Achse in die x_1-Achse abbildet?

*4.3. Invarianz- und Fixelementmengen

Vorübungen

1. Wie haben wir den Begriff der Abbildung erklärt? Was versteht man unter der Definitionsmenge, dem Wertevorrat und der Bildmenge?
2. Betrachte eine Achsenspiegelung S.
   a) Nenne Teilpunktmengen $\mathbb{M}$ des $\mathbb{R}^2$, deren Elemente wieder auf Elemente von $\mathbb{M}$ abgebildet werden, für die also gilt: $A(\mathbb{M}) \subseteq \mathbb{M}$.
   Gib Beispiele für Punktmengen $\mathbb{M}$ an, die elementweise auf sich abgebildet werden, für die also gilt: $A(X) = X$ für jedes $X \in \mathbb{M}$.
   b) Gibt es Mengen paralleler Geraden, bei denen alle Geraden wieder in Geraden dieser Menge abgebildet werden?
   Welche Geradenmenge enthält nur Geraden, die jeweils auf sich abgebildet werden?
3. Welche invarianten Eigenschaften affiner Abbildungen haben wir kennengelernt?

Wir haben uns im Abschnitt 4.1 mit den Invarianten der affinen Abbildungen beschäftigt und im letzten Abschnitt Aussagen über die Fixpunkte bei affinen Abbildungen gemacht. Wir wollen nun die Ergebnisse aus diesen beiden Abschnitten in einen allgemeineren Zusammenhang stellen und dadurch zu neuen, interessanten Fragestellungen und Einsichten bei affinen Abbildungen kommen.
Wir untersuchen als Beispiel eine Achsenspiegelung S mit der Achse a und betrachten dabei verschiedene Geraden und ihre Spiegelbilder. In den Bildern 4.5 bis 4.8 haben wir dabei von jeder Urgeraden fünf ihrer Punkte herausgegriffen und sie mit ihren Bildpunkten dargestellt.

Während sich im allgemeinen eine Gerade g_1 und ihre Bildgerade $A(g_1)$ in einem Punkt der Spiegelungsachse schneiden und nur diesen Punkt gemeinsam haben (Bild 4.5), besitzen g_2 und $A(g_2)$ keine gemeinsamen Punkte, weil sie zur Spiegelungsachse und damit zueinander parallel verlaufen (Bild 4.6). Dagegen wird jede Gerade g_3, die senkrecht auf a steht, als ganzes auf sich abgebildet (Bild 4.7), während die Spiegelungsachse a selbst Punkt für Punkt auf sich abgebildet wird (Bild 4.8).

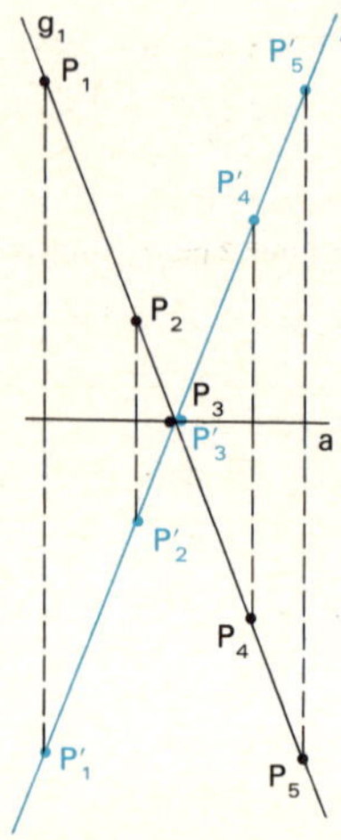

Bild 4.5

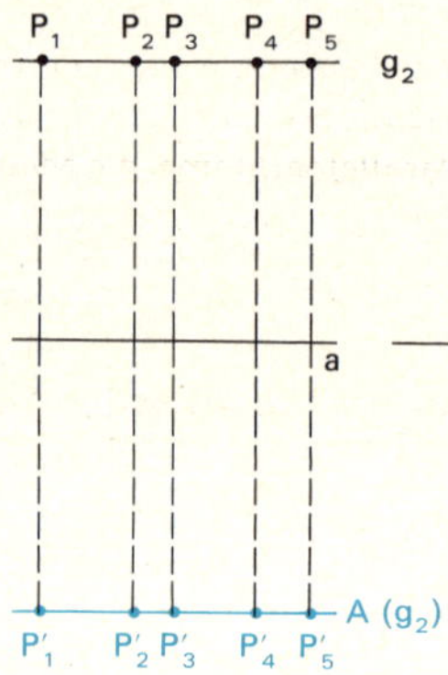

Bild 4.6

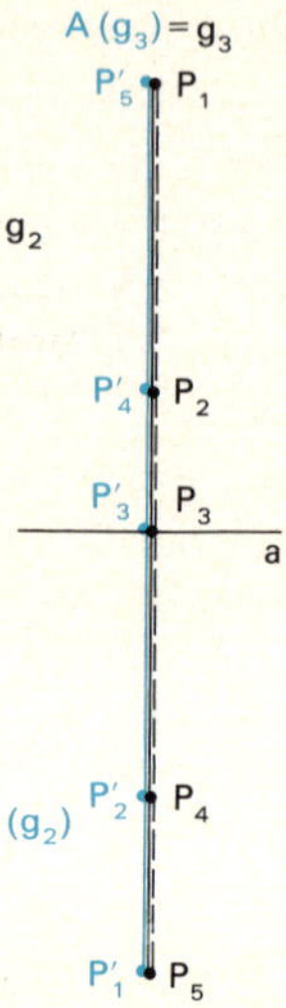

Bild 4.7

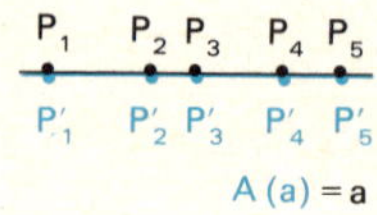

Bild 4.8

In den Bildern 4.9 bis 4.12 haben wir alle betrachteten Fälle in Mengendiagrammen dargestellt. Die Urbildmengen, die jeweils aus den Punkten einer Geraden bestehen, werden mit $\mathbb{M}_1, \ldots, \mathbb{M}_4$ und ihre Bildmengen mit $A(\mathbb{M}_1), \ldots, A(\mathbb{M}_4)$ bezeichnet. Auch hier erkennen wir, daß $\mathbb{M}_3$ und $\mathbb{M}_4$ mit ihren Bildmengen übereinstimmen, weil alle Bildelemente bereits zur Urbildmenge gehören. Diese Feststellung gibt uns Anlaß zu der

Definition 4.3

Eine Menge $\mathbb{M}$ heißt *Invarianzmenge* bezüglich der Abbildung A, wenn mit jedem $x \in \mathbb{M}$ auch sein Bild $A(x)$ zur Menge $\mathbb{M}$ gehört, d. h. wenn gilt:

$$A(\mathbb{M}) \subseteq \mathbb{M}.$$

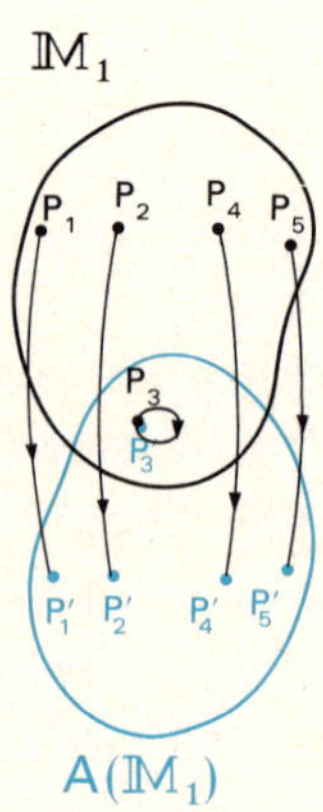

$\mathbb{M}_1 \cap A(\mathbb{M}_1) \neq \{\}$
Bild 4.9

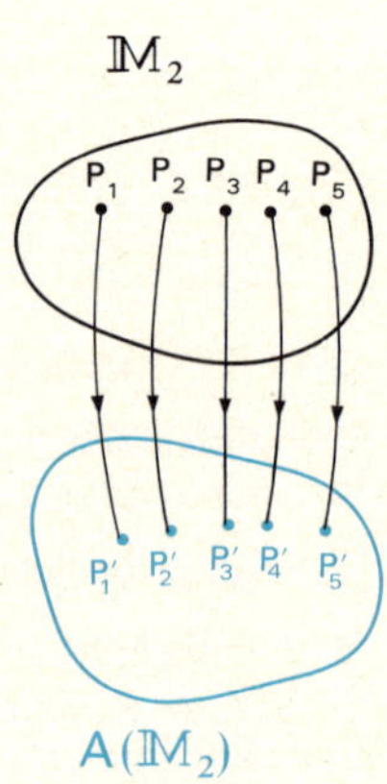

$\mathbb{M}_2 \cap A(\mathbb{M}_2) = \{\}$
Bild 4.10

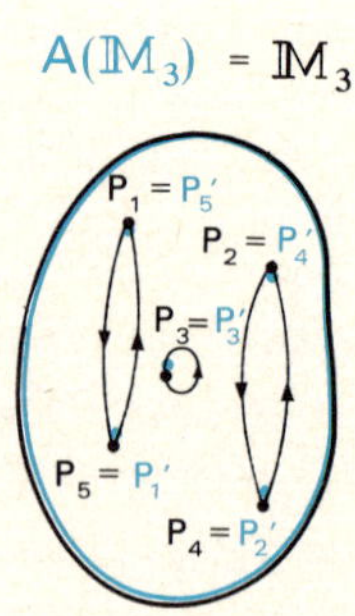

$\mathbb{M}_3 = A(\mathbb{M}_3)$
Bild 4.11

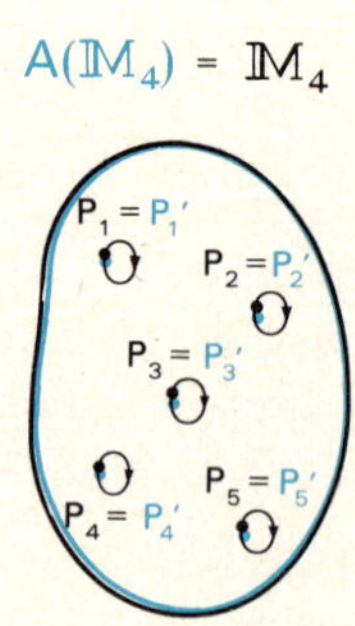

$X = A(X)$ für alle $X \in \mathbb{M}_4$
Bild 4.12

Da es zum Beispiel bei singulär affinen Abbildungen vorkommen kann, daß die Bildmenge $A(\mathbb{M})$ einer Menge $\mathbb{M}$ eine echte Teilmenge von $\mathbb{M}$ ist, haben wir das Echtenthaltensein von $A(\mathbb{M})$ in $\mathbb{M}$ zugelassen.
Der Begriff der Invarianzmenge ist nun ein sehr weit gefaßter Begriff. So ist etwa die Menge aller Quadrate im $\mathbb{R}^2$ gegenüber jeder Drehung eine Invarianzmenge. Ebenso sind z. B. die Menge aller Dreiecke, die Menge aller Parallelogramme, die Menge aller 2 cm langen Strecken im $\mathbb{R}^2$ Invarianzmengen gegenüber jeder Parallelverschiebung oder auch Achsenspiegelung. Sogar die Definitionsmenge $\mathbb{D}$ jeder Funktion f, deren Wertevorrat $\mathbb{W}$ Teilmenge von $\mathbb{D}$ ist, ist eine Invarianzmenge bezüglich f.
Für unser Beispiel der Spiegelung S sind die Geraden g_1 und g_2 als Punktmengen jeweils keine Invarianzmengen, dagegen handelt es sich bei g_3 und a jeweils um Invarianzmengen. Während nun alle Punkte von g_3 mit Ausnahme eines Punktes, nämlich des Schnittpunktes von g_3 mit der Spiegelungsachse, nicht mit ihren Bildpunkten übereinstimmen, besteht a aus lauter Fixpunkten.

Definition 4.4

Eine Invarianzmenge $\mathbb{M}$ heißt *Fixelementmenge* bezüglich der Abbildung A, wenn sie nur aus Fixelementen besteht, wenn also für alle $x \in \mathbb{M}$ gilt:

$$x = A(x).$$

Die Achse a ist also gegenüber S eine Fixelementmenge.

Im folgenden wollen wir nun die Begriffe Invarianz- und Fixelementmenge anwenden auf affine Abbildungen von Punktmengen. Wir erinnern uns dazu zunächst an die ersten Invarianten aus Abschnitt 4.1:
(1) Bei jeder affinen Abbildung wird jeder Punkt in einen Punkt abgebildet.
(2) Bei jeder regulär affinen Abbildung wird jede Gerade in eine Gerade abgebildet (siehe Satz 4.1).
(3) Bei jeder regulär affinen Abbildung wird jede Richtung in eine Richtung abgebildet (siehe Satz 4.2).

Die Aussage (1) bedeutet, daß der $\mathbb{R}^2$ als Punktmenge eine Invarianzmenge gegenüber allen affinen Abbildungen ist; und zwar ist nach unseren Überlegungen aus Abschnitt 2.2 $A(\mathbb{R}^2) = \mathbb{R}^2$, wenn A regulär affin ist, dagegen gilt $A(\mathbb{R}^2) \subset \mathbb{R}^2$, wenn es sich bei A um eine singulär affine Abbildung handelt.
Aber auch Teilpunktmengen des $\mathbb{R}^2$ können Invarianzmengen gegenüber gewissen affinen Abbildungen sein. In Bild 4.13 ist eine Drehung D_α um O dargestellt. Offenbar ist jeder Kreis um O als Punktmenge eine Invarianzmenge gegenüber D_α. Ferner bilden bei einer affinen Abbildung mit Affinitätsachse die Punkte der Affinitätsachse eine Invarianz-, ja sogar Fixelementmenge.

Nun besagt die Aussage (2), daß auch die Menge aller Geraden im $\mathbb{R}^2$ eine Invarianzmenge gegenüber allen regulär affinen Abbildungen ist, da ja in diesem Fall Geraden stets als Geraden abgebildet werden. Bedenkt man, daß eine Gerade selbst schon eine Punktmenge ist, so finden wir in der Menge aller Geraden im $\mathbb{R}^2$ eine Menge zweiter Ordnung, eine Menge also, deren Elemente selbst wieder Punktmengen sind.

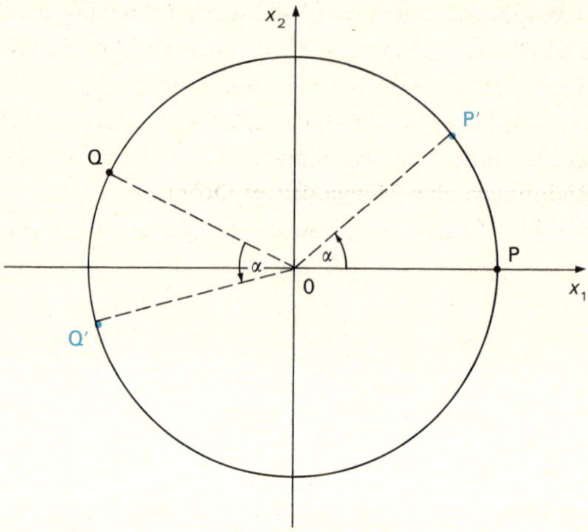

Bild 4.13

Auch Teilmengen der Menge aller Geraden im $\mathbb{R}^2$ können Invarianzmengen gegenüber einer affinen Abbildung sein. Während in Bild 4.14 die Menge aller Parallelen zu g_1, also die Richtung r_1, keine Invarianzmenge gegenüber der Spiegelung S ist, bildet die Menge aller Parallelen zur Spiegelungsachse a, also die Richtung r_2, eine Invarianzmenge. Denn jede Gerade $g_2 \in r_2$ wird in eine Bildgerade $A(g_2) \in r_2$ abgebildet. Die Menge r_3 aller Senkrechten zur Spiegelungsachse ist sogar eine Fixelementmenge, weil jede Gerade $g_3 \in r_3$ mit ihrem Bild zusammenfällt. Damit entsprechen diese drei Fälle gerade wieder den Mengenbildern 4.10 bis 4.12.

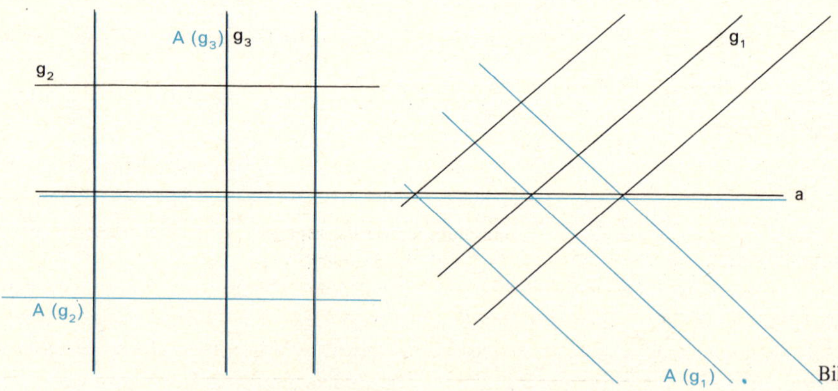

Bild 4.14

So wie man nun Punkte, die auf sich abgebildet werden, als Fixpunkte bezeichnet, wollen wir entsprechend für Geraden festsetzen:

Definition 4.5

Jede Gerade, die bei einer Abbildung A in sich abgebildet wird, heißt *Fixgerade.*

Die Geraden senkrecht zu a sind also Fixgeraden, ebenso ist a selbst als Fixpunktgerade zugleich eine weitere Fixgerade der Spiegelung S. Als Punktmengen betrachtet sind Fixgeraden einer Abbildung A stets Invarianzmengen, Fixpunktgeraden stets Fixelementmengen.
Auf Grund der Invarianzaussage (3) ist schließlich auch die Menge aller Richtungen im $\mathbb{R}^2$ eine Invarianzmenge gegenüber allen regulär affinen Abbildungen. Da eine Richtung eine Geradenmenge ist, ist die Menge aller Richtungen eine Menge dritter Ordnung.
Wie bei Punkten und entsprechend bei Geraden kann es vorkommen, daß auch Richtungen in sich abgebildet werden.

Definition 4.6

Eine Richtung r, die durch eine Abbildung A in sich abgebildet wird, heißt *Fixrichtung* von A.

In Bild 4.14 ist die Menge r_2 aller Parallelen zu a eine Fixrichtung in bezug auf S. Denn jede Parallele g_2 zu a wird wieder in eine Parallele $A(g_2)$ zu a abgebildet. Aber auch die Menge aller Senkrechten zu a ist eine Fixrichtung und sogar eine solche aus lauter Fixgeraden.

Definition 4.7

Eine Fixrichtung heißt *Fixgeradenrichtung* genau dann, wenn die Menge ihrer Geraden aus lauter Fixgeraden besteht. Bei affinen Abbildungen heißt eine Fixgeradenrichtung auch *Affinitätsrichtung*, ihre Fixgeraden nennt man auch *Affinitätsgeraden*[1]).

Die Richtung r_3 in Bild 4.14 ist also eine Fixgeradenrichtung (Affinitätsrichtung) von S, ihre Geraden sind Affinitätsgeraden.
Als Geradenmengen betrachtet sind Fixrichtungen stets Invarianzmengen, Fixgeradenrichtungen stets Fixelementmengen.
Wie wir im Abschnitt 4.2 gelernt haben, die Fixpunktmenge von affinen Abbildungen zu berechnen, so wollen wir in den nächsten Kapiteln die Menge aller Fixgeraden und Fixrichtungen von affinen Abbildungen bestimmen.

Beispiel

Bestimme aus der Anschauung für die Halbdrehung um O die Menge
a) $\mathbb{M}_F$ der Fixpunkte, b) $\mathbb{M}_g$ der Fixgeraden, c) $\mathbb{M}_r$ der Fixrichtungen
und gib, falls vorhanden, die Affinitätsachse und Affinitätsrichtungen an.

Lösung:

a) Da O als Drehpunkt der einzige Fixpunkt ist, gilt: $\mathbb{M}_F = \{O\}$ (Bild 4.15).

b) Die Geraden durch O sind Fixgeraden. Weitere Fixgeraden kann es nicht geben, weil jede Gerade g_1, die nicht durch O verläuft, nicht mit ihrer Bildgeraden g_1' zusammenfällt. Also ist $\mathbb{M}_g = \{g \mid O \in g\}$.

c) Da alle Geraden gegenüber der Halbdrehung entweder Fixgeraden sind oder jeweils zu ihrem Bild parallel verlaufen, ist jede Richtung eine Fixrichtung: $\mathbb{M}_r$ ist die Menge aller Richtungen.
Eine Affinitätsachse und eine Affinitätsrichtung existieren nicht.

[1] In vielen Büchern werden solche Geraden, sprachlich nicht korrekt, als „Affinitätsstrahlen" bezeichnet.

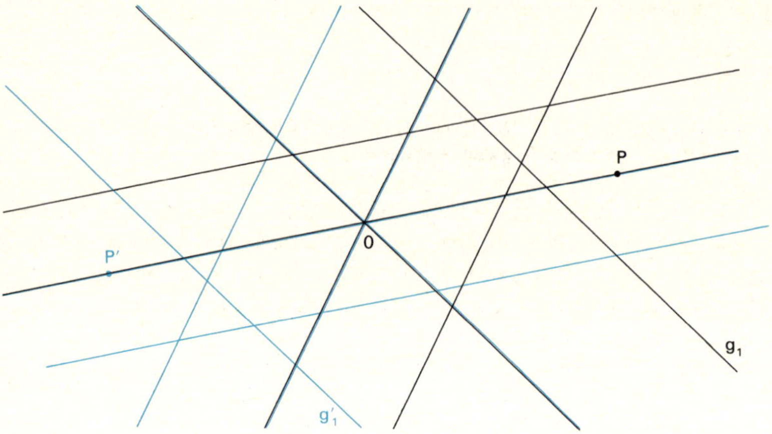

Bild 4.15

Aufgaben

1. Prüfe, ob die Menge der Eckpunkte eines gleichseitigen Dreiecks eine Invarianzmenge ist gegenüber
   a) der Spiegelung an einer Höhengeraden,
   b) der Halbdrehung um den Dreiecksschwerpunkt.

2. Untersuche, ob die Menge der Eckpunkte eines Parallelogramms mit $\alpha \neq 90°$ und $a \neq b$ eine Invarianzmenge bildet gegenüber
   a) einer Spiegelung an einer Diagonalgeraden,
   b) der Halbdrehung um den Diagonalenschnittpunkt,
   c) einer Drehung um 90° um den Diagonalenschnittpunkt,
   d) der Spiegelung an einer Verbindungsgeraden der Mittelpunkte zweier gegenüberliegender Seiten.

3. Führe die Untersuchung aus Aufgabe 2 durch für die Menge der Eckpunkte
   a) eines Rhombus ($\alpha \neq 90°$),
   b) eines Quadrates.

4. Bestimme geometrisch die Mengen $\mathbb{M}_F$ der Fixpunkte, $\mathbb{M}_g$ der Fixgeraden, $\mathbb{M}_r$ der Fixrichtungen der Spiegelung an der x_2-Achse. Existieren eine Affinitätsachse und eine Affinitätsrichtung? (Zeichnung!)

5. Bestimme geometrisch $\mathbb{M}_F$, $\mathbb{M}_g$, und $\mathbb{M}_r$ und, falls vorhanden, die Affinitätsachse und die Affinitätsrichtung folgender Abbildungen (Zeichnung):
   a) Zentrische Streckung von O aus mit $k = 2$,
   b) Parallelverschiebung um den Vektor $\mathfrak{v}$ mit $\mathfrak{v} \neq \mathfrak{o}$,
   c) Drehung um O mit $\alpha = 90°$,
   d) Dehnung parallel zur x_1-Achse mit $k = -2$.

6. Gibt es singulär affine Abbildungen, bei denen die Menge aller Geraden eine Invarianzmenge ist? (Begründung!)

*4.4. Eigenvektoren und Eigenwerte

Vorübungen

1. Begründe, warum zu jeder Fixgeraden einer regulär affinen Abbildung A eine Fixrichtung gehört.
2. Wie kann man vektoriell eine Richtung kennzeichnen?

Wir haben am Beispiel der Spiegelungen gesehen, daß es affine Abbildungen mit Fixgeraden und Fixrichtungen gibt. Wir wollen nun die Menge aller affinen Abbildungen auf ihre zugehörigen Fixgeraden und Fixrichtungen hin untersuchen. Da jede Fixgerade Repräsentant einer Fixrichtung ist, mithin jede Fixgerade zu einer Fixrichtung gehört, liegt es nahe, zunächst zu einer beliebigen affinen Abbildung A ihre zugehörigen Fixrichtungen zu bestimmen. Erst dann wollen wir die Abbildung A auf ihre Fixgeraden hin untersuchen.
Sei nun die Gerade g: $\mathfrak{x} = \mathfrak{a} + \lambda \mathfrak{u}_1 (\mathfrak{u}_1 \neq \mathfrak{o})$ Repräsentant der Fixrichtung r, so muß bei der zu A gehörigen Vektorabbildung $\breve{A}$ gelten: $\mathfrak{u}_1' = \mu \mathfrak{u}_1$. Wir vereinbaren:

Definition 4.8

Ein Vektor $\mathfrak{u} \neq \mathfrak{o}$, der bei der zu A gehörenden Vektorabbildung $\breve{A}$ in einen kollinearen Vektor $\mathfrak{u}'$ abgebildet wird, so daß also gilt

$$\mathfrak{u}' = \mu \mathfrak{u},$$

heißt *Eigenvektor* von $\breve{A}$ (und auch von A). μ nennen wir *Eigenwert* von $\mathfrak{u}$.

Da mit $\mathfrak{u}_1$ alle $\nu \mathfrak{u}_1$ mit $\nu \in \mathbb{R} \setminus \{0\}$ die Fixrichtung r charakterisieren, kann man die durch g festgelegte Fixrichtung r von A vektoriell auch durch den folgenden eindimensionalen *Eigenvektorraum* $\mathbb{V}^1$ beschreiben:

$$\mathbb{V}^1 = \{\mathfrak{u} \mid \mathfrak{u} = \nu \mathfrak{u}_1;\ \mathfrak{u}_1 \neq \mathfrak{o},\ \nu \in \mathbb{R}\}.$$

In der Menge $\mathbb{V}^1$ sind alle von $\mathfrak{o}$ verschiedenen Vektoren Eigenvektoren.
Wir wollen nun die Eigenwerte der Eigenvektoren $\mathfrak{u} \in \mathbb{V}^1$ untersuchen. $\mathfrak{u}_1$ habe den Eigenwert μ.
Dann gilt:

$$\mathfrak{u}_1' = \mu \mathfrak{u}_1 \qquad \text{oder} \qquad \mathfrak{A} \mathfrak{u}_1 = \mu \mathfrak{u}_1 .$$

Ein anderer Eigenvektor sei $\mathfrak{u}$ mit $\mathfrak{u} = \nu \mathfrak{u}_1$. Wir berechnen $\mathfrak{u}'$:

$$\mathfrak{u}' = \mathfrak{A}\mathfrak{u} = \mathfrak{A}(\nu \mathfrak{u}_1) = \nu(\mathfrak{A}\mathfrak{u}_1) = \nu(\mu \mathfrak{u}_1) = \mu(\nu \mathfrak{u}_1) = \mu \mathfrak{u} .$$

Es gilt also $\mathfrak{u}' = \mu \mathfrak{u}$ und wir erhalten den

Satz 4.11

Zu allen Eigenvektoren des Eigenvektorraums $\mathbb{V}^1 = \{\mathfrak{u} \mid \mathfrak{u} = \nu \mathfrak{u}_1;\ \nu \in \mathbb{R}\}$ gehört derselbe Eigenwert μ.

μ kann daher auch als Eigenwert von $\mathbb{V}^1$ und damit als *Eigenwert der zugehörigen Fixrichtung* r von A bezeichnet werden.
Wegen $\mathfrak{u}' = \mu \mathfrak{u}$ gibt der Betrag des Eigenwertes μ an, in welchem Maßstab alle Eigenvektoren $\mathfrak{u} \in \mathbb{V}^1$ bei der Abbildung $\breve{A}$ vergrößert (oder verkleinert) werden. Bei negativem μ erfolgt

außerdem eine Richtungsumkehr aller Eigenvektoren. Da nun jeder Eigenvektor $\mathfrak{u} \in \mathbb{V}^1$ durch geeignete Punktepaare (P, Q) repräsentiert wird, ist $|\mu|$ zugleich der Abbildungsmaßstab aller Strecken PQ, die auf Geraden der Fixrichtung $\mathfrak{r}$ liegen.

Bei singulär affinen Abbildungen A kann es vorkommen, daß durch $\breve{A}$ ein Vektor $\mathfrak{u}$ auf den Nullvektor abgebildet wird. Dann gilt: $\mathfrak{u}' = 0\mathfrak{u}$ und $\mathfrak{u}$ ist ein Eigenvektor mit dem Eigenwert 0. Wir wollen dann die durch $\mathfrak{u}$ charakterisierte Richtung als *uneigentliche Fixrichtung* von A bezeichnen. Eine Gerade g mit dem Richtungsvektor $\mathfrak{u}$ wird dann, wie wir wissen, durch A auf einen einzigen Punkt abgebildet.

Wir haben so den Begriff der Fixrichtung erweitert und können nun auf Grund von Satz 4.11 vereinbaren:

Definition 4.9

Unter den *Eigenwerten der affinen Abbildung A* verstehen wir die Eigenwerte der Fixrichtungen von A.

Beispiele

1. Bestimme rechnerisch für die Spiegelung an der x_1-Achse die Eigenwerte der durch $\mathfrak{u}_1 = \begin{pmatrix}1\\0\end{pmatrix}$ und $\mathfrak{u}_2 = \begin{pmatrix}0\\1\end{pmatrix}$ charakterisierten Fixrichtungen.

Lösung:

Bildet man die beiden Vektoren $\mathfrak{u}_1$ und $\mathfrak{u}_2$ durch die zugehörige Vektorabbildung mit der Gleichung $\mathfrak{u}' = \begin{pmatrix}1 & 0\\0 & -1\end{pmatrix}\mathfrak{u}$ ab, so erhält man

$$\mathfrak{u}_1' = \begin{pmatrix}1 & 0\\0 & -1\end{pmatrix}\begin{pmatrix}1\\0\end{pmatrix} = \begin{pmatrix}1\\0\end{pmatrix} = \mathfrak{u}_1$$

und

$$\mathfrak{u}_2' = \begin{pmatrix}1 & 0\\0 & -1\end{pmatrix}\begin{pmatrix}0\\1\end{pmatrix} = \begin{pmatrix}0\\-1\end{pmatrix} = -\mathfrak{u}_2 .$$

Zu $\mathfrak{u}_1$ gehört also der Eigenwert $\mu_1 = 1$, zu $\mathfrak{u}_2$ der Eigenwert $\mu_2 = -1$. Alle Eigenvektoren werden in wahrer Größe abgebildet, die Eigenvektoren der Form $\mathfrak{u} = \nu\mathfrak{u}_2 = \nu\begin{pmatrix}0\\1\end{pmatrix}$ erfahren außerdem eine Richtungsumkehr (Bild 4.16).

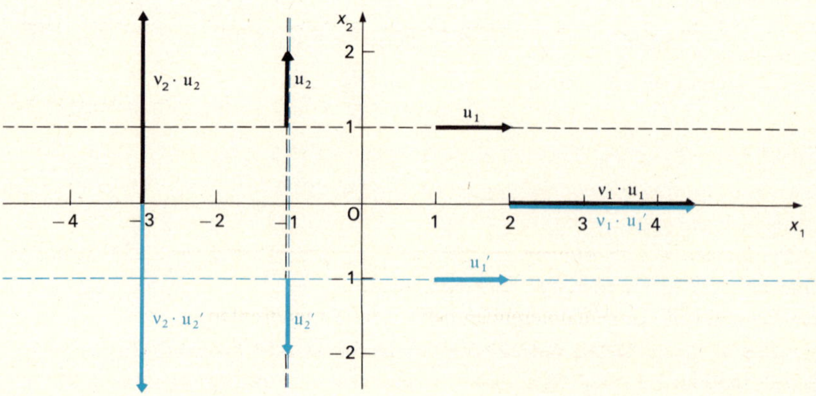

Bild 4.16

2. Zeige, daß die Vektoren $\mathfrak{u}_1 = \begin{pmatrix} 3 \\ 0 \end{pmatrix}$ und $\mathfrak{u}_2 = \begin{pmatrix} -1 \\ -1 \end{pmatrix}$ Eigenvektoren der Abbildung $A: \mathfrak{x}' = \begin{pmatrix} 2 & 8 \\ 0 & 10 \end{pmatrix} \mathfrak{x} + \begin{pmatrix} 4 \\ 7 \end{pmatrix}$ sind. Bestimme die zugehörigen Eigenwerte.

Lösung:

Es ist $\breve{A}: \mathfrak{u}' = \begin{pmatrix} 2 & 8 \\ 0 & 10 \end{pmatrix} \mathfrak{u}$ die zu A gehörige Vektorabbildung. Wegen

$$\mathfrak{u}_1' = \begin{pmatrix} 2 & 8 \\ 0 & 10 \end{pmatrix} \begin{pmatrix} 3 \\ 0 \end{pmatrix} = \begin{pmatrix} 6 \\ 0 \end{pmatrix} = 2\mathfrak{u}_1$$

und

$$\mathfrak{u}_2' = \begin{pmatrix} 2 & 8 \\ 0 & 10 \end{pmatrix} \begin{pmatrix} -1 \\ -1 \end{pmatrix} = \begin{pmatrix} -10 \\ -10 \end{pmatrix} = 10\mathfrak{u}_2$$

sind $\mathfrak{u}_1$ und $\mathfrak{u}_2$ Eigenvektoren mit den Eigenwerten $\mu_1 = 2$ bzw. $\mu_2 = 10$.

Aufgaben

1. Begründe: Ist A eine affine Abbildung mit der Affinitätsachse a, so wird durch a eine Fixrichtung mit dem Eigenwert $\mu = 1$ festgelegt.

2. Begründe: Eine Drehung D_α um O mit $0° < \alpha < 180°$ besitzt keine Eigenwerte.

3. Zeige durch Rechnung: Alle Richtungen sind Fixrichtungen bezüglich jeder Parallelverschiebung. Welche Eigenwerte sind ihnen zugeordnet?

4. Zeige: Alle Richtungen sind Fixrichtungen bezüglich der folgenden affinen Abbildungen:
   a) Halbdrehung um O,
   b) zentrische Streckung von O aus.
   Bestimme die Eigenwerte.

5. Zeige: Die Vektoren $\begin{pmatrix} -2 \\ 3 \end{pmatrix}$ und $\begin{pmatrix} -2 \\ 1 \end{pmatrix}$ sind Eigenvektoren der affinen Abbildung $A: \mathfrak{x}' = \begin{pmatrix} 3 & -3 \\ 4 & 5 \end{pmatrix} \mathfrak{x} + \begin{pmatrix} 2 \\ 0 \end{pmatrix}$. Bestimme auch die zugehörigen Eigenwerte.

6. Zeige, daß die Abbildung $A: \mathfrak{x}' = \begin{pmatrix} \cos\alpha & \sin\alpha \\ \sin\alpha & -\cos\alpha \end{pmatrix} \mathfrak{x}$ eine Affinitätsachse a besitzt und ermittle ihre Gleichung. Zeige ferner durch Rechnung, daß a und jede Gerade g senkrecht zu a je eine Fixrichtung von A bestimmen. Gib die zu diesen Fixrichtungen zugehörigen Eigenwerte an.

7. Zeige: Der Vektorraum $\mathbb{V}^1 = \left\{ \mathfrak{u} \,\middle|\, \mathfrak{u} = v \begin{pmatrix} -3 \\ 2 \end{pmatrix}; v \in \mathbb{R} \right\}$ kennzeichnet eine uneigentliche Fixrichtung der Abbildung
$$\breve{A}: \mathfrak{u}' = \begin{pmatrix} 2 & 3 \\ -4 & -6 \end{pmatrix} \mathfrak{u}.$$

8. Gib zu den folgenden Abbildungen anschaulich die Eigenvektorräume und Eigenwerte an und bestätige deine Vermutung durch Rechnung:
   a) Spiegelung an der Winkelhalbierenden des 1. und 3. Quadranten,
   b) Spiegelung an der Winkelhalbierenden des 2. und 4. Quadranten,
   c) Dehnung parallel zur x_1-Achse mit $k = \frac{1}{2}$.

*4.5. Fixrichtungen

Vorübungen

1. Überlege anschaulich, wieviele Fixrichtungen und Eigenwerte
   a) zur Achsenspiegelung an der x_1-Achse,
   b) zur zentrischen Streckung von O aus,
   c) zur Drehung D_α um O mit $0° < \alpha < 180°$ gehören.
2. Welche Vektorgleichung kennzeichnet eine Fixrichtung einer affinen Abbildung A?

Mit der Achsenspiegelung S haben wir eine Abbildung kennengelernt, bei der es genau zwei Fixrichtungen gibt, zu denen zwei verschiedene Eigenwerte gehören. Hier ist also jeder Fixrichtung genau ein Eigenwert zugeordnet. Andererseits sehen wir, daß bei der zentrischen Streckung vom Ursprung aus jede Richtung eine Fixrichtung ist, da wegen

$$Z_O: \mathfrak{x}' = \begin{pmatrix} k & 0 \\ 0 & k \end{pmatrix} \mathfrak{x} \quad \text{oder} \quad \mathfrak{x}' = k\mathfrak{x}$$

und

$$\check{Z}_O: \mathfrak{u}' = \begin{pmatrix} k & 0 \\ 0 & k \end{pmatrix} \mathfrak{u} \quad \text{oder} \quad \mathfrak{u}' = k\mathfrak{u}$$

für jeden Vektor $\mathfrak{u} \neq \mathfrak{o}$ gilt: $\mathfrak{u}' = k\mathfrak{u}$. Somit ist jeder Vektor $\mathfrak{u}$ mit $\mathfrak{u} \neq \mathfrak{o}$ wegen $\mathfrak{u}' = k\mathfrak{u}$ Eigenvektor mit demselben Eigenwert k. Hier ist also jeder Fixrichtung derselbe Eigenwert zugeordnet. Schließlich hat jede Drehung D_α um O mit $0° < \alpha < 180°$ keine Fixrichtung und somit auch keinen Eigenwert.

Während es also affine Abbildungen gibt, bei denen jedem Eigenwert genau eine Fixrichtung entspricht, können bei anderen affinen Abbildungen zu einem Eigenwert sogar unendlich viele Fixrichtungen gehören. Schließlich gibt es affine Abbildungen ohne Eigenwert und damit ohne Fixrichtung.

Bisher haben wir die Existenz von Fixrichtungen und Eigenvektoren der Anschauung entnommen oder lediglich nachgewiesen, daß vorgegebene Richtungen (Vektoren) Fixrichtungen (Eigenvektoren) bestimmter Abbildungen sind. Wir wollen jetzt rechnerisch zu einer vorgegebenen Abbildung A die Eigenwerte, Eigenvektoren und Fixrichtungen bestimmen.

Es sei also

$$A: \mathfrak{x}' = \mathfrak{A}\mathfrak{x} + \mathfrak{v} \quad \text{mithin} \quad \check{A}: \mathfrak{u}' = \mathfrak{A}\mathfrak{u}.$$

Nach Definition 4.8 muß für Eigenvektoren $\mathfrak{u}$ von $\check{A}$ gelten

$$\mu\mathfrak{u} = \mathfrak{A}\mathfrak{u} \Leftrightarrow$$

$$\mu\mathfrak{E} \cdot \mathfrak{u} = \mathfrak{A}\mathfrak{u} \Leftrightarrow$$

(1) $$(\mu\mathfrak{E} - \mathfrak{A})\,\mathfrak{u} = \mathfrak{o}.$$

Ist nun der Rang von $(\mu\mathfrak{E} - \mathfrak{A})$ gleich 2, so läßt sich die Gleichung (1) eindeutig nach $\mathfrak{u}$ auflösen und es ist

$$\mathfrak{u} = (\mu\mathfrak{E} - \mathfrak{A})^I\,\mathfrak{o} = \mathfrak{o}.$$

Da $\mathfrak{o}$ aber nach Definition 4.8 kein Eigenvektor ist, können in (1) nur Eigenvektoren als Lösungsvektoren auftreten, wenn Rang $(\mu\mathfrak{E}-\mathfrak{A})<2$. Dann muß gelten

(2) $$|\mu\mathfrak{E}-\mathfrak{A}|=0$$

$$\begin{vmatrix} \mu-a_1 & -b_1 \\ -a_2 & \mu-b_2 \end{vmatrix}=0$$

$$(\mu-a_1)(\mu-b_2)-a_2b_1=0$$

$$\mu^2-(a_1+b_2)\mu+a_1b_2-a_2b_1=0$$

(2') $$\mu^2-(a_1+b_2)\mu+|\mathfrak{A}|=0\,.$$

Die Gleichung (2) bzw. (2') heißt *charakteristische Gleichung* der affinen Abbildung A. Ihre reellen Lösungen sind die Eigenwerte von A. Man erhält:

$$\mu=\frac{a_1+b_2}{2}+\sqrt{\frac{(a_1+b_2)^2}{4}-|\mathfrak{A}|} \quad \text{oder} \quad \mu=\frac{a_1+b_2}{2}-\sqrt{\frac{(a_1+b_2)^2}{4}-|\mathfrak{A}|}\,.$$

Daraus ergibt sich durch Betrachtung des Radikanden:

Satz 4.12

Die affine Abbildung A: $\mathfrak{x}'=\mathfrak{A}\mathfrak{x}+\mathfrak{v}$ und damit auch die Vektorabbildung $\check{A}$: $\mathfrak{u}'=\mathfrak{A}\mathfrak{u}$

hat $\left.\begin{matrix}2\\1\\0\end{matrix}\right\}$ Eigenwerte, je nachdem $\dfrac{(a_1+b_2)^2}{4} \begin{matrix}>\\=\\<\end{matrix} |\mathfrak{A}|$ ist.

Hat A keine Eigenwerte, so können auch keine Eigenvektoren und damit keine Fixrichtungen existieren. Ist dagegen μ ein Eigenwert von A, so kann man alle zugehörigen Eigenvektoren mit Hilfe der Gleichung (1) bestimmen, wie im folgenden gezeigt wird.

Beispiel

1. Bestimme mit Hilfe der Eigenwerte die Eigenvektoren und Fixrichtungen der Vektorabbildung $\check{A}: \mathfrak{u}'=\begin{pmatrix} 3 & 2 \\ -3 & -4 \end{pmatrix}\mathfrak{u}$ und stelle je einen Eigenvektor der Eigenvektorräume von $\check{A}$ mit seinem Bildvektor zeichnerisch dar.

   Lösung:

   Wir bestimmen mit Hilfe der charakteristischen Gleichung zunächst die Eigenwerte von A:

$$|\mu\mathfrak{E}-\mathfrak{A}|=0$$

$$\begin{vmatrix} \mu-3 & -2 \\ 3 & \mu+4 \end{vmatrix}=0$$

$$(\mu-3)(\mu+4)+6=0$$

$$\mu^2+\mu-6=0$$

$$\mu=2 \quad \text{oder} \quad \mu=-3$$

Die Eigenvektorräume finden wir mit Hilfe der Gleichung (1). Für $\mu_1 = 2$ ist:

$$(2\mathfrak{E} - \mathfrak{A})\mathfrak{u}_1 = \mathfrak{o} \Rightarrow \begin{pmatrix} -1 & -2 \\ 3 & 6 \end{pmatrix} \mathfrak{u}_1 = \mathfrak{o}$$

$\mathfrak{u}_1$ muß auf beiden Zeilenvektoren der Matrix senkrecht stehen. Da diese kollinear sind, erkennt man leicht $\mathfrak{u}_1 = \begin{pmatrix} 2 \\ -1 \end{pmatrix}$ als einen Lösungsvektor der Gleichung. Für den zugehörigen Eigenvektorraum gilt:

$$\mathbb{V}_1^1 = \left\{ \mathfrak{u} \,\middle|\, \mathfrak{u} = \nu \begin{pmatrix} 2 \\ -1 \end{pmatrix};\ \nu \in \mathbb{R} \right\}.$$

Analog folgt für den Eigenwert $\mu_2 = -3$:

$$(-3\mathfrak{E} - \mathfrak{A})\,\mathfrak{u}_2 = \mathfrak{o} \Rightarrow \begin{pmatrix} -6 & -2 \\ 3 & 1 \end{pmatrix} \mathfrak{u}_2 = \mathfrak{o} \Rightarrow \mathfrak{u}_2 = \begin{pmatrix} -1 \\ 3 \end{pmatrix} \Rightarrow$$

$$\mathbb{V}_2^1 = \left\{ \mathfrak{u} \,\middle|\, \mathfrak{u} = \nu \begin{pmatrix} -1 \\ 3 \end{pmatrix};\ \nu \in \mathbb{R} \right\}.$$

Die Fixrichtungen von A sind durch $\mathbb{V}_1^1$ und $\mathbb{V}_2^1$ bestimmt. In Bild 4.17 sind $\mathfrak{u}_1$ und $\mathfrak{u}_2$ mit ihren Bildern $\mathfrak{u}_1' = 2\mathfrak{u}_1$ und $\mathfrak{u}_2' = -3\mathfrak{u}_2$ dargestellt.

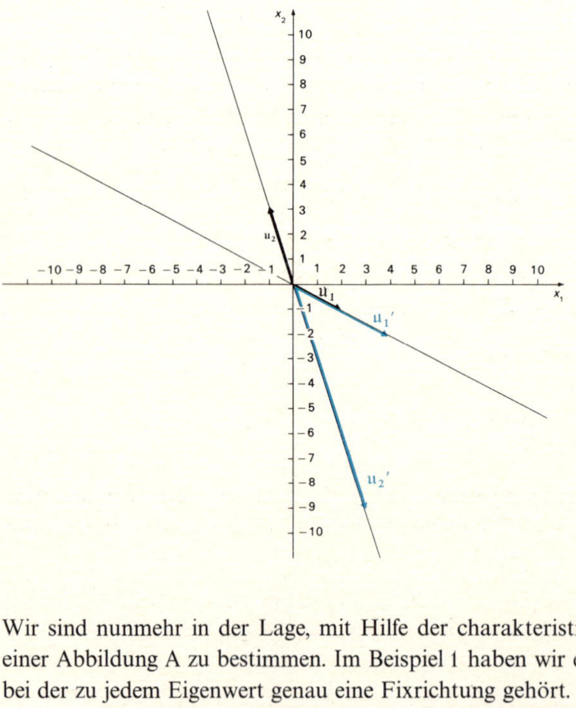

Bild 4.17

Wir sind nunmehr in der Lage, mit Hilfe der charakteristischen Gleichung die Eigenwerte einer Abbildung A zu bestimmen. Im Beispiel 1 haben wir eine affine Abbildung untersucht, bei der zu jedem Eigenwert genau eine Fixrichtung gehört. Andererseits kennen wir aber die zentrische Streckung, von der wir aus Vorübung 1b) wissen, daß zu einem Eigenwert alle Richtungen als Fixrichtungen gehören.

Deshalb wollen wir nun die zu einem berechneten Eigenwert μ gehörigen Fixrichtungen einer affinen Abbildung A allgemein ermitteln. Wir haben eben gesehen, daß A nur dann Eigenwerte haben kann, wenn der Rang von $(\mu\mathfrak{E} - \mathfrak{A})$ kleiner als 2 ist. Wir unterscheiden deshalb die beiden Fälle:

$$\text{Rang}\,(\mu\mathfrak{E}-\mathfrak{A})=1 \quad \text{und} \quad \text{Rang}\,(\mu\mathfrak{E}-\mathfrak{A})=0\,.$$

1. Es sei Rang $(\mu\mathfrak{E}-\mathfrak{A})=1$. Dann sind die Spaltenvektoren der Matrix

$$(\mu\mathfrak{E}-\mathfrak{A})=\begin{pmatrix}\mu-a_1 & -b_1\\ -a_2 & \mu-b_2\end{pmatrix}$$

kollinear und damit auch ihre (in Spaltenform geschriebenen) Zeilenvektoren $\bar{u}_1=\begin{pmatrix}\mu-a_1\\ -b_1\end{pmatrix}$ und $\bar{u}_2=\begin{pmatrix}-a_2\\ \mu-b_2\end{pmatrix}$. Außerdem ist mindestens einer dieser Zeilenvektoren, etwa $\bar{u}_1=\begin{pmatrix}\mu-a_1\\ -b_1\end{pmatrix}$, nicht der Nullvektor. Die Gleichung $(\mu\mathfrak{E}-\mathfrak{A})\,u=o$ bzw. $\begin{pmatrix}\mu-a_1 & -b_1\\ -a_2 & \mu-b_2\end{pmatrix}u=o$ kann nach Definition 3.2 nur von Vektoren $u\neq o$ erfüllt werden, wenn gilt: $\bar{u}_1 u=0$ und $\bar{u}_2 u=0$. Das bedeutet aber, daß u auf $\bar{u}_1$ und auf $\bar{u}_2$ senkrecht stehen muß. In diesem Falle gehört zu dem Eigenwert μ der Eigenvektorraum $\mathbb{V}^1=\left\{u \,\middle|\, u=v\begin{pmatrix}b_1\\ \mu-a_1\end{pmatrix};\, v\in\mathbb{R}\right\}$ und damit genau eine Fixrichtung.

2. Ist Rang $(\mu\mathfrak{E}-\mathfrak{A})=0$, also $(\mu\mathfrak{E}-\mathfrak{A})$ die Nullmatrix und μ ein Eigenwert von A, so wird die Gleichung $(\mu\mathfrak{E}-\mathfrak{A})\,u=o$ von allen Vektoren des $\mathbb{V}^2$ erfüllt. Alle von o verschiedenen Vektoren sind Eigenvektoren und somit alle Richtungen im $\mathbb{R}^2$ Fixrichtungen.
In diesem Falle läßt sich sogar die Form der Abbildungsmatrix angeben. Aus $(\mu\mathfrak{E}-\mathfrak{A})=\mathfrak{O}$ folgt nämlich $\mu=a_1$, $a_2=0$, $b_1=0$ und $\mu=b_2$. Es ist also $\mathfrak{A}=\begin{pmatrix}\mu & 0\\ 0 & \mu\end{pmatrix}$. Damit hat $\check{A}$ die Abbildungsgleichung

$$u'=\begin{pmatrix}\mu & 0\\ 0 & \mu\end{pmatrix}u \quad \text{oder} \quad u'=\mu u$$

und die zugehörige affine Abbildung ist

$$A\colon \mathfrak{x}'=\begin{pmatrix}\mu & 0\\ 0 & \mu\end{pmatrix}\mathfrak{x}+\mathfrak{v} \quad \text{oder} \quad A\colon \mathfrak{x}'=\mu\mathfrak{x}+\mathfrak{v}\,.$$

Es handelt sich also um eine zentrische Streckung von O aus mit anschließender Parallelverschiebung um den Vektor $\mathfrak{v}$. Diese Abbildung besitzt den einzigen Eigenwert μ, der mit dem Streckfaktor übereinstimmt.

Auf Grund von Satz 4.12 wissen wir, daß eine affine Abbildung entweder zwei oder einen oder aber keinen Eigenwert hat. Auf Grund der Gleichung $\begin{pmatrix}\mu-a_1 & -b_1\\ -a_2 & \mu-b_2\end{pmatrix}u=o$ müssen zu zwei verschiedenen Eigenwerten auch zwei verschiedene Fixrichtungen gehören (Beweis in Aufgabe 6). Hat die Abbildung A nur einen Eigenwert, dann ist sie entweder eine Abbildung mit genau einer Fixrichtung (Rang $(\mu\mathfrak{E}-\mathfrak{A})=1$) oder eine zentrische Streckung von O aus mit anschließender Parallelverschiebung (Rang $(\mu\mathfrak{E}-\mathfrak{A})=0$).
Liegt kein Eigenwert vor, so kann es natürlich keinen Eigenvektor und damit auch keine Fixrichtung geben.

Wir fassen zusammen:

Satz 4.13

Jede affine Abbildung A mit zwei Eigenwerten hat genau zwei verschiedene Fixrichtungen.
Hat A genau einen Eigenwert μ, so handelt es sich
im Falle Rang $(\mu\mathfrak{E} - \mathfrak{A}) = 1$ um eine Abbildung mit genau einer Fixrichtung und
im Falle Rang $(\mu\mathfrak{E} - \mathfrak{A}) = 0$ um eine zentrische Streckung von O aus mit anschließender Parallelverschiebung. In diesem Falle sind alle Richtungen Fixrichtungen.

Wir haben im vorigen Abschnitt gesehen, daß bei einer singulären Vektorabbildung $\breve{A}$ der Eigenwert Null auftreten kann. Es gilt sogar:

Satz 4.14

Eine affine Abbildung A ist genau dann singulär, wenn sie den Eigenwert 0 besitzt.

Ist nämlich 0 ein Eigenwert von A, so gilt auf Grund der charakteristischen Gleichung (2)

$$|0 \cdot \mathfrak{E} - \mathfrak{A}| = 0 \Leftrightarrow |-\mathfrak{A}| = 0 \Leftrightarrow |\mathfrak{A}| = 0 .$$

Beispiele

2. Eine lineare Vektorabbildung $\breve{A}$ besitzt die Eigenwerte $\mu_1 = 1$ und $\mu_2 = 4$ sowie die zugehörigen Eigenvektoren $\mathfrak{u}_1 = \begin{pmatrix} 1 \\ -2 \end{pmatrix}$ und $\mathfrak{u}_2 = \begin{pmatrix} 1 \\ 1 \end{pmatrix}$. Bestimme die Abbildungsgleichung.
Lösung:
Für $\mu_1 = 1$ gilt:

$$(1\mathfrak{E} - \mathfrak{A}) \begin{pmatrix} 1 \\ -2 \end{pmatrix} = \mathfrak{o}$$

$$\begin{pmatrix} 1 - a_1 & -b_1 \\ -a_2 & 1 - b_2 \end{pmatrix} \begin{pmatrix} 1 \\ -2 \end{pmatrix} = \begin{pmatrix} 0 \\ 0 \end{pmatrix}$$

$$1 - a_1 \quad + 2b_1 = 0$$
$$-a_2 - 2 + 2b_2 = 0$$

(1) $$-a_1 + 2b_1 = -1$$

(2) $$-a_2 + 2b_2 = 2$$

Für $\mu_2 = 4$ gilt:

$$(4\mathfrak{E} - \mathfrak{A}) \begin{pmatrix} 1 \\ 1 \end{pmatrix} = \mathfrak{o}$$

$$\begin{pmatrix} 4 - a_1 & -b_1 \\ -a_2 & 4 - b_2 \end{pmatrix} \begin{pmatrix} 1 \\ 1 \end{pmatrix} = \begin{pmatrix} 0 \\ 0 \end{pmatrix}$$

$$4 - a_1 \quad - b_1 = 0$$
$$-a_2 + 4 - b_2 = 0$$

(3) $$a_1 + b_1 = 4$$

(4) $$a_2 + b_2 = 4$$

Aus (1) und (3) erhält man $a_1 = 3$ und $b_1 = 1$, aus (2) und (4) $a_2 = 2$ und $b_2 = 2$. Die gesuchte Abbildungsgleichung ist

$$\mathfrak{u}' = \begin{pmatrix} 3 & 1 \\ 2 & 2 \end{pmatrix} \mathfrak{u}.$$

3. Beweise: Ist $\mathfrak{u}_1 \in \mathbb{V}^1$ ein Eigenvektor der Vektorabbildung $\check{A}: \mathfrak{u}' = \mathfrak{A}\mathfrak{u}$ mit dem Eigenwert μ und ist Rang $(\mathfrak{E} - \mathfrak{A}) = 2$, so sind auch die Vektoren
a) $(\mathfrak{E} - \mathfrak{A})\,\mathfrak{u}_1$ und b) $(\mathfrak{E} - \mathfrak{A})^I\,\mathfrak{u}_1$
Eigenvektoren desselben Eigenvektorraumes $\mathbb{V}^1$ von A.

Lösung:

a) Da $\mathfrak{u}_1$ Eigenvektor ist, gilt

$$\mathfrak{A}\mathfrak{u}_1 = \mu\mathfrak{u}_1.$$

Also ist

(1) $$(\mathfrak{E} - \mathfrak{A})\,\mathfrak{u}_1 = \mathfrak{E}\mathfrak{u}_1 - \mathfrak{A}\mathfrak{u}_1 = (1 - \mu)\,\mathfrak{u}_1.$$

Das heißt aber: $(\mathfrak{E} - \mathfrak{A})\,\mathfrak{u}_1$ ist kollinear zu $\mathfrak{u}_1$ und deshalb gilt $(\mathfrak{E} - \mathfrak{A})\,\mathfrak{u}_1 \in \mathbb{V}^1$. Da nun Rang $(\mathfrak{E} - \mathfrak{A}) = 2$ und $\mathfrak{u}_1 \neq \mathfrak{o}$ ist, kann $(\mathfrak{E} - \mathfrak{A})\,\mathfrak{u}_1$ nicht der Nullvektor und muß daher Eigenvektor sein (vgl. Abschnitt 4.1, Aufgabe 17). Aus (1) folgt insbesondere

(2) $$\mu \neq 1.$$

b) Multipliziert man Gleichung (1)

$$(\mathfrak{E} - \mathfrak{A})\,\mathfrak{u}_1 = (1 - \mu)\mathfrak{u}_1$$

mit $(\mathfrak{E} - \mathfrak{A})^I$, so ergibt sich weiter

$$(\mathfrak{E} - \mathfrak{A})^I\,[(\mathfrak{E} - \mathfrak{A})\,\mathfrak{u}_1] = (\mathfrak{E} - \mathfrak{A})^I\,[(1 - \mu)\,\mathfrak{u}_1]$$
$$\mathfrak{u}_1 = (1 - \mu)\,(\mathfrak{E} - \mathfrak{A})^I\,\mathfrak{u}_1.$$

Da nun nach (2) $\mu \neq 1$ sein muß, folgt

$$\frac{1}{1 - \mu}\,\mathfrak{u}_1 = (\mathfrak{E} - \mathfrak{A})^I\,\mathfrak{u}_1.$$

Also ist auch $(\mathfrak{E} - \mathfrak{A})^I\,\mathfrak{u}_1$ kollinear zu $\mathfrak{u}_1$, d.h. $(\mathfrak{E} - \mathfrak{A})^I\,\mathfrak{u}_1 \in \mathbb{V}_1$ und wegen $\frac{1}{1 - \mu} \neq 0$ ist $(\mathfrak{E} - \mathfrak{A})^I\,\mathfrak{u}_1$ Eigenvektor.

Aufgaben

1. Wieviele Eigenwerte besitzt die lineare Vektorabbildung $\check{A}$?

a) $\check{A}: \mathfrak{u}' = \begin{pmatrix} 2 & 4 \\ -1 & 3 \end{pmatrix} \mathfrak{u}$, b) $\check{A}: \mathfrak{u}' = \begin{pmatrix} 3 & 1 \\ 1 & 2 \end{pmatrix} \mathfrak{u}$, c) $\check{A}: \mathfrak{u}' = \begin{pmatrix} -4 & 0 \\ 1 & -4 \end{pmatrix} \mathfrak{u}$.

2. Bestimme die Eigenwerte und Eigenvektoren von

a) $\check{A}: \mathfrak{u}' = \begin{pmatrix} 4 & 1 \\ -1 & 1 \end{pmatrix} \mathfrak{u}$, b) $\check{A}: \mathfrak{u}' = \begin{pmatrix} 3 & -1 \\ \frac{5}{2} & -\frac{1}{2} \end{pmatrix} \mathfrak{u}$.

Fertige jeweils eine Zeichnung an.

3. Gib die Anzahl der Fixrichtungen für folgende affine Abbildungen A an:

a) $A: \mathfrak{x}' = \begin{pmatrix} 3 & 3 \\ 0 & -2 \end{pmatrix} \mathfrak{x} + \begin{pmatrix} -1 \\ -1 \end{pmatrix}$, b) $A: \mathfrak{x}' = \begin{pmatrix} \frac{3}{2} & 0 \\ 0 & \frac{3}{2} \end{pmatrix} \mathfrak{x} + \begin{pmatrix} 2 \\ 1 \end{pmatrix}$,

c) $A: \mathfrak{x}' = \begin{pmatrix} 1 & 1 \\ -1 & 1 \end{pmatrix} \mathfrak{x} + \begin{pmatrix} -1 \\ 1 \end{pmatrix}$, d) $A: \mathfrak{x}' = \begin{pmatrix} 1 & 3 \\ 0 & 4 \end{pmatrix} \mathfrak{x} + \begin{pmatrix} 5 \\ 3 \end{pmatrix}$.

4. Bestimme die Eigenwerte und Fixrichtungen von A und stelle diese zeichnerisch dar:

a) $A: \mathfrak{x}' = \begin{pmatrix} \frac{3}{2} & \frac{1}{2} \\ -\frac{1}{9} & \frac{1}{6} \end{pmatrix} \mathfrak{x} + \begin{pmatrix} 0 \\ \frac{1}{4} \end{pmatrix}$, b) $A: \mathfrak{x}' = \begin{pmatrix} 2 & 10 \\ \frac{1}{4} & \frac{1}{2} \end{pmatrix} \mathfrak{x} + \begin{pmatrix} 2 \\ 3 \end{pmatrix}$.

5. Untersuche die folgenden affinen Abbildungen auf Fixrichtungen. Welche Besonderheit liegt vor? (Zeichnung!)

a) $A: \mathfrak{x}' = \begin{pmatrix} \frac{1}{2} & 2 \\ -1 & -4 \end{pmatrix} \mathfrak{x} + \begin{pmatrix} -\frac{1}{2} \\ 3 \end{pmatrix}$, b) $A: \mathfrak{x}' = \begin{pmatrix} 2 & -1 \\ -3 & \frac{3}{2} \end{pmatrix} \mathfrak{x} + \begin{pmatrix} 2 \\ \frac{1}{3} \end{pmatrix}$.

6. Beweise rechnerisch: Gehören die Eigenvektoren $\mathfrak{u}_1$ und $\mathfrak{u}_2$ zu zwei verschiedenen Eigenwerten μ_1 und μ_2 einer affinen Abbildung A, so sind $\mathfrak{u}_1$ und $\mathfrak{u}_2$ linear unabhängig.

7. Gegeben sei eine affine Abbildung A. Unter welcher Voraussetzung sind zwei linear unabhängige Vektoren $\mathfrak{u}_1$ und $\mathfrak{u}_2$ Eigenvektoren, die zum gleichen Eigenwert gehören? Kann A auch singulär sein?

8. Versuche, rechnerisch von folgenden Abbildungen Eigenwerte und Fixrichtungen zu bestimmen (Zeichnung!):

a) Drehung D_α um O mit $0° < \alpha < 180°$,

b) Dehnung parallel zur x_1-Achse mit dem Dehnungsfaktor k mit $k \neq 1$,

c) Zentrische Streckung von $Z \neq O$ aus,

d) Parallelverschiebung um $\mathfrak{v}$ mit $\mathfrak{v} \neq \mathfrak{o}$,

e) Spiegelung an der Winkelhalbierenden des 2. und 4. Quadranten.

9. Eine lineare Vektorabbildung $\breve{A}$ besitzt die Eigenwerte $\mu_1 = -\frac{1}{2}$ und $\mu_2 = \frac{2}{3}$ sowie die zugehörigen Eigenvektoren $\mathfrak{u}_1 = \begin{pmatrix} 5 \\ -3 \end{pmatrix}$ und $\mathfrak{u}_2 = \begin{pmatrix} 2 \\ 3 \end{pmatrix}$. Bestimme die Abbildungsgleichung von $\breve{A}$.

10. Beweise: Eine affine Abbildung mit der Gleichung $\mathfrak{x}' = \begin{pmatrix} a_1 & c \\ c & b_2 \end{pmatrix} \mathfrak{x} + \mathfrak{v}$ besitzt stets reelle Eigenwerte. In welchem Spezialfall liegt nur ein Eigenwert vor?

11. Bestimme die Eigenwerte und Eigenvektoren der Abbildungen

$$A_1: \mathfrak{x}' = \begin{pmatrix} 4 & 2 \\ -3 & -3 \end{pmatrix} \mathfrak{x} + \begin{pmatrix} 1 \\ 1 \end{pmatrix} \quad \text{und} \quad A_2: \mathfrak{x}' = \begin{pmatrix} -3 & -2 \\ 3 & 4 \end{pmatrix} \mathfrak{x} + \begin{pmatrix} 1 \\ 1 \end{pmatrix}$$

und vergleiche die Ergebnisse.

12. Beweise: Eine affine Abbildung, zu der ein Eigenwert $\mu = 1$ gehört, besitzt entweder keinen Fixpunkt oder unendlich viele Fixpunkte. Zeige auch die Umkehrung des Satzes.

13. Unter welchem Winkel schneiden sich zwei Geraden, die verschiedene Fixrichtungen der affinen Abbildung

$$A: \mathfrak{x}' = \begin{pmatrix} a_1 & a_2 \\ a_2 & a_1 \end{pmatrix} \mathfrak{x} + \mathfrak{v} \quad \text{mit} \quad a_2 \neq 0$$

repräsentieren?

14. Es sei $\mathfrak{u} \in \mathbb{V}^1$ ein Eigenvektor der affinen Abbildung $A: \mathfrak{x}' = \mathfrak{A}\mathfrak{x} + \mathfrak{v}$.

a) Zeige: Ist Rang $\mathfrak{A} = 2$, so sind auch $\mathfrak{A}\mathfrak{u}$ und $\mathfrak{A}^{\mathrm{I}}\mathfrak{u}$ Eigenvektoren bezüglich A mit $\mathfrak{A}\mathfrak{u} \in \mathbb{V}^1$ und $\mathfrak{A}^{\mathrm{I}}\mathfrak{u} \in \mathbb{V}^1$.

b) Unter welcher Bedingung ist $\mathfrak{A}\mathfrak{u}$ im Falle Rang $\mathfrak{A} = 1$ ein Eigenvektor von A?

c) Kann im Falle Rang $\mathfrak{A} = 0$ der Vektor $\mathfrak{A}\mathfrak{u}$ ein Eigenvektor sein?

*4.6. Fixgeraden

Vorübungen

1. Unter welcher Bedingung besitzt die affine Abbildung A
   a) genau einen Fixpunkt, b) genau eine Affinitätsachse, c) alle Punkte des $\mathbb{R}^2$ als Fixpunkte, d) keinen Fixpunkt?
2. Es sei $g: \mathfrak{x} = \mathfrak{c} + \lambda \mathfrak{u}$ ein Repräsentant der Fixrichtung $\mathfrak{r}$ einer affinen Abbildung A. Welche Bedingung muß das Bild C' von C[$\mathfrak{c}$] erfüllen, damit g eine Fixgerade ist?
3. Wann besitzt die Gleichung
$$\mathfrak{n}\mathfrak{x} - c = 0, \quad \mathfrak{n} \in \mathbb{V}^2, \quad c \in \mathbb{R}$$
   als Lösungsmenge
   a) einen $\mathbb{V}^1$, b) den $\mathbb{V}^2$, c) die leere Menge?

In Vorübung 1 haben wir uns daran erinnert, wie man die affinen Abbildungen im Hinblick auf ihre Fixpunkte klassifizieren kann. Ferner können wir zu jeder affinen Abbildung A mit Hilfe der charakteristischen Gleichung die zugehörigen Fixrichtungen angeben. Auf diesen Kenntnissen aufbauend wollen wir zunächst von einer vorgegebenen Geraden $g: \mathfrak{x} = \mathfrak{c} + \lambda \mathfrak{u}$ feststellen, wann sie Fixgerade von A ist und wann nicht.
Eine Gerade g ist genau dann Fixgerade von A, wenn sie als Punktmenge in sich abgebildet wird. Es gilt also (Bild 4.18):

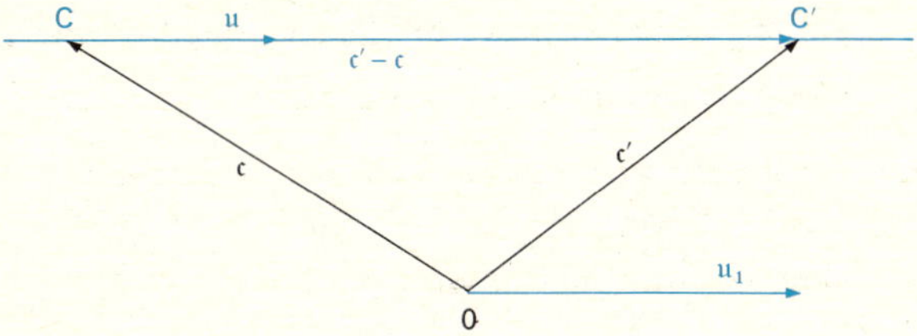

Bild 4.18

Satz 4.15

Die Gerade $g: \mathfrak{x} = \mathfrak{c} + \lambda \mathfrak{u}$ ist genau dann eine Fixgerade von $A: \mathfrak{x}' = \mathfrak{A}\mathfrak{x} + \mathfrak{v}$, wenn es einen Eigenvektor $\mathfrak{u}_1$ von A gibt, so daß gilt: $\mathfrak{u}$, $\mathfrak{c}' - \mathfrak{c}$ und $\mathfrak{u}_1$ sind kollinear[1].

Eine besonders einfache hinreichende Bedingung dafür, daß g eine Fixgerade ist, ergibt sich demnach, wenn $\mathfrak{c}$ Ortsvektor eines Fixpunktes F ist. Dann ist $\mathfrak{c}' - \mathfrak{c} = \mathfrak{o}$ und es gilt, da $\mathfrak{o}$ zu jedem Vektor $\mathfrak{u}$ kollinear ist:

Satz 4.16

Ist F[$\mathfrak{f}$] ein Fixpunkt und $\mathfrak{u}$ ein Eigenvektor von A, so ist die Gerade $g: \mathfrak{x} = \mathfrak{f} + \lambda \mathfrak{u}$ eine Fixgerade von A.

Wir wollen uns jetzt an zwei Beispielen klarmachen, wie wir außer den Fixpunkten und Fixrichtungen nunmehr auch mit Hilfe der Sätze 4.15 und 4.16 die Menge aller Fixgeraden von vorgegebenen affinen Abbildungen ermitteln können.

[1] Vgl. Satz 4.6 aus Köhler-Höwelmann-Krämer, Analytische Geometrie und Abbildungsgeometrie in vektorieller Darstellung.

Beispiele

1. Untersuche die affine Abbildung A: $\mathfrak{x}' = \begin{pmatrix} 0 & 1 \\ 2 & 1 \end{pmatrix} \mathfrak{x} + \begin{pmatrix} 3 \\ 1 \end{pmatrix}$ auf
a) Fixpunkte, b) Fixrichtungen und c) Fixgeraden.

Lösung:

a) Um die Fixpunkte zu bestimmen, untersuchen wir zunächst den Rang der Matrix $\mathfrak{E} - \mathfrak{A} = \begin{pmatrix} 1 & -1 \\ -2 & 0 \end{pmatrix}$. Wegen $|\mathfrak{E} - \mathfrak{A}| = \begin{vmatrix} 1 & -1 \\ -2 & 0 \end{vmatrix} = -2$ ist der Rang von $\mathfrak{E} - \mathfrak{A}$ gleich 2. Daher besitzt A nach Satz 4.7 genau einen Fixpunkt F mit dem Ortsvektor

$$\mathfrak{f} = (\mathfrak{E} - \mathfrak{A})^I \mathfrak{v} = \frac{1}{-2} \begin{pmatrix} 0 & 1 \\ 2 & 1 \end{pmatrix} \begin{pmatrix} 3 \\ 1 \end{pmatrix} = \begin{pmatrix} -\frac{1}{2} \\ -3\frac{1}{2} \end{pmatrix}.$$

b) Zur Bestimmung der Fixrichtungen ermitteln wir zunächst die Eigenwerte von A. Dazu lösen wir die charakteristische Gleichung:

$$|\mu\mathfrak{E} - \mathfrak{A}| = 0 \Rightarrow$$

$$\begin{vmatrix} \mu & -1 \\ -2 & \mu - 1 \end{vmatrix} = 0 \Rightarrow$$

$$\mu^2 - \mu - 2 = 0 \Rightarrow$$

$$\mathbb{L} = \{2; -1\}$$

Die Eigenwerte von A sind also $\mu_1 = 2$ und $\mu_2 = -1$.
Da zwei Eigenwerte existieren, gibt es nach Satz 4.13 genau zwei Fixrichtungen von A. Die zugehörigen Eigenvektoren ermitteln wir aus der Gleichung $(\mu\mathfrak{E} - \mathfrak{A})\,\mathfrak{u} = \mathfrak{o}$ als von $\mathfrak{o}$ verschiedene Lösungsvektoren:

$\mu_1 = 2$: $\qquad (2\mathfrak{E} - \mathfrak{A})\,\mathfrak{u} = \mathfrak{o} \Rightarrow \begin{pmatrix} 2 & -1 \\ -2 & 1 \end{pmatrix} \mathfrak{u} = \mathfrak{o}$

$\mathfrak{u}_1 = \begin{pmatrix} 1 \\ 2 \end{pmatrix}$ ist (neben allen zu ihm kollinearen Vektoren ungleich $\mathfrak{o}$) Eigenvektor.

$\mu_2 = -1$: $\qquad (-\mathfrak{E} - \mathfrak{A})\,\mathfrak{u} = \mathfrak{o} \Rightarrow \begin{pmatrix} -1 & -1 \\ -2 & -2 \end{pmatrix} \mathfrak{u} = \mathfrak{o}$.

Man erhält $\mathfrak{u}_2 = \begin{pmatrix} -1 \\ 1 \end{pmatrix}$ als Eigenvektor.

Die beiden Fixrichtungen $\mathfrak{r}_1$ und $\mathfrak{r}_2$ werden in Bild 4.19 durch die Geraden h_1 und h_2 durch O repräsentiert. Da O auf O'(3/1) abgebildet wird, gehen die Bildgeraden h_1' und h_2' durch O'.

c) Zwei Fixgeraden von A ergeben sich nach Satz 4.16 als

$$g_1: \mathfrak{x} = \begin{pmatrix} -\frac{1}{2} \\ -3\frac{1}{2} \end{pmatrix} + \lambda \begin{pmatrix} 1 \\ 2 \end{pmatrix} \quad \text{und} \quad g_2: \mathfrak{x} = \begin{pmatrix} -\frac{1}{2} \\ -3\frac{1}{2} \end{pmatrix} + \lambda \begin{pmatrix} -1 \\ 1 \end{pmatrix}.$$

Sie sind in Bild 4.19 farbig dargestellt.
Weitere Fixgeraden zu A kann es nicht geben. Zwei Fixgeraden aus verschiedenen Fixrichtungen $\mathfrak{r}_1$ und $\mathfrak{r}_2$ müssen sich nämlich immer in einem Fixpunkt schneiden, weil sein Bild auf beiden Geraden liegen muß. Da es aber nur den einen Fixpunkt F gibt, können nur g_1 und g_2 Fixgeraden sein.

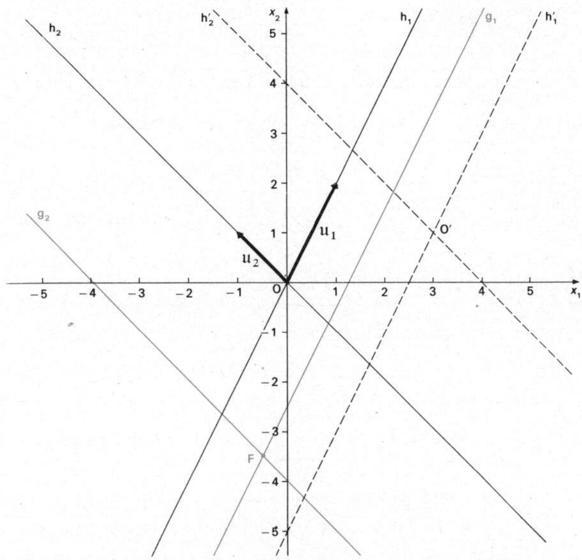

Bild 4.19

2. Untersuche die affine Abbildung A: $\mathfrak{x}' = \begin{pmatrix} 0 & 1 \\ 2 & -1 \end{pmatrix} \mathfrak{x} + \begin{pmatrix} 0 \\ 3 \end{pmatrix}$ auf ihre Fixelemente.

Lösung:

a) Fixpunkte

Es gilt: $|\mathfrak{E} - \mathfrak{A}| = \begin{vmatrix} 1 & -1 \\ -2 & 2 \end{vmatrix} = 0$ und Rang $(\mathfrak{E} - \mathfrak{A}) = 1$. Demnach hat A eine Affinitätsachse oder gar keinen Fixpunkt.

Um zu prüfen, ob A eine Affinitätsachse besitzt, untersuchen wir nach Satz 4.8 die Vektoren $\mathfrak{a}^* = \begin{pmatrix} 1 \\ -2 \end{pmatrix}$, $\mathfrak{b}^* = \begin{pmatrix} -1 \\ 2 \end{pmatrix}$ und $\mathfrak{v} = \begin{pmatrix} 0 \\ 3 \end{pmatrix}$ auf Kollinearität. Da $\mathfrak{a}^*$ und $\mathfrak{b}^*$ nicht kollinear zu $\mathfrak{v}$ sind, besitzt A nach Satz 4.9 keine Affinitätsachse und damit keine Fixpunkte.

b) Fixrichtungen

Wir bilden die charakteristische Gleichung:

$$|\mu\mathfrak{E} - \mathfrak{A}| = 0 \Rightarrow$$

$$\begin{vmatrix} \mu & -1 \\ -2 & \mu + 1 \end{vmatrix} = 0 \Rightarrow$$

$$\mu^2 + \mu - 2 = 0$$

Als Lösungen dieser Gleichung ergeben sich die Eigenwerte $\mu_1 = 1$ und $\mu_2 = -2$. Für die beiden Eigenwerte erhalten wir aus der Gleichung $(\mu\mathfrak{E} - \mathfrak{A})\,\mathfrak{u} = \mathfrak{o}$ die zugehörigen Eigenvektoren:

$\mu_1 = 1$: $\quad (1\mathfrak{E} - \mathfrak{A})\,\mathfrak{u} = \mathfrak{o} \Rightarrow \begin{pmatrix} 1 & -1 \\ -2 & 2 \end{pmatrix} \mathfrak{u} = \mathfrak{o} \Rightarrow \mathfrak{u}_1 = \begin{pmatrix} 1 \\ 1 \end{pmatrix}$

$\mu_2 = -2$: $\quad (-2\mathfrak{E} - \mathfrak{A})\,\mathfrak{u} = \mathfrak{o} \Rightarrow \begin{pmatrix} -2 & -1 \\ -2 & -1 \end{pmatrix} \mathfrak{u} = \mathfrak{o} \Rightarrow \mathfrak{u}_2 = \begin{pmatrix} 1 \\ -2 \end{pmatrix}$

In Bild 4.20 repräsentieren die Geraden h_1 und h_2 durch O mit ihren Bildern die Fixrichtungen von A.

c) Fixgeraden

Da A keine Fixpunkte besitzt, können wir zur Bestimmung eventuell vorhandener Fixgeraden hier Satz 4.16 nicht anwenden. Wir müssen vielmehr die Fixgeraden von A mit Hilfe von Satz 4.15 bestimmen.

1) Fixgeraden zur Fixrichtung r_1 mit $\mu_1 = 1$ und $\mathfrak{u}_1 = \begin{pmatrix} 1 \\ 1 \end{pmatrix}$.

Für jeden Punkt $X \in \mathbb{R}^2$, der auf einer Fixgeraden $g: \mathfrak{x} = \mathfrak{c} + \lambda \mathfrak{u}_1$ liegt, muß es eine reelle Zahl v geben, so daß gilt:

$$\mathfrak{x} - \mathfrak{x}' = v \begin{pmatrix} 1 \\ 1 \end{pmatrix}$$

$$(\mathfrak{E} - \mathfrak{A})\,\mathfrak{x} - \mathfrak{v} = v \begin{pmatrix} 1 \\ 1 \end{pmatrix}$$

$$\begin{pmatrix} 1 & -1 \\ -2 & 2 \end{pmatrix} \mathfrak{x} - \begin{pmatrix} 0 \\ 3 \end{pmatrix} = v \begin{pmatrix} 1 \\ 1 \end{pmatrix}$$

$$\begin{aligned} x_1 - x_2 \quad\;\; &= v \\ -2x_1 + 2x_2 - 3 &= v \end{aligned}$$

Aus diesen beiden Gleichungen folgt $v = -1$. Setzt man dies für v in die letzten beiden Gleichungen ein, so sieht man, daß beide Gleichungen äquivalent sind. Für alle Punkte $X(x_1/x_2)$ auf Fixgeraden der Richtung r_1 muß also gelten:

$$x_1 - x_2 = -1$$

oder in der Normalenform geschrieben

$$\begin{pmatrix} 1 \\ -1 \end{pmatrix} \mathfrak{x} + 1 = 0\,.$$

Dies ist die Gleichung einer Geraden g_1. Wenn es überhaupt eine Fixgerade gibt, kann es also nur g_1 sein. Da der Eigenvektor $\mathfrak{u}_1 = \begin{pmatrix} 1 \\ 1 \end{pmatrix}$ ein Richtungsvektor dieser Geraden ist und außerdem z. B. der Punkt $C(0|1) \in g_1$ in $C'(1|2) \in g_1$ abgebildet wird, ist g_1 die einzige Fixgerade von r_1 (Bild 4.20).

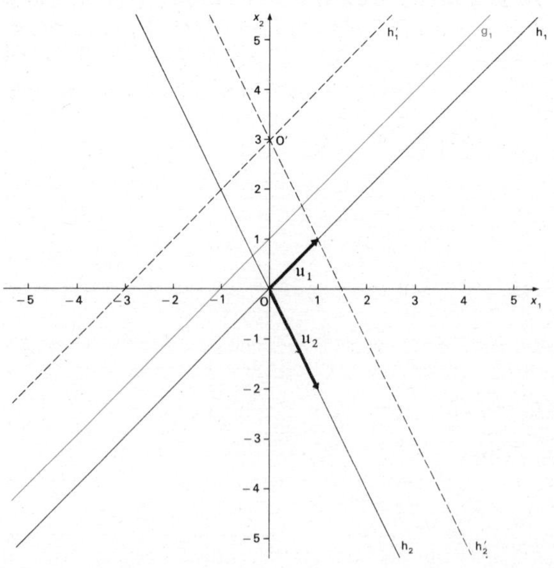

Bild 4.20

2) Fixgeraden zur Fixrichtung r_2 mit $\mu_2 = -2$ und $\mathrm{u}_2 = \begin{pmatrix} 1 \\ -2 \end{pmatrix}$. Analog muß gelten:

$$\mathfrak{x} - \mathfrak{x}' = v \begin{pmatrix} 1 \\ -2 \end{pmatrix}$$

$$(\mathfrak{E} - \mathfrak{A})\,\mathfrak{x} - \mathfrak{v} = v \begin{pmatrix} 1 \\ -2 \end{pmatrix}$$

$$\begin{pmatrix} 1 & -1 \\ -2 & 2 \end{pmatrix} \mathfrak{x} - \begin{pmatrix} 0 \\ 3 \end{pmatrix} = v \begin{pmatrix} 1 \\ -2 \end{pmatrix}$$

$$\begin{aligned} x_1 - x_2 \quad &= v \\ -2x_1 + 2x_2 - 3 &= -2v \end{aligned}$$

Dieses Gleichungssystem ist unerfüllbar. Also gibt es keine Fixgerade der Richtung r_2.

Mit den in den letzten beiden Beispielen gezeigten Verfahren lassen sich zu jeder affinen Abbildung ihre Fixgeraden bestimmen, so daß wir jetzt grundsätzlich in der Lage sind, alle Fixelemente von affinen Abbildungen zu berechnen.
Wir wollen nun noch untersuchen, *wieviele* Fixgeraden eine beliebige affine Abbildung zu jeder ihrer Fixrichtungen haben kann.
Gegeben sei also die affine Abbildung A: $\mathfrak{x}' = \mathfrak{A}\mathfrak{x} + \mathfrak{v}$, eine Fixrichtung r von A und ein zugehöriger Eigenvektor $\mathfrak{u}$. Wie in Beispiel 2 machen wir für alle Punkte $X \in \mathbb{R}^2$, die auf einer Fixgeraden mit dem Richtungsvektor $\mathfrak{u}$ liegen sollen, den Ansatz

$$\mathfrak{x} - \mathfrak{x}' = v\mathfrak{u}$$

$$(\mathfrak{E} - \mathfrak{A})\,\mathfrak{x} - \mathfrak{v} = v\mathfrak{u}\,.$$

Wir eliminieren v durch skalare Multiplikation mit $\bar{\mathfrak{u}} = \begin{pmatrix} -u_2 \\ u_1 \end{pmatrix}$ und erhalten

(1) $$[(\mathfrak{E} - \mathfrak{A})\,\mathfrak{x}]\,\bar{\mathfrak{u}} - \mathfrak{v}\bar{\mathfrak{u}} = 0\,.$$

Diese Gleichung läßt sich geometrisch nicht unmittelbar deuten. Aus Beispiel 2 wissen wir jedoch, daß es affine Abbildungen gibt, bei denen sich diese Gleichung in die Normalenform einer Geradengleichung umformen läßt. Dazu müßten wir versuchen, in dem Term $[(\mathfrak{E} - \mathfrak{A}) \cdot \mathfrak{x}]\,\bar{\mathfrak{u}}$ die Vektoren $\mathfrak{x}$ und $\bar{\mathfrak{u}}$ zu vertauschen. Eine einfache Umrechnung zeigt (vgl. Aufgabe 3), daß gilt

$$[(\mathfrak{E} - \mathfrak{A})\,\mathfrak{x}]\,\bar{\mathfrak{u}} = [(\mathfrak{E} - \mathfrak{A})^T\,\bar{\mathfrak{u}}]\,\mathfrak{x}\,,$$

wobei wir definieren:

Definition 4.10

Es sei $\mathfrak{A} = \begin{pmatrix} a_1 & b_1 \\ a_2 & b_2 \end{pmatrix}$, dann heißt die Matrix $\mathfrak{A}^T = \begin{pmatrix} a_1 & a_2 \\ b_1 & b_2 \end{pmatrix}$ die *transponierte Matrix* von $\mathfrak{A}$.

Wir erhalten also aus (1)

(1') $$[(\mathfrak{E} - \mathfrak{A})^T\,\bar{\mathfrak{u}}]\,\mathfrak{x} - \mathfrak{v}\bar{\mathfrak{u}} = 0\,.$$

Diese Gleichung hat nun die verlangte Form

(2) $$\mathfrak{n}\mathfrak{x} - c = 0$$

$$\text{mit} \quad \mathfrak{n} = (\mathfrak{E} - \mathfrak{A})^T\,\bar{\mathfrak{u}} \quad \text{und} \quad c = \mathfrak{v}\bar{\mathfrak{u}}\,.$$

Wir untersuchen die drei Fälle (a) $\mathfrak{n} \neq \mathfrak{o}$, (b) $\mathfrak{n} = \mathfrak{o}$ und $c = 0$, (c) $\mathfrak{n} = \mathfrak{o}$ und $c \neq 0$ getrennt.

(a) Für $\mathfrak{n} \neq \mathfrak{o}$ ist (1) die Gleichung einer Geraden g. Wenn es überhaupt eine Fixgerade gibt, so kann es nur diese sein. Um nachzuweisen, daß g wirklich eine Fixgerade ist, zeigen wir:
1) g liegt in der Richtung r.
2) Für alle Punkte $X \in g$ gilt: $\mathfrak{x} - \mathfrak{x}'$ ist kollinear zu $\mathfrak{u}$.
Zu 1): Um zu zeigen, daß g in der Richtung r liegt, beweisen wir, daß der Normalenvektor $(\mathfrak{E} - \mathfrak{A})^T \bar{\mathfrak{u}}$ von g auf $\mathfrak{u}$ senkrecht steht. Es ist $[(\mathfrak{E} - \mathfrak{A})^T \bar{\mathfrak{u}}]\, \mathfrak{u} = [(\mathfrak{E} - \mathfrak{A})\, \mathfrak{u}]\, \bar{\mathfrak{u}} = (\mathfrak{E}\mathfrak{u} - \mathfrak{A}\mathfrak{u}) \cdot \bar{\mathfrak{u}}$.
Da $\mathfrak{u}$ ein Eigenvektor ist, für den gilt: $\mathfrak{A}\mathfrak{u} = \mu \mathfrak{u}$, folgt weiter

$$(\mathfrak{E}\mathfrak{u} - \mathfrak{A}\mathfrak{u})\, \bar{\mathfrak{u}} = (\mathfrak{u} - \mu \mathfrak{u})\, \bar{\mathfrak{u}} = (1 - \mu)\, \mathfrak{u}\bar{\mathfrak{u}} = 0\,.$$

Es gilt also $[(\mathfrak{E} - \mathfrak{A})^T \bar{\mathfrak{u}}]\, \mathfrak{u} = 0$; das heißt: g liegt in der Richtung r.
Zu 2): Ist X ein beliebiger Punkt von g, so gilt

$$\begin{aligned} [(\mathfrak{E} - \mathfrak{A})^T \bar{\mathfrak{u}}]\, \mathfrak{x} - \mathfrak{v}\bar{\mathfrak{u}} = 0 \;&\Rightarrow \\ [(\mathfrak{E} - \mathfrak{A})\, \mathfrak{x}]\, \bar{\mathfrak{u}} - \mathfrak{v}\bar{\mathfrak{u}} = 0 \;&\Rightarrow \\ [(\mathfrak{E} - \mathfrak{A})\, \mathfrak{x} - \mathfrak{v}]\, \bar{\mathfrak{u}} = 0 \;&\Rightarrow \\ (\mathfrak{x} - \mathfrak{x}')\, \bar{\mathfrak{u}} = 0\,.& \end{aligned}$$

Wegen $\bar{\mathfrak{u}} \neq \mathfrak{o}$ steht $\mathfrak{x} - \mathfrak{x}'$ entweder senkrecht auf $\bar{\mathfrak{u}}$ oder ist der Nullvektor. In beiden Fällen ist $\mathfrak{x} - \mathfrak{x}'$ kollinear zu $\mathfrak{u}$.
Damit ist bewiesen, daß g die einzige Fixgerade ist.

(b) Ist nun in (2) $\mathfrak{n} = \mathfrak{o}$ und $c = 0$, so ist der ganze $\mathbb{V}^2$ Lösungsmenge von (2). Das bedeutet: jeder Punkt $C \in \mathbb{R}^2$ liegt auf einer Fixgeraden von r, nämlich auf $g: \mathfrak{x} = \mathfrak{c} + \lambda \mathfrak{u}$. Somit ist r in diesem Fall eine Fixgeradenrichtung.

(c) Gilt schließlich $\mathfrak{n} = \mathfrak{o}$ und $c \neq 0$, so ist die Lösungsmenge von (2) leer; r hat keine Fixgeraden.

Wir fassen zusammen:

Satz 4.17

Besitzt die affine Abbildung $A: \mathfrak{x}' = \mathfrak{A}\mathfrak{x} + \mathfrak{v}$ die Fixrichtung r mit dem Eigenvektor $\mathfrak{u}$, so enthält r genau dann

(a) eine einzige Fixgerade, wenn $(\mathfrak{E} - \mathfrak{A})^T \bar{\mathfrak{u}} \neq \mathfrak{o}$,
(b) alle Geraden als Fixgeraden, wenn $(\mathfrak{E} - \mathfrak{A})^T \bar{\mathfrak{u}} = \mathfrak{o}$ und $\mathfrak{v}\bar{\mathfrak{u}} = 0$,
(c) keine Fixgeraden, wenn $(\mathfrak{E} - \mathfrak{A})^T \bar{\mathfrak{u}} = \mathfrak{o}$ und $\mathfrak{v}\bar{\mathfrak{u}} \neq 0$
ist. Dabei ist $\bar{\mathfrak{u}}$ der Lotvektor von $\mathfrak{u}$.

Der Beweis wurde in der einen Schlußrichtung oben geführt. In der anderen ergibt er sich daraus, daß die drei angegebenen Bedingungen alle Fälle abdecken und sich gegenseitig ausschließen.

Aufgaben

1. Untersuche die folgenden affinen Abbildungen auf Fixpunkte, Fixgeraden und Fixrichtungen und stelle das Ergebnis zeichnerisch dar:

a) $A: \mathfrak{x}' = \begin{pmatrix} -1 & 0 \\ 2 & 3 \end{pmatrix} \mathfrak{x} + \begin{pmatrix} -1 \\ -1 \end{pmatrix}$, b) $A: \mathfrak{x}' = \begin{pmatrix} 1 & 1 \\ -2 & 4 \end{pmatrix} \mathfrak{x} + \begin{pmatrix} 2 \\ -3 \end{pmatrix}$.

2. Bestimme alle Fixelemente von

a) $A: \mathfrak{x}' = \begin{pmatrix} -1 & -1 \\ -4 & -1 \end{pmatrix} \mathfrak{x} + \begin{pmatrix} -1 \\ -2 \end{pmatrix}$, b) $A: \mathfrak{x}' = \begin{pmatrix} -4 & -1 \\ 1 & -2 \end{pmatrix} \mathfrak{x} + \begin{pmatrix} 2 \\ 2 \end{pmatrix}$,

c) $A: \mathfrak{x}' = \begin{pmatrix} 2 & 1 \\ -3 & 2 \end{pmatrix} \mathfrak{x} + \begin{pmatrix} 2 \\ 1 \end{pmatrix}$, d) $A: \mathfrak{x}' = \begin{pmatrix} 1 & 0 \\ 3 & 1 \end{pmatrix} \mathfrak{x} + \begin{pmatrix} 0 \\ -2 \end{pmatrix}$,

e) $A: \mathfrak{x}' = \begin{pmatrix} -4 & 3 \\ 2 & 3 \end{pmatrix} \mathfrak{x} + \begin{pmatrix} -1 \\ 0 \end{pmatrix}$, f) $A: \mathfrak{x}' = \begin{pmatrix} 3 & 2 \\ -0{,}5 & 1 \end{pmatrix} \mathfrak{x} + \begin{pmatrix} 1 \\ 1 \end{pmatrix}$.

(Zeichnung!)

3. Beweise: Für alle Matrizen $\mathfrak{A} \in \mathbb{M}$ und alle Vektoren $\mathfrak{x}, \mathfrak{y} \in \mathbb{V}^2$ gilt:

$$(\mathfrak{A}\mathfrak{x})\,\mathfrak{y} = (\mathfrak{A}^T \mathfrak{y})\,\mathfrak{x}$$

4. Bestimme alle Fixgeraden von

a) $A: \mathfrak{x}' = \begin{pmatrix} -1 & -1 \\ -4 & -1 \end{pmatrix} \mathfrak{x} + \begin{pmatrix} 3 \\ 1 \end{pmatrix}$, b) $A: \mathfrak{x}' = \begin{pmatrix} 1 & 0 \\ 2 & 3 \end{pmatrix} \mathfrak{x} + \begin{pmatrix} -2 \\ 3 \end{pmatrix}$.

(Zeichnung!)

5. Zeige, daß die folgenden affinen Abbildungen weder Fixpunkte noch Fixgeraden besitzen:

a) $A: \mathfrak{x}' = \begin{pmatrix} 1 & 0 \\ 3 & 1 \end{pmatrix} \mathfrak{x} + \begin{pmatrix} 1 \\ 1 \end{pmatrix}$, b) $A: \mathfrak{x}' = \begin{pmatrix} 2 & 1 \\ -1 & 0 \end{pmatrix} \mathfrak{x} + \begin{pmatrix} 2 \\ 1 \end{pmatrix}$.

6. Bestimme für folgende affine Abbildungen die Fixrichtungen und jeweils die Anzahl ihrer Fixgeraden nach Satz 4.17:

a) $A: \mathfrak{x}' = \begin{pmatrix} 2 & 0 \\ 0 & 3 \end{pmatrix} \mathfrak{x} + \begin{pmatrix} 3 \\ 1 \end{pmatrix}$, b) $A: \mathfrak{x}' = \begin{pmatrix} 1 & 1 \\ 0 & 1 \end{pmatrix} \mathfrak{x} + \begin{pmatrix} 2 \\ 3 \end{pmatrix}$,

c) $A: \mathfrak{x}' = \begin{pmatrix} 2 & 0 \\ 0 & 1 \end{pmatrix} \mathfrak{x}$, d) $A: \mathfrak{x}' = \begin{pmatrix} 1 & 0 \\ 0 & -1 \end{pmatrix} \mathfrak{x} + \begin{pmatrix} 2 \\ 2 \end{pmatrix}$.

7. Drei gegebene Geraden jeweils verschiedener Richtung sollen Fixgeraden einer affinen Abbildung sein und nicht durch ein und denselben Schnittpunkt verlaufen. Diskutiere die Art der Abbildung.

8. Es sei $\mathfrak{u}$ ein Eigenvektor der Fixrichtung r einer affinen Abbildung A.

a) Zeige: Ist Rang $(\mathfrak{E} - \mathfrak{A}) = 2$, so läßt sich die Gleichung der einzigen Fixgeraden von r bestimmen, indem man im Ansatz $\mathfrak{x} - \mathfrak{x}' = v\mathfrak{u}$ bzw. $(\mathfrak{E} - \mathfrak{A})\,\mathfrak{x} - \mathfrak{v} = v\mathfrak{u}$ von Seite 71 nach $\mathfrak{x}$ auflöst. (Beachte Beispiel 3b des Abschnitts 4.5.)

b) Vergleiche das Ergebnis mit Satz 4.16.

9. Die Geraden

$$g: \mathfrak{x} = \begin{pmatrix}2\\1\end{pmatrix} + \lambda\begin{pmatrix}3\\-1\end{pmatrix} \quad \text{und} \quad h: \mathfrak{x} = \begin{pmatrix}2\\1\end{pmatrix} + \lambda\begin{pmatrix}-1\\2\end{pmatrix}$$

sind Fixgeraden einer affinen Abbildung A. Zu ihnen gehören die Eigenwerte $\mu_1 = 2$ und $\mu_2 = -2$. Bestimme die Abbildungsgleichung (Zwei Lösungen).

10. Eine affine Abbildung A besitzt F(3/2) als einzigen Fixpunkt, $g: \mathfrak{x} = \begin{pmatrix}3\\2\end{pmatrix} + \lambda\begin{pmatrix}-1\\2\end{pmatrix}$ als einzige Fixgerade und $\mu = 3$ als einzigen Eigenwert. Welche Form hat die Abbildungsgleichung?

*4.7. Klassifikation der affinen Abbildungen nach ihren Fixelementen

Vorübung

Gegeben ist die affine Abbildung A: $\mathfrak{x}' = \mathfrak{A}\mathfrak{x} + \mathfrak{v}$.
Welche Fälle lassen sich unterscheiden hinsichtlich der Anzahl
a) der Fixpunkte, b) der Fixrichtungen?
Unter welchen Bedingungen treten diese Fälle auf?

Wir sind nunmehr in der Lage, die affinen Abbildungen auf Grund ihrer Fixelemente zu klassifizieren und so einen Überblick über alle auftretenden Fälle zu gewinnen. Dazu ordnen wir die affinen Abbildungen zunächst nach der Anzahl ihrer Fixpunkte, bedenken ferner, wieviel Eigenwerte und zugehörige Fixrichtungen auftreten können und berücksichtigen schließlich auf Grund von Satz 4.17 die Anzahl der vorhandenen Fixgeraden.
In Bild 4.21 haben wir die zehn verschiedenen Typen affiner Abbildungen, wie sie sich aus den folgenden Überlegungen ergeben, mit Hilfe ihrer Fixelemente dargestellt. Dabei sind die Fixpunkte farbig und die Fixgeraden schwarz eingezeichnet. Ferner sind Fixrichtungen ohne Fixgeraden durch eine schwarz gestrichelte Linie wiedergegeben.

Gegeben sei also die affine Abbildung A: $\mathfrak{x}' = \mathfrak{A}\mathfrak{x} + \mathfrak{v}$.

1. *A hat genau einen Fixpunkt F*
   Nach Satz 4.7 ist dann Rang $(\mathfrak{E} - \mathfrak{A}) = 2$ und somit auch Rang $(\mathfrak{E} - \mathfrak{A})^T = 2$. Besitzt A nun Fixrichtungen, so gehört auf Grund von Satz 4.17 (a) zu jeder von ihnen genau eine Fixgerade. Denn $(\mathfrak{E} - \mathfrak{A})^T$ ist eine reguläre Matrix und der Lotvektor $\bar{\mathfrak{u}}$ eines Eigenvektors $\mathfrak{u}$ kann nicht der Nullvektor sein. Also ist stets $(\mathfrak{E} - \mathfrak{A})^T \bar{\mathfrak{u}} \neq \mathfrak{o}$.
   Da Rang $(\mathfrak{E} - \mathfrak{A}) = 2$ gleichbedeutend mit $|1\,\mathfrak{E} - \mathfrak{A}| \neq 0$ ist, kann die Zahl 1 als Eigenwert nicht auftreten.

   Es sind nun folgende Fälle denkbar:
   a) Besitzt A zwei Eigenwerte, so hat A auch zwei Fixrichtungen und somit nach Satz 4.13 genau zwei Fixgeraden, die sich in F schneiden müssen. In diesem Falle bezeichnen wir A als *Eulersche Affinität*[1]). In Beispiel 1 des vorigen Abschnitts haben wir eine solche Abbildung bereits kennengelernt.

[1] Leonard Euler (1707–1783), Schweizer Mathematiker, ab 1730 Professor in Petersburg, 1740 bis 1766 in Berlin, danach wieder in Petersburg.

b) Besitzt A nur einen Eigenwert μ und ist Rang $(\mu\mathfrak{E}-\mathfrak{A})=1$, so liegt genau eine Fixrichtung mit genau einer Fixgeraden durch F vor. Wir wollen A eine *Streckscherung* nennen. Zur Rechtfertigung der Bezeichnung vergleiche Beispiel 3.

c) Liegt nur ein Eigenwert μ vor und ist Rang $(\mu\mathfrak{E}-\mathfrak{A})=0$, so ist jede Richtung von A Fixrichtung. Zu jeder Richtung gehört diejenige Gerade als Fixgerade, die durch F läuft. A ist eine *zentrische Streckung* mit $\mu \neq 1$ von F aus.

d) Besitzt A keine Eigenwerte, dann hat A den Fixpunkt F als einziges Fixelement.

2. *A hat unendlich viele Fixpunkte*

Nach Satz 4.8 und Satz 4.10 muß in diesem Falle gelten entweder

Rang $(\mathfrak{E}-\mathfrak{A})=1$ und die Vektoren $\mathfrak{a}^*$, $\mathfrak{b}^*$, $\mathfrak{v}$ sind kollinear [Fall a), b)] oder

Rang $(\mathfrak{E}-\mathfrak{A})=0$ und $\mathfrak{v}=\mathfrak{o}$ [Fall c)].

In jedem der drei Fälle ist wegen $|\mathfrak{E}-\mathfrak{A}|=0$ die Zahl 1 ein Eigenwert von A.

a) Wegen Satz 4.8 hat A genau eine Fixpunktgerade.

Besitzt A *zwei* Eigenwerte, also auch zwei Fixrichtungen, so kann diese Fixpunktgerade a als Repräsentant der Fixrichtung r_1 angesehen werden. Zu r_1 muß nun der Eigenwert $\mu_1=1$, also der Abbildungsmaßstab 1 gehören, weil ein zugehöriger Eigenvektor $\mathfrak{u}_1$ durch $\check{A}$ auf sich abgebildet wird.

Da nun alle Geraden in der zweiten Fixrichtung r_2 mit dem Eigenwert $\mu_2 \neq 1$ und dem Eigenvektor $\mathfrak{u}_2$ die Fixpunktgerade schneiden, also jeweils einen Fixpunkt besitzen, sind alle diese Geraden nach Satz 4.16 Fixgeraden und r_2 ist eine Fixgeradenrichtung. Für r_2 muß daher die Bedingung (b) aus Satz 4.17 gelten, d. h. die Skalarprodukte der Zeilenvektoren $\mathfrak{a}^*$ bzw. $\mathfrak{b}^*$ der Matrix $(\mathfrak{E}-\mathfrak{A})^T$ mit $\bar{\mathfrak{u}}_2$ sind Null und somit sind $\mathfrak{a}^*$ und $\mathfrak{b}^*$ zu $\mathfrak{u}_2$ kollinear.

Weil wegen $\mu_1 \neq \mu_2$ der Eigenvektor $\mathfrak{u}_1$ nicht zu $\mathfrak{u}_2$ kollinear ist, muß ferner $(\mathfrak{E}-\mathfrak{A})^T\,\mathfrak{u}_1 \neq \mathfrak{o}$ sein, da andernfalls $\mathfrak{u}_1$ doch zu $\mathfrak{a}^*$ und $\mathfrak{b}^*$ kollinear wäre. Das bedeutet aber nach Satz 4.17 (a), daß die Fixpunktgerade a die einzige Fixgerade von r_1 ist.

Die Abbildung A nennen wir eine *Achsenaffinität*.

b) Besitzt A nur *einen* Eigenwert, so muß dieser 1 sein. Da nun Rang $(\mathfrak{E}-\mathfrak{A})=1$ ist, liegt nach Satz 4.13 genau eine Fixrichtung r vor, in ihr muß die Fixpunktgerade a vorkommen. Man kann nun zeigen, daß r sogar eine Fixgeradenrichtung ist (Aufgabe 10).

Die Abbildung A nennen wir eine *Scherung* (vgl. Aufgabe 11).

c) Ist nun Rang $(\mathfrak{E}-\mathfrak{A})=0$ und $\mathfrak{v}=\mathfrak{o}$, so ist $\mathfrak{E}=\mathfrak{A}$. $\mu=1$ ist der einzige Eigenwert. Die Abbildung ist die *Identität*.

3. *A hat keine Fixpunkte*

Nach Satz 4.9 gilt jetzt entweder

Rang $(\mathfrak{E}-\mathfrak{A})=1$ und $\mathfrak{a}^*$, $\mathfrak{b}^*$, $\mathfrak{v}$ sind nicht kollinear [Fall a), b)] oder

Rang $(\mathfrak{E}-\mathfrak{A})=0$ und $\mathfrak{v} \neq \mathfrak{o}$ [Fall c)].

Wiederum ist in allen drei Fällen wegen $|\mathfrak{E}-\mathfrak{A}|=0$ die Zahl 1 ein Eigenwert von A.

Vergleichen wir diese Bedingungen mit den anfangs unter 2. aufgeführten, so liegt der einzige Unterschied in den Eigenschaften des Vektors $\mathfrak{v}$, weil $\mathfrak{a}^*$ und $\mathfrak{b}^*$ wegen $|\mathfrak{E}-\mathfrak{A}|=0$ immer kollinear sind.

Nun können wir uns jede affine Abbildung $A: \mathfrak{x}'=\mathfrak{A}\mathfrak{x}+\mathfrak{v}$ zusammengesetzt denken aus der nullpunkttreuen Abbildung $A_0: \mathfrak{x}'=\mathfrak{A}\mathfrak{x}$ und einer anschließenden Parallelverschiebung um den Vektor $\mathfrak{v}$. Wenn also A eine affine Abbildung ohne Fixpunkte sein soll, muß die zugehörige Abbildung A_0 unendlich viele Fixpunkte besitzen, da in ihrer Gleichung der Nullvektor an die Stelle von $\mathfrak{v}$ tritt und damit A_0 alle Bedingungen aus 2. erfüllt. Da $\mathfrak{v}$ außerdem in der charakteristischen Gleichung $|\mu\mathfrak{E} - \mathfrak{A}| = 0$ nicht vorkommt, müssen A und A_0 stets übereinstimmende Eigenwerte und Fixrichtungen haben. Damit können wir die jetzt zu diskutierenden Fälle auf die eben erörterten zurückführen.

a) A_0 habe zwei Eigenwerte. Dann ist A_0 eine Achsenaffinität. Wie wir oben festgestellt haben, gehört auf Grund von Satz 4.17 (a) zu $\mu_1 = 1$ eine Fixrichtung $\mathfrak{r}_1$ mit der einzigen Fixgeraden a. Da die Bedingung (a) aus Satz 4.17 vom Vektor $\mathfrak{v}$ unabhängig ist, hat A in der Fixrichtung $\mathfrak{r}_1$ ebenfalls genau eine Fixgerade.
Zu $\mu_2 \neq 1$ gehört bei A_0 dagegen auf Grund von Satz 4.15 (b) eine Fixgeradenrichtung $\mathfrak{r}_2$. Die Bedingung (b) bedeutet nun, daß die drei Skalarprodukte $\mathfrak{a}^*\bar{\mathfrak{u}}$, $\mathfrak{b}^*\bar{\mathfrak{u}}$ und $\mathfrak{v}\bar{\mathfrak{u}}$ zugleich

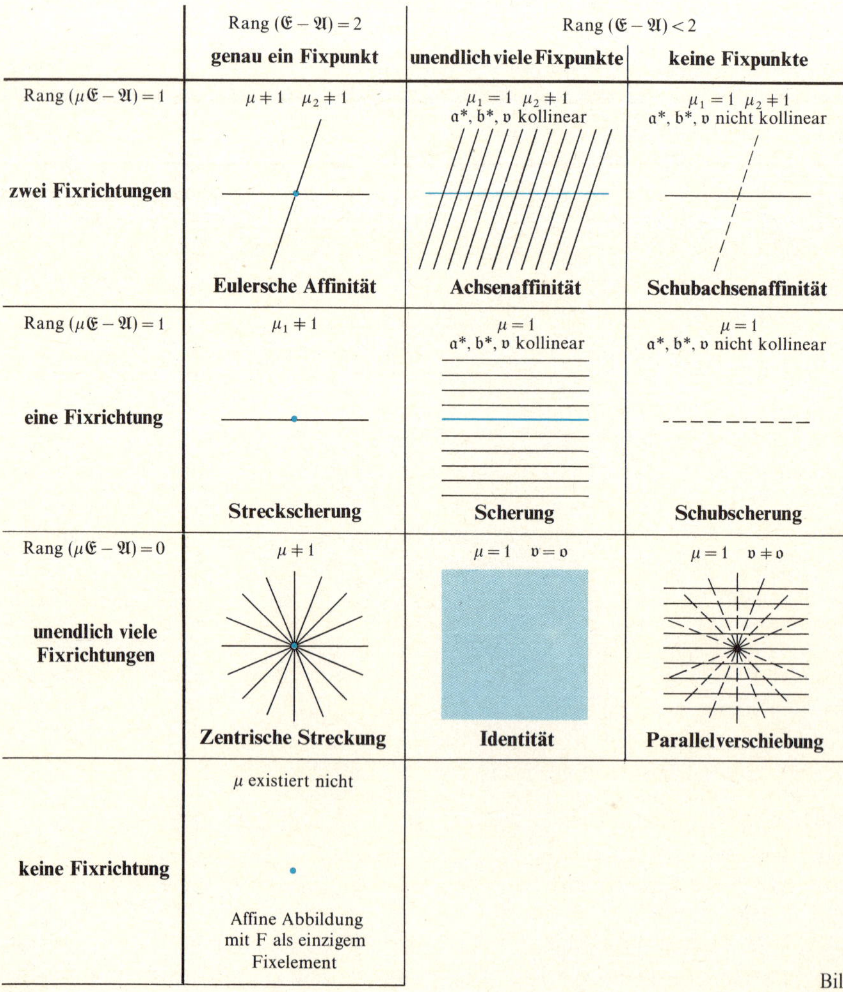

Bild 4.21

den Wert 0 haben. Ist nun aber $\mathfrak{v}$ nicht mehr kollinear zu $\mathfrak{a}^*$ oder $\mathfrak{b}^*$, so muß $\mathfrak{v}\bar{\mathfrak{u}} \neq 0$ sein, weil $\mathfrak{a}^*\bar{\mathfrak{u}}=0$ und $\mathfrak{b}^*\bar{\mathfrak{u}}=0$ ja für beide Abbildungen, A_0 und A, gelten muß. Dann tritt aber für A an die Stelle der Bedingung (b) die Bedingung (c) aus Satz 4.17. Zu $\mu_2 \neq 1$ gehört eine Fixrichtung r_2 ohne Fixgeraden.

Da A aus A_0 durch eine Parallelverschiebung hervorgeht, nennen wir die Abbildung A eine *Schubachsenaffinität*. In Beispiel 2 des vorigen Kapitels haben wir eine solche Abbildung bereits kennengelernt.

b) Nun sei A_0 eine Scherung mit dem einzigen Eigenwert 1 und der Fixgeradenrichtung r. A_0 erfüllt für r die Bedingung (b) aus Satz 4.17. Wie oben erkennt man, daß dann die Abbildung A für r die Bedingung (c) erfüllen muß. r ist damit für A eine Fixrichtung ohne Fixgeraden. A nennen wir jetzt eine *Schubscherung*

c) Ist A_0 die Identität, so sind alle Richtungen Fixrichtungen und stets gilt (b) wegen $\mathfrak{a}^* = \mathfrak{b}^* = \mathfrak{v} = \mathfrak{o}$. Ist nun für A der Vektor $\mathfrak{v} \neq \mathfrak{o}$, so kann (b) nur noch erfüllt werden, wenn $\mathfrak{v}$ auf $\bar{\mathfrak{u}}$ senkrecht steht, d. h. wenn $\mathfrak{v}$ und $\mathfrak{u}$ kollinear sind. Nur die durch $\mathfrak{v}$ charakterisierte Richtung bleibt Fixgeradenrichtung. Für jede andere Fixrichtung ist dagegen $\mathfrak{v}\bar{\mathfrak{u}} \neq 0$, so daß wiederum (c) gilt. Alle anderen Fixrichtungen sind also Richtungen ohne Fixgeraden. A ist eine *Parallelverschiebung*

Da bei der Diskussion alle nur denkbaren Möglichkeiten erfaßt sind, gibt es keine anderen affinen Abbildungen als die in der Tabelle aufgeführten. Insbesondere kann es keine affine Abbildung ohne Fixelemente geben.

Beispiele

1. a) Bestimme die Abbildungsgleichung einer Eulerschen Affinität, wenn die Koordinatenachsen Fixgeraden und μ_1, μ_2 die zugehörigen Eigenwerte sind.
b) Ermittle das Bild des Quadrates O(0/0) A(1/0) B(1/1) C(0/1) und stelle OABC und O'A'B'C' für die Fälle $\mu_1 = 3$ und $\mu_2 = 2$ zeichnerisch dar.

Lösung:

a) Es sei $\mathfrak{x}' = \mathfrak{A}\mathfrak{x} + \mathfrak{v}$ die gesuchte Abbildungsgleichung. Da der Ursprung O ein Fixpunkt ist, ist $\mathfrak{v} = \mathfrak{o}$. Ferner gilt für den Eigenvektor $\mathfrak{u}_1 = \begin{pmatrix}1\\0\end{pmatrix}$ und sein Bild $\mathfrak{u}_1'$:

$$\mathfrak{u}_1' = \mu_1 \mathfrak{u}_1 = \begin{pmatrix}\mu_1\\0\end{pmatrix}.$$

Entsprechend gilt für $\mathfrak{u}_2 = \begin{pmatrix}0\\1\end{pmatrix}$ und $\mathfrak{u}_2'$:

$$\mathfrak{u}_2' = \mu_2 \mathfrak{u}_2 = \begin{pmatrix}0\\\mu_2\end{pmatrix}.$$

Wegen $\mathfrak{u}_1' = \mathfrak{A}\mathfrak{u}_1$ folgt:

$$a_1 + 0b_1 = \mu_1 \Rightarrow a_1 = \mu_1$$
$$a_2 + 0b_2 = 0 \Rightarrow a_2 = 0$$

und wegen $\mathfrak{u}_2' = \mathfrak{A}\mathfrak{u}_2$ ergibt sich:

$$0a_1 + b_1 = 0 \Rightarrow b_1 = 0$$
$$0a_2 + b_2 = \mu_2 \Rightarrow b_2 = \mu_2$$

Die gesuchte Abbildungsgleichung ist also $\mathfrak{x}' = \begin{pmatrix}\mu_1 & 0\\0 & \mu_2\end{pmatrix}\mathfrak{x}$.

b) Das Bild von OABC ist O'(0/0) A'(μ_1/0) B'(μ_1/μ_2) C'(0/μ_2) (Bild 4.22).

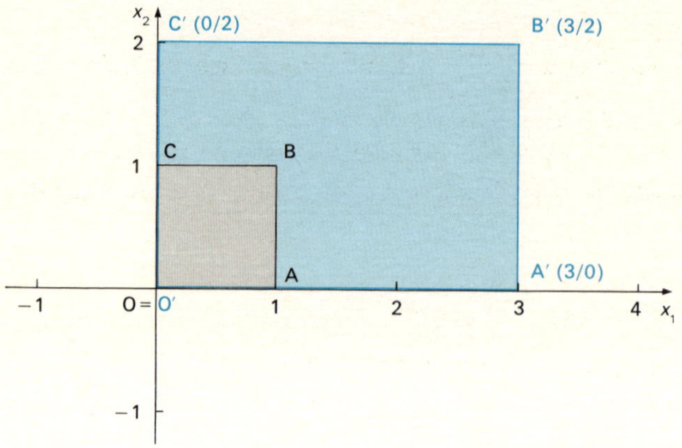

Bild 4.22

2. Konstruiere für eine Achsenaffinität das Bild des Dreiecks ABC, wenn außer ABC die Fixpunktgerade a und der Bildpunkt A′ von A gegeben sind (Bild 4.23). Erläutere die Konstruktion.

Lösung:

Durch a ist die Affinitätsachse mit dem zugehörigen Eigenwert $\mu_1 = 1$ gegeben. Die Gerade AA′ ist dann ein Repräsentant der Fixgeradenrichtung r_2 (Affinitätsrichtung) mit dem Eigenwert $\mu_2 = -\frac{\overline{AA_1}}{\overline{A_1A'}}$ (μ_2 ist negativ!).

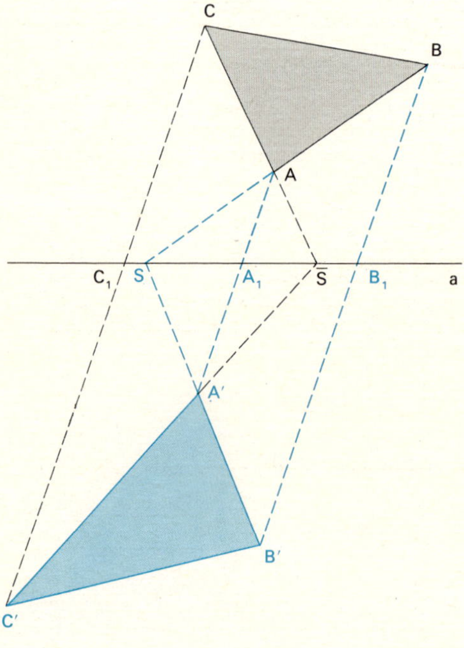

Bild 4.23

B′ liegt daher

1. auf der Parallelen zu AA′ durch B und
2. auf der Geraden SA′ (Strahlensätze), wobei S der Schnittpunkt von a mit der Geraden durch A und B ist.

(Anmerkung: Die Gerade SA′ läßt sich auch als Bild der Geraden AB deuten; beide Geraden haben S als Fixpunkt gemeinsam.) Den Punkt C′ findet man entsprechend wie B′.

3. Beweise: Jede reguläre Streckscherung läßt sich deuten als Verkettung einer Scherung und einer regulären zentrischen Streckung mit $\mu \neq 1$.

Lösung:

Ist $A: \mathfrak{x}' = \mathfrak{A}\mathfrak{x} + \mathfrak{v}$ eine reguläre Streckscherung, so besitzt sie den einzigen Eigenwert $\bar{\mu}$ mit $\bar{\mu} \neq 1$ und $\bar{\mu} \neq 0$. Ferner ist $\mathfrak{A} \neq \begin{pmatrix} \bar{\mu} & 0 \\ 0 & \bar{\mu} \end{pmatrix}$, weil A sonst eine zentrische Streckung wäre.

Die charakteristische Gleichung von A

(1) $$|\mu\mathfrak{E} - \mathfrak{A}| = 0$$

hat nur $\bar{\mu}$ als Lösung. Daher gilt

$$|\bar{\mu}\mathfrak{E} - \mathfrak{A}| = \bar{\mu}^2 \left|\mathfrak{E} - \frac{1}{\bar{\mu}}\mathfrak{A}\right| = 0 .$$

Daraus folgt:

(2) $$\left|\mathfrak{E} - \frac{1}{\bar{\mu}}\mathfrak{A}\right| = 0 .$$

Nun kann man die Gleichung $\left|\mu\mathfrak{E} - \frac{1}{\bar{\mu}}\mathfrak{A}\right| = 0$ als die charakteristische Gleichung der affinen Abbildung $A_1: \mathfrak{x}' = \frac{1}{\bar{\mu}}\mathfrak{A}\mathfrak{x}$ ansehen, die wegen (2) die einzige Lösung $\mu_1 = 1$ hat. Wäre nämlich $\mu_2 \neq 1$ eine weitere Lösung, so wäre $\left|\mu_2\mathfrak{E} - \frac{1}{\bar{\mu}}\mathfrak{A}\right| = 0$ und deshalb $\frac{1}{\bar{\mu}^2}|\mu_2\bar{\mu}\mathfrak{E} - \mathfrak{A}| = 0$. Das bedeutet, $\mu_2\bar{\mu}$ wäre eine weitere Lösung von (1), was aber ausgeschlossen ist.

A_1 hat also den einzigen Eigenwert $\mu_1 = 1$, besitzt mindestens den Ursprung O als Fixpunkt und kann wegen $\mathfrak{A} \neq \begin{pmatrix} \bar{\mu} & 0 \\ 0 & \bar{\mu} \end{pmatrix}$ also $\frac{1}{\bar{\mu}}\mathfrak{A} \neq \mathfrak{E}$ nicht die Identität sein. Daher ist A_1 eine Scherung.

Da $A_2: \mathfrak{x}'' = \bar{\mu}\mathfrak{x}' + \mathfrak{v}$ wegen $\bar{\mu} \neq 0$ und $\bar{\mu} \neq 1$ eine reguläre zentrische Streckung ist, folgt für $A_2 \circ A_1$:

$$\mathfrak{x}'' = \bar{\mu}\,\frac{1}{\bar{\mu}}\mathfrak{A}\mathfrak{x} + \mathfrak{v} = \mathfrak{A}\mathfrak{x} + \mathfrak{v} ,$$

d.h. $A = A_2 \circ A_1$.

Anmerkungen:

1) Die Umkehrung dieses Satzes wollen wir in Aufgabe 17 beweisen.
2) Für singuläre Streckscherungen ist eine entsprechende Deutung nicht möglich (vgl. Aufgabe 25a). Dennoch wollen wir auch in diesem Fall die Bezeichnung "Streckscherung" für den Abbildungstyp beibehalten.

Aufgaben

1. Untersuche, zu welchem Typ aus Bild 4.21 die folgenden affinen Abbildungen gehören.

a) $A: \mathfrak{x}' = \begin{pmatrix} 2 & 3 \\ 1 & 2 \end{pmatrix} \mathfrak{x} + \begin{pmatrix} 1 \\ 0 \end{pmatrix}$, b) $A: \mathfrak{x}' = \begin{pmatrix} 0 & 1 \\ -3 & 4 \end{pmatrix} \mathfrak{x} + \begin{pmatrix} 1 \\ 2 \end{pmatrix}$, c) $A: \mathfrak{x}' = \begin{pmatrix} -2 & 2 \\ 1 & 0 \end{pmatrix} \mathfrak{x} + \begin{pmatrix} 3 \\ 0 \end{pmatrix}$,

d) $A: \mathfrak{x}' = \begin{pmatrix} 1 & 0 \\ 0 & 1 \end{pmatrix} \mathfrak{x} + \begin{pmatrix} -2 \\ 1 \end{pmatrix}$, e) $A: \mathfrak{x}' = \begin{pmatrix} -4 & 0 \\ 0 & -4 \end{pmatrix} \mathfrak{x} + \begin{pmatrix} 3 \\ 0 \end{pmatrix}$, f) $A: \mathfrak{x}' = \begin{pmatrix} 2 & 0 \\ 3 & 2 \end{pmatrix} \mathfrak{x} + \begin{pmatrix} 0 \\ 2 \end{pmatrix}$.

2. Zu welchem Abbildungstyp gehören
   a) die Drehung $D_{90°}$ um O,
   b) die Drehung $D_{180°}$ um O,
   c) die Dehnung parallel zur x_1-Achse mit dem Dehnungsfaktor -2,
   d) die Spiegelung an der x_2-Achse?

3. Zeige, daß es sich bei den folgenden affinen Abbildungen A um die angegebenen Abbildungstypen handelt: Bestimme jeweils die Eigenwerte und Fixrichtungen.

   a) $A: \mathfrak{x}' = \begin{pmatrix} 1 & 0 \\ 0 & 1 \end{pmatrix} \mathfrak{x}$ (Identität)

   b) $A: \mathfrak{x}' = \begin{pmatrix} 1 & b_1 \\ 0 & 1 \end{pmatrix} \mathfrak{x}$ und $b_1 \neq 0$ (Scherung)

   c) $A: \mathfrak{x}' = \begin{pmatrix} 1 & 0 \\ 0 & b_2 \end{pmatrix} \mathfrak{x}$ und $b_2 \neq 1$ (Achsenaffinität)

   d) $A: \mathfrak{x}' = \begin{pmatrix} a_1 & 0 \\ 0 & a_1 \end{pmatrix} \mathfrak{x}$ (zentrische Streckung)

   e) $A: \mathfrak{x}' = \begin{pmatrix} c & d \\ 0 & c \end{pmatrix} \mathfrak{x}$ und $d \neq 0$ (Streckscherung)

   f) $A: \mathfrak{x}' = \begin{pmatrix} e & 0 \\ 0 & f \end{pmatrix} \mathfrak{x}$ und $e \neq f$ (Eulersche Affinität)

Achsenaffinitäten

4. Bestimme die Gleichung einer Achsenaffinität, wenn die x_2-Achse Fixpunktgerade (Affinitätsachse) und die x_1-Achse Repräsentant der Fixgeradenrichtung (Affinitätsrichtung) ist. Berechne das Bild des Quadrates O(0/0)A(1/0)B(1/1)C(0/1). Zeichnung für den Fall $\mu_2 = -2$.
   Unter welcher Bezeichnung haben wir diese Abbildung bereits kennengelernt?

5. Bestimme die Gleichung einer Achsenaffinität mit folgenden Eigenschaften:
   a) Die x_1-Achse sei Affinitätsachse, der Eigenvektor $\mathfrak{u}_2 = \begin{pmatrix} 1 \\ 1 \end{pmatrix}$ lege die Affinitätsrichtung fest und $\mu_2 = 2$ sei ihr zugehöriger Eigenwert.
   b) $g: \mathfrak{x} = \begin{pmatrix} -1 \\ 2 \end{pmatrix} + \lambda \begin{pmatrix} 1 \\ 3 \end{pmatrix}$ sei Affinitätsachse, $\mathfrak{u}_2 = \begin{pmatrix} 2 \\ -1 \end{pmatrix}$ kennzeichne die Fixgeradenrichtung mit dem Eigenwert $\mu_2 = -3$.

6. Welche affine Abbildung hat die Affinitätsachse mit der Gleichung
   a) $x_1 - 4 = 0$ und bildet O(0/0) in O'(0/1) ab,
   b) $x_2 + 2 = 0$ und bildet C(1/0) in C'(1/1) ab,
   c) $3x_1 + 4x_2 - 5 = 0$ und bildet C(1/1) in C'(−1/−3) ab,
   d) $x_1 + x_2 = 0$ und bildet C(1/2) in C'(−1/0) ab?

7. Konstruiere für eine Achsenaffinität das Bild eines Parallelogrammes ABCD, wenn die Achse a und der Bildpunkt A' gegeben sind. (a schneide das Parallelogramm, A' liege mit A auf der gleichen Seite von a.)

8. Eine Achsenaffinität mit dem zweiten Eigenwert $\mu_2 = -1$ heißt *Schrägspiegelung*.
a) Wie läßt sich diese Bezeichnung rechtfertigen?
b) Konstruiere das Bild eines Quadrates, wenn eine Diagonale zur Spiegelungsachse parallel verläuft und wenn die beiden Fixrichtungen der Schrägspiegelung einen Winkel von 60° einschließen.

9. Das Dreieck C(2/1) D(6/2) E(5/3) soll durch eine Achsenaffinität mit der x_1-Achse als Affinitätsachse in ein gleichschenkliges, rechtwinkliges Dreieck abgebildet werden ($\sphericalangle C'E'D' = 90°$).
(Rechnung und Konstruktion).

Scherungen

10. Beweise: Bei einer Scherung ist die einzige Fixrichtung r eine Fixgeradenrichtung.
Anleitung: Zeige: a) Es ist $\mathfrak{a}^* \neq \mathfrak{o}$ oder $\mathfrak{b}^* \neq \mathfrak{o}$. b) $\mathfrak{a}^*$ oder $\mathfrak{b}^*$ ist ein Eigenvektor von r. c) Es gilt für r Satz 4.17 (b).

11. Begründe: Fällt man bei einer Scherung von einem Punkt X das Lot auf die Fixpunktgerade a (Scherungsachse) und verbindet den Lotfußpunkt X_1 mit dem Bildpunkt X', so ist für alle Punkte X, die nicht auf a liegen, der (orientierte) Winkel $\alpha = \sphericalangle XX_1X'$ konstant (Bild 4.24). α heißt deshalb *Scherungswinkel*.

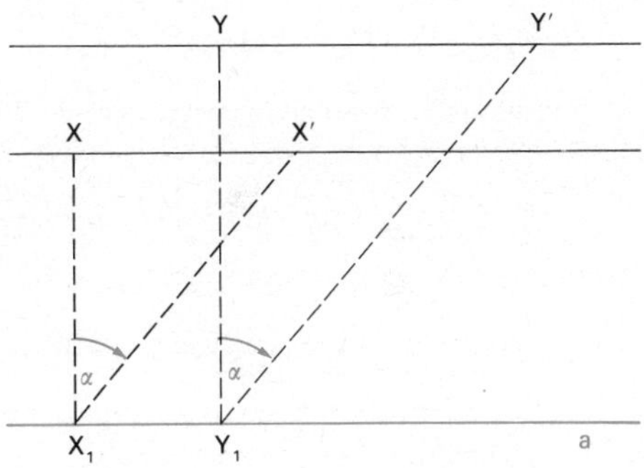

Bild 4.24

12. Bestimme die Gleichung einer Scherung, für die g die Scherungsachse und α der Scherungswinkel ist (vgl. Aufgabe 11).

a) $g: \mathfrak{x} = \lambda \begin{pmatrix} 1 \\ 0 \end{pmatrix}$, $\alpha = 45°$,

b) $g: \mathfrak{x} = \begin{pmatrix} 2 \\ 1 \end{pmatrix} + \lambda \begin{pmatrix} 1 \\ -1 \end{pmatrix}$, $\alpha = -45°$.

13. Schere das Dreieck A(3/−1)B(8/−4)C(10/3) längs der x_2-Achse so, daß $A'(a_1/1)$ der Bildpunkt von A ist. Bestimme rechnerisch und zeichnerisch das Bilddreieck und den Scherungswinkel.

Eulersche Affinitäten und Streckscherungen

14. Bestimme die Gleichung einer Eulerschen Affinität, wenn g_1 und g_2 Fixgeraden und μ_1 und μ_2 die zugehörigen Eigenwerte sind:

a) $g_1: \mathfrak{x} = \begin{pmatrix}1\\1\end{pmatrix} + \lambda\begin{pmatrix}3\\1\end{pmatrix}$, $g_2: \mathfrak{x} = \begin{pmatrix}1\\1\end{pmatrix} + \lambda\begin{pmatrix}-2\\1\end{pmatrix}$, $\mu_1 = 4$, $\mu_2 = -3$,

b) $g_1: \mathfrak{x} = \begin{pmatrix}-2\\0\end{pmatrix} + \lambda\begin{pmatrix}-1\\-2\end{pmatrix}$, $g_2: \mathfrak{x} = \begin{pmatrix}-2\\0\end{pmatrix} + \lambda\begin{pmatrix}4\\1\end{pmatrix}$, $\mu_1 = -1$, $\mu_2 = 3$.

15. Durch eine affine Abbildung A wird das Dreieck P(2/4) Q(8/1) R(8/6) abgebildet auf das Dreieck P′(2/4) Q′(4/3) R′(5/5).

a) Bestimme die Abbildungsgleichung und gib den Typ der Abbildung an.

b) Ermittele die Eigenwerte und Fixgeraden von A.

c) Konstruiere unter Benutzung des Ergebnisses von b) das Bild des Quadrates E(0/2) F(4/2) G(4/6) H(0/6) und bestätige das Ergebnis durch Rechnung.

16. Wie heißt die Gleichung einer Streckscherung, wenn der Fixpunkt F, die Fixgerade g, der Eigenwert μ und der Scherungswinkel α gegeben sind? (Unter dem Scherungswinkel α einer Streckscherung verstehen wir den orientierten Winkel zwischen der Senkrechten $\bar{g}$ von g durch F und der Bildgeraden $\bar{g}'$.)

a) F(0/0), $g: \mathfrak{x} = \lambda\begin{pmatrix}0\\1\end{pmatrix}$, $\mu = 2$, α mit $\tan\alpha = \dfrac{1}{2}$,

b) F(1/2), $g: \mathfrak{x} = \begin{pmatrix}1\\2\end{pmatrix} + \lambda\begin{pmatrix}-1\\2\end{pmatrix}$, $\mu = -1$, $\alpha = 45°$.

17. Beweise die Umkehrung des Satzes aus Beispiel 3.

18. Beweise: Jede Eulersche Affinität ist eine Streckachsenaffinität, d. h. sie läßt sich deuten als Verkettung einer Achsenaffinität und einer regulären zentrischen Streckung.

19. Beweise: Verkettet man eine Achsenaffinität mit den Eigenwerten $\mu_1 = 1$; $\mu_2 \neq 1$ mit einer regulären zentrischen Streckung, für deren Eigenwert μ gilt: $\mu\mu_2 \neq 1$, so ergibt sich eine Eulersche Affinität.

Schubachsenaffinitäten und Schubscherungen

20. Verkette die Achsenaffinität (vgl. Aufgabe 3)

$$A_a: \mathfrak{x}' = \begin{pmatrix}1 & 0\\0 & b_2\end{pmatrix}\mathfrak{x} \quad \text{mit} \quad b_2 \neq 0$$

mit der Parallelverschiebung um den Vektor $\mathfrak{v} = \begin{pmatrix}v_1\\v_2\end{pmatrix}$.

Zeige, daß die resultierende Abbildung eine Achsenaffinität oder eine (echte) Schubachsenaffinität ist, je nachdem $v_1 = 0$ oder $v_1 \neq 0$ gilt. Bestimme jeweils die Fixgeraden der resultierenden Abbildung.

21. Verkette die Achsenaffinität $A_a: \mathfrak{x}' = \begin{pmatrix}1 & 0\\0 & 3\end{pmatrix}\mathfrak{x}$ mit der anschließenden Parallelverschiebung um a) $\mathfrak{v} = \begin{pmatrix}0\\4\end{pmatrix}$, b) $\mathfrak{v} = \begin{pmatrix}2\\4\end{pmatrix}$.

Bestimme rechnerisch für a) die Affinitätsachse, für b) die Fixgerade der resultierenden Abbildung.
Zeichne das Dreieck A(2/−3) B(4/−1) C(3/3) sowie seine Bilder und vergleiche mit dem Ergebnis aus Aufgabe 20.

22. Verkette die Scherung Sch: $\mathfrak{x}' = \begin{pmatrix} 1 & b_1 \\ 0 & 1 \end{pmatrix} \mathfrak{x}$ mit der Parallelverschiebung um den Vektor $\mathfrak{v} = \begin{pmatrix} v_1 \\ v_2 \end{pmatrix}$. Unter welcher Bedingung für $\mathfrak{v}$ entsteht a) wieder eine Scherung, b) eine (echte) Schubscherung?
Bestimme in beiden Fällen die Fixrichtungen und Fixgeraden.

23. Bestätige das Ergebnis aus Aufgabe 22 zeichnerisch für Sch: $\mathfrak{x}' = \begin{pmatrix} 1 & -2 \\ 0 & 1 \end{pmatrix} \mathfrak{x}$ und jeweils ein geeignetes $\mathfrak{v}$ mit $|\mathfrak{v}| = 5$. (Bestimme dazu rechnerisch zunächst die Scherungsachse von Sch). Zeichne das Dreieck A(0/3) B(6/0) C(4/4) und seine Bilder. Konstruiere gegebenenfalls die Achse der resultierenden Scherung.

Singuläre Affinitäten

24. Bei welchen der 10 Abbildungstypen aus Bild 4.21 können singuläre Abbildungen auftreten? Bei welchen Abbildungstypen wird der $\mathbb{R}^2$ auf einen $\mathbb{R}^1$ bzw. auf einen $\mathbb{R}^0$ abgebildet (Beachte Satz 4.14)?

25. Bestimme die Abbildungsgleichung für die folgenden singulären Abbildungen und gib diejenigen Geraden an, deren Punkte jeweils auf ein und denselben Bildpunkt abgebildet werden (Zeichnung).
a) Singuläre Streckscherung mit F(0/0) als Fixpunkt und der x_1-Achse als Fixgerade. A(3/2) soll auf A′(2/0) abgebildet werden.
b) Singuläre Eulersche Affinität mit

$$g_1 : \mathfrak{x} = \lambda \begin{pmatrix} 1 \\ 0 \end{pmatrix} \ (\mu_1 = 2) \qquad \text{und} \qquad g_2 : \mathfrak{x} = \lambda \begin{pmatrix} 2 \\ 1 \end{pmatrix} \ (\mu_2 = 0).$$

als Fixgeraden.

Weiterführende Sätze

26. Zeige: Hat die affine Abbildung A Fixrichtungen, so ist $|\mu_1 \mu_2|$ oder μ^2 der Abbildungsmaßstab für Flächen, je nachdem ob zu A zwei Eigenwerte oder nur ein Eigenwert gehören.

27. Beweise: Hat die affine Abbildung A Fixrichtungen mit demselben Eigenwert μ, so ist A im Falle $\mu \neq 1$ eine zentrische Streckung und im Falle $\mu = 1$ eine Parallelverschiebung oder die Identität.

28. Beweise:
a) Verkettet man zwei reguläre affine Abbildungen A_1 und A_2 mit übereinstimmenden Fixrichtungen, so besitzt auch $A = A_2 \circ A_1$ diese Fixrichtungen.
b) Hat die Fixrichtung r für A_1 den Eigenwert μ_1, für A_2 den Eigenwert μ_2 so hat r für A den Eigenwert $\mu_1 \mu_2$.

29. Beweise: Verkettet man zwei Achsenspiegelungen A_1 und A_2 mit gleichen Fixrichtungen, so ist A mit $A = A_2 \circ A_1$

a) eine Parallelverschiebung oder die Identität, falls die Spiegelungsachsen von A_1 und A_2 zueinander parallel verlaufen;

b) eine Punktspiegelung (das ist eine zentrische Streckung mit $\mu = -1$), falls die Spiegelungsachsen aufeinander senkrecht stehen.

Anleitung: Benutze die Ergebnisse von Aufgabe 27 und Aufgabe 28.

30. Beweise: Verkettet man drei Achsenspiegelungen mit übereinstimmenden Fixrichtungen, so erhält man entweder eine Achsenspiegelung oder eine Schubspiegelung (das ist eine senkrechte Schubachsenaffinität mit den Eigenwerten $\mu_1 = 1$ und $\mu_2 = -1$). Unterscheide die Fälle:

a) alle drei Spiegelungsachsen sind zueinander parallel,

b) eine der Spiegelungsachsen steht auf den beiden anderen senkrecht.

Anleitung: Benutze die Ergebnisse von Aufgabe 27 und Aufgabe 28.

31. Unter welcher Voraussetzung ist die Verkettung $A \circ \bar{A}$ zweier regulärer Eulerscher Affinitäten A (Eigenwerte μ_1 und μ_2) und $\bar{A}$ (Eigenwerte $\bar{\mu}_1$ und $\bar{\mu}_2$) mit gleichen Fixrichtungen

a) wieder eine Eulersche Affinität,

b) eine Achsenaffinität oder Schubachsenaffinität,

c) eine zentrische Streckung,

d) eine Parallelverschiebung oder die Identität?

e) Kann in Sonderfällen auch eine Streckscherung oder Schubscherung entstehen?

Anleitung: Benutze die Ergebnisse von Aufgabe 27 und Aufgabe 28.

32. Zeige: Jede Schubachsenaffinität mit der Fixgeraden g läßt sich deuten als Verkettung einer Achsenaffinität mit g als Affinitätsachse und einer anschließenden Parallelverschiebung in Richtung von g.

5. Kongruenzabbildungen

5.1. Die Gleichungen von Spiegelungen und Drehungen

Vorübungen

1. Was versteht man unter einem orientierten Winkel (Winkel mit Drehsinn)? Gib einige Beispiele.
2. Durch welche Angaben ist eine Spiegelung, durch welche eine Drehung eindeutig festgelegt?
3. Definiere geometrisch-anschaulich die Spiegelung und Drehung als Punktabbildungen.
4. Zeichne ein Dreieck, gib eine Spiegelung (Drehung) vor und konstruiere das zugehörige Bilddreieck.

Wir haben in den vorangegangenen Abschnitten die Menge der affinen Abbildungen nach Anzahl und Art der Fixelemente analysiert. Während wir uns also bisher auf *analytischem* Wege einen Überblick über die affinen Abbildungen verschafft haben, wollen wir nunmehr affine Abbildungen auf *synthetischem* Wege erzeugen, indem wir gewisse einfache Abbildungen definieren und dann miteinander verketten. Dabei wird sich eine neue Klassifizierung der affinen Abbildungen ergeben, bei der der Gruppenbegriff das ordnende Prinzip darstellt. Zunächst wollen wir die Spiegelungen und Drehungen definieren.

I. Die Gleichung der Achsenspiegelung

In der Geometrie der Mittelstufe haben wir eine Achsenspiegelung folgendermaßen erklärt (Bild 5.1):

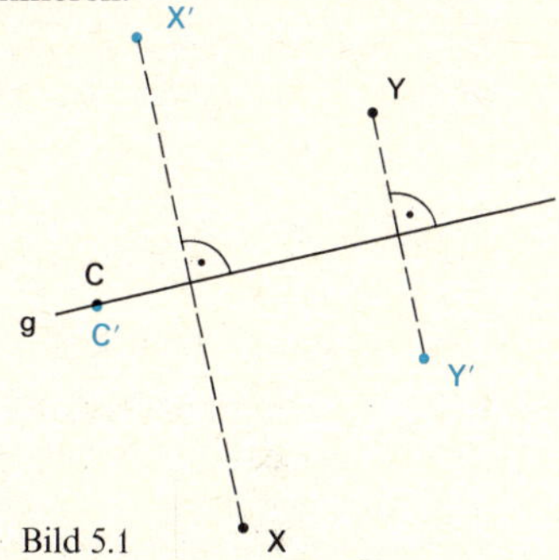

Bild 5.1

Definition 5.1

Die und nur die Punktabbildungen des $\mathbb{R}^2$ auf den $\mathbb{R}^2$ sollen Achsenspiegelungen S oder Spiegelungen S mit der Spiegelachse g heißen, die folgende Eigenschaften haben:
1. Alle Achsenpunkte C und keine anderen Punkte sind Fixpunkte.
2. Für jeden Punkt X mit $X \notin g$ und seinen Bildpunkt X' ist g die Mittelsenkrechte der Strecke XX'.

Eine wesentliche Aufgabe der analytischen Abbildungsgeometrie besteht nun darin, derartige geometrisch-anschauliche Definitionen spezieller Abbildungen dahingehend zu präzisieren, daß man diese Abbildungen durch Angabe bestimmter Abbildungsgleichungen charakterisiert und sie damit analytisch definiert. So dient uns im weiteren die Definition 5.1 mit ihrem anschaulichen Hintergrund als Motivation, eine geeignete Abbildungsgleichung für eine Achsenspiegelung S zu finden, die wegen Definition 5.1 natürlich eine affine Punktabbildung ist. Eine solche Abbildungsgleichung ist im wesentlichen durch die in ihr auftretende Matrix festgelegt. Aufgrund von Satz 3.8 sind die in der Matrix vorkommenden Spaltenvektoren die Bildvektoren der Basisvektoren $\mathfrak{e}_1$ und $\mathfrak{e}_2$ bezüglich der zugehörigen Vektorabbildung $\check{S}$. Somit richtet sich unser Augenmerk zunächst einmal auf die zu einer Spiegelung S gehörende

Vektorabbildung, die wir Vektorspiegelung $\check{S}$ nennen wollen. Mit ihr wollen wir uns jetzt beschäftigen:

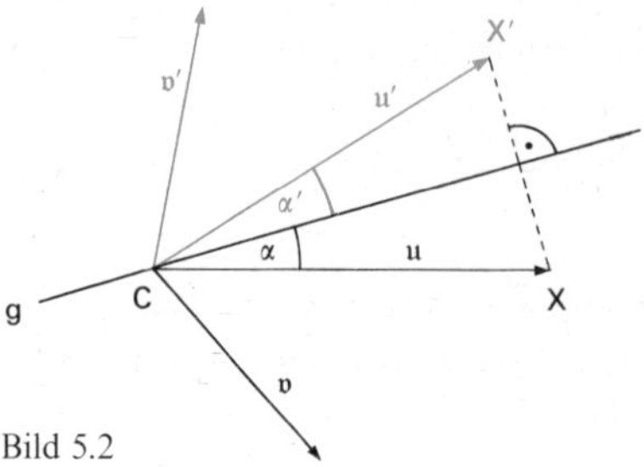

Bild 5.2

Dazu betrachten wir eine Spiegelung S, die durch ihre Achse gegeben ist (Bild 5.2). C sei ein Achsenpunkt (Fixpunkt) und X ein beliebiger Punkt, der nicht auf der Achse liegen soll. Wegen Definition 5.1 gilt dann:

$$C \mapsto C$$

$$X \mapsto X'.$$

Bei dieser Spiegelung wird das geordnete Punktepaar (C, X), das ein Repräsentant des Vektors $\overrightarrow{CX}$ ist, abgebildet in das Punktepaar (C, X′), das den Bildvektor $\overrightarrow{CX'}$ repräsentiert. Ordnet man auf diese Weise nach Vorgabe einer Spiegelachse g und eines Punktes C auf g jedem Vektor $\mathfrak{u}$ mit $\mathfrak{u} \in \mathbb{V}^2$ und mit dem Repräsentanten $\overrightarrow{CX}$ denjenigen Vektor $\mathfrak{u}'$ zu, der als Repräsentant den Pfeil $\overrightarrow{CX'}$ hat, wobei X′ das Spiegelbild von X bezüglich S ist, so stellt diese Zuordnung sicherlich wegen Satz 3.11 eine reguläre lineare Vektorabbildung des $\mathbb{V}^2$ in den $\mathbb{V}^2$ dar. Denn die nichtkollinearen Basisvektoren $\mathfrak{e}_1$ und $\mathfrak{e}_2$ haben als Bilder die nichtkollinearen Vektoren $\mathfrak{a}$ und $\mathfrak{b}$.

Aufgrund von Definition 5.1 ergibt sich für alle Punkte X:

$$\overline{CX} = \overline{CX'} \quad \text{und} \quad \alpha = \alpha'.$$

Nun gilt es, die Spiegelmatrix von $\check{S}$ zu finden, indem wir die Bildvektoren $\mathfrak{a}$ und $\mathfrak{b}$ von $\mathfrak{e}_1$ und $\mathfrak{e}_2$ bestimmen:

Als Repräsentanten von $\mathfrak{e}_1$ und $\mathfrak{e}_2$ wählen wir die Pfeile $\overrightarrow{CE_1}$ und $\overrightarrow{CE_2}$. Wir wollen im weiteren unter $\sphericalangle(\mathfrak{u}; \mathfrak{v})$ die (mit einem Vorzeichen versehene) Größe des orientierten Winkels zwischen $\mathfrak{u}$ und $\mathfrak{v}$ verstehen. Dabei bedeutet der orientierte Winkel zwischen $\mathfrak{u}$ und $\mathfrak{v}$ denjenigen Winkel, um den man den Vektor $\mathfrak{u}$ auf kürzestem Wege drehen muß, damit er die Richtung und Orientierung von $\mathfrak{v}$ bekommt. Dann gilt, wenn $\mathfrak{w}$ ein Richtungsvektor von g ist (Bild 5.3):

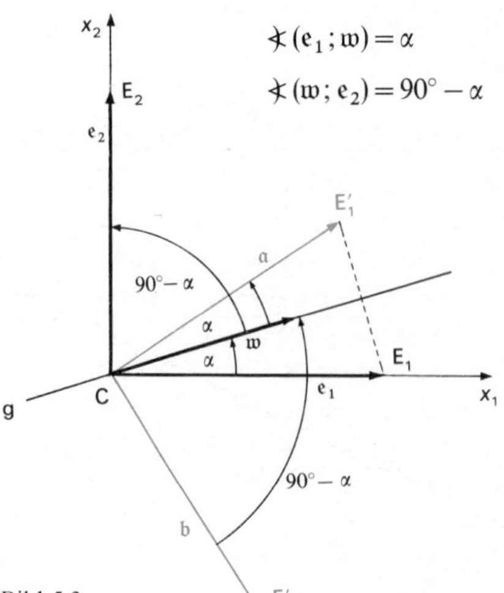

Bild 5.3

$$\sphericalangle(\mathfrak{e}_1; \mathfrak{w}) = \alpha \quad \text{und} \quad \sphericalangle(\mathfrak{w}; \mathfrak{a}) = \alpha \quad \Rightarrow \quad \sphericalangle(\mathfrak{e}_1; \mathfrak{a}) = 2\alpha$$

$$\sphericalangle(\mathfrak{w}; \mathfrak{e}_2) = 90° - \alpha \quad \text{und} \quad \sphericalangle(\mathfrak{b}; \mathfrak{w}) = 90° - \alpha \Rightarrow \sphericalangle(\mathfrak{b}; \mathfrak{e}_2) = 2(90° - \alpha)$$

$$|\mathfrak{a}| = |\mathfrak{e}_1| = |\mathfrak{e}_2| = |\mathfrak{b}| = 1$$

Damit ergibt sich für die Spaltenvektoren der gesuchten Spiegelungsmatrix:

$$\mathfrak{a} = \begin{pmatrix} \cos 2\alpha \\ \sin 2\alpha \end{pmatrix};$$

$$\mathfrak{b} = \begin{pmatrix} \cos[(90° - \alpha) - \alpha] \\ -\sin[(90° - \alpha) - \alpha] \end{pmatrix} = \begin{pmatrix} \sin 2\alpha \\ -\cos 2\alpha \end{pmatrix}.$$

Mithin hat die Spiegelmatrix $\mathfrak{S}$ von $\check{S}$ folgende Form:

$$\mathfrak{S} = \begin{pmatrix} \cos 2\alpha & \sin 2\alpha \\ \sin 2\alpha & -\cos 2\alpha \end{pmatrix}.$$

Nunmehr können wir definieren:

Definition 5.2

Die und nur die Vektorabbildungen $\check{S}$ mit der Abbildungsgleichung

$$\mathfrak{u}' = \mathfrak{S}\mathfrak{u} \quad \text{mit} \quad \mathfrak{S} = \begin{pmatrix} \cos 2\alpha & \sin 2\alpha \\ \sin 2\alpha & -\cos 2\alpha \end{pmatrix}$$

sollen Vektorspiegelungen mit der Spiegelmatrix $\mathfrak{S}$ heißen.

Nun fällt es uns nicht mehr schwer, die zur Vektorabbildung $\check{S}$ gehörigen Punktabbildungen S zu definieren. S sei gegeben durch die Spiegelungsachse g, die die orientierte x_1-Achse unter einem Winkel α schneidet und die durch C[$\mathfrak{c}$] geht. Die Vektorabbildung $\check{S}$ bildet wegen Definition 5.2 den Vektor $\mathfrak{x} - \mathfrak{c}$ ab in den Vektor $(\mathfrak{x} - \mathfrak{c})'$ mit

$$(\mathfrak{x} - \mathfrak{c}) \mapsto \mathfrak{S}(\mathfrak{x} - \mathfrak{c})$$

$$(\mathfrak{x} - \mathfrak{c})' = \mathfrak{S}(\mathfrak{x} - \mathfrak{c}) .$$

Da $\check{S}$ regulär und linear ist und C wegen Definition 5.1 ein Fixpunkt ist, gilt:

$$(\mathfrak{x} - \mathfrak{c})' = \mathfrak{x}' - \mathfrak{c}' = \mathfrak{x}' - \mathfrak{c} .$$

Somit ergibt sich als Gleichung der zu $\check{S}$ gehörigen Achsenspiegelung:

$$\mathfrak{x}' = \mathfrak{c} + \mathfrak{S}(\mathfrak{x} - \mathfrak{c}) .$$

Umgekehrt ist durch eine Abbildungsgleichung dieser Form ein Punkt C[$\mathfrak{c}$] und durch die Matrix $\mathfrak{S}$ ein Winkel α ausgezeichnet. Aus der Gleichung ergibt sich, daß C Fixpunkt ist. Wir können deshalb jede solche Gleichung als Abbildungsgleichung einer Spiegelung auffassen, deren Achse durch C geht und die mit der orientierten x_1-Achse den Winkel α einschließt. Deshalb definieren wir eine Achsenspiegelung folgendermaßen:

Definition 5.3

Die und nur die Punktabbildungen des $\mathbb{R}^2$ auf den $\mathbb{R}^2$ sollen Achsenspiegelungen S oder Spiegelungen heißen, die folgende Abbildungsgleichungen haben:

$$\mathfrak{x}' = \mathfrak{c} + \mathfrak{S}(\mathfrak{x} - \mathfrak{c}) \quad \text{mit} \quad \mathfrak{S} = \begin{pmatrix} \cos 2\alpha & \sin 2\alpha \\ \sin 2\alpha & -\cos 2\alpha \end{pmatrix}.$$

Ihre Achse g ist durch den Achsenpunkt C[$\mathfrak{c}$] und den Steigungswinkel α festgelegt.

Die Veranschaulichung der Gleichung $\mathfrak{x}' = \mathfrak{c} + \mathfrak{S}(\mathfrak{x} - \mathfrak{c})$ im Bild 5.4 ist überzeugend: Der Pfeil von $\mathfrak{x}'$ ergibt sich als Pfeilkette, die aus den Pfeilen von $\mathfrak{c}$ und $\mathfrak{S}(\mathfrak{x} - \mathfrak{c})$ besteht.
Zudem liest man aus der Abbildungsgleichung ab, daß jede Spiegelung an einer Nullpunktsgeraden wegen $\mathfrak{c} = \mathfrak{S}\mathfrak{c}$ die Gleichung

$$\mathfrak{x}' = \mathfrak{S}\mathfrak{x}$$

hat.

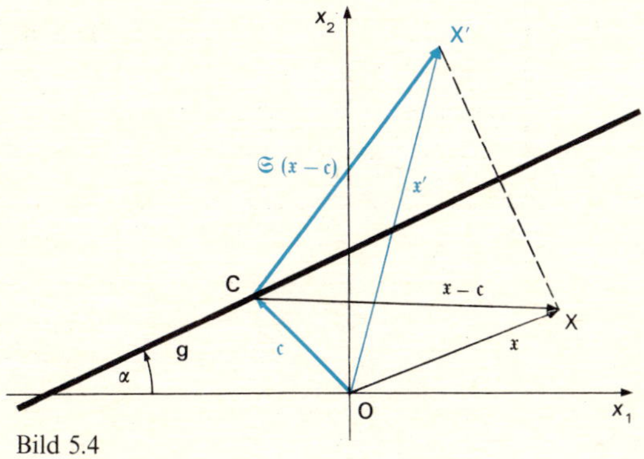

Bild 5.4

Beispiele

1. Bestimme die Gleichung einer Spiegelung, deren Achse g durch C(1/2) geht und die den Steigungswinkel α mit $\alpha = 22{,}5°$ hat, und ermittele den Bildpunkt von B(2/1).
Lösung:
Es gilt:

$$\mathfrak{c} = \begin{pmatrix} 1 \\ 2 \end{pmatrix}; \quad \mathfrak{S} = \begin{pmatrix} \cos 45° & \sin 45° \\ \sin 45° & -\cos 45° \end{pmatrix} = \begin{pmatrix} \frac{1}{2}\sqrt{2} & \frac{1}{2}\sqrt{2} \\ \frac{1}{2}\sqrt{2} & -\frac{1}{2}\sqrt{2} \end{pmatrix}.$$

Also erhält man:

$$\mathfrak{x}' = \begin{pmatrix} 1 \\ 2 \end{pmatrix} + \begin{pmatrix} \frac{1}{2}\sqrt{2} & \frac{1}{2}\sqrt{2} \\ \frac{1}{2}\sqrt{2} & -\frac{1}{2}\sqrt{2} \end{pmatrix} \left[\mathfrak{x} - \begin{pmatrix} 1 \\ 2 \end{pmatrix} \right].$$

Für den Bildpunkt B′[𝔟′] von B ergibt sich:

$$\mathfrak{b}' = \begin{pmatrix} 1 \\ 2 \end{pmatrix} + \begin{pmatrix} \frac{1}{2}\sqrt{2} & \frac{1}{2}\sqrt{2} \\ \frac{1}{2}\sqrt{2} & -\frac{1}{2}\sqrt{2} \end{pmatrix} \left[\begin{pmatrix} 2 \\ 1 \end{pmatrix} - \begin{pmatrix} 1 \\ 2 \end{pmatrix} \right] = \begin{pmatrix} 1 \\ 2 \end{pmatrix} + \begin{pmatrix} 0 \\ \sqrt{2} \end{pmatrix} = \begin{pmatrix} 1 \\ 2 + \sqrt{2} \end{pmatrix}$$

Als Bildpunkt von B erhält man also $\quad B'(1/2 + \sqrt{2})$.

2. Wie heißt die Gleichung derjenigen Spiegelung, die B(3/0) in B′(−1/4) abbildet?
Lösung:
Da die Mittelsenkrechte m von BB′ die Spiegelachse ist, berechnen wir
1) als Achsenpunkt den Mittelpunkt M von BB′,
2) die Gleichung der Mittelsenkrechten m in der Normalform, aus der wir den Steigungswinkel ablesen.
zu 1): Es gilt: $\mathfrak{m} = \dfrac{\mathfrak{b} + \mathfrak{b}'}{2} = \begin{pmatrix} 1 \\ 2 \end{pmatrix}$.
zu 2): $\mathfrak{b} - \mathfrak{b}'$ ist ein Normalenvektor von m und M(1/2) ein Achsenpunkt. Die Punktnormalenform der Gleichung von m lautet:

$$(\mathfrak{b} - \mathfrak{b}')\,\mathfrak{x} - (\mathfrak{b} - \mathfrak{b}')\,\mathfrak{m} = 0$$

$$\begin{pmatrix} 4 \\ -4 \end{pmatrix} \mathfrak{x} + 4 = 0$$

$$x_1 - x_2 = -1$$

$$x_2 = x_1 + 1$$

Also gilt: $\quad \tan\alpha = 1 \;\Rightarrow\; \alpha = 45°.$

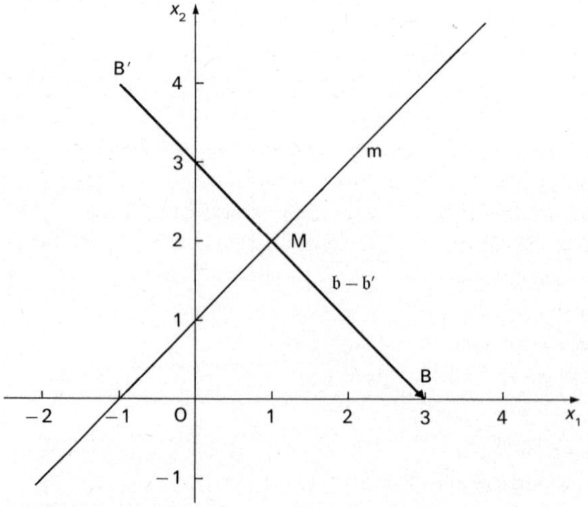

Bild 5.5

Damit ergibt sich analog zu Beispiel 1 als Abbildungsgleichung:

$$\mathfrak{x}' = \begin{pmatrix} 1 \\ 2 \end{pmatrix} + \begin{pmatrix} 0 & 1 \\ 1 & 0 \end{pmatrix} \left[\mathfrak{x} - \begin{pmatrix} 1 \\ 2 \end{pmatrix} \right].$$

II. Die Gleichung der Drehung

Bei der Behandlung der Drehungen wollen wir nun genauso vorgehen wie bei der Untersuchung der Spiegelungen. Auch hier greifen wir auf die anschaulich-geometrische Definition einer Drehung zurück. Dazu erinnern wir uns zunächst einmal daran, daß wir bei Drehungen zwischen Links- und Rechtsdrehungen zu unterscheiden haben und daß wir eine Drehung festlegen können durch Angabe eines Drehzentrums und eines Drehwinkels mit Drehsinn (Bild 5.6); das bedeutet: falls gilt $\alpha > 0$, meinen wir eine Linksdrehung, falls gilt $\alpha < 0$, so handelt es sich um eine Rechtsdrehung. Im ersten Fall sprechen wir auch von einem positiv orientierten Winkel, im zweiten Fall von einem negativ orientierten Winkel. Zwei Drehungen mit gleichem Zentrum, deren orientierte Drehwinkel sich um ein ganzzahliges Vielfaches von 360° unterscheiden, sind gleich (s. Bild 5.7a, b).

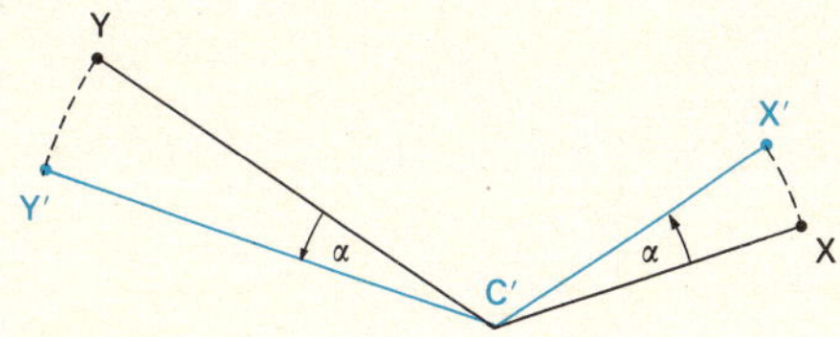

Bild 5.6

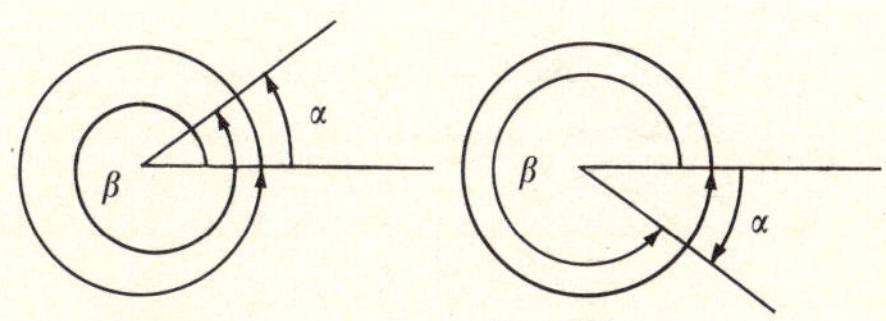

$\beta = 360° + \alpha$ $\beta = 360° + \alpha$

Bild 5.7a, b

Definition 5.4

Die und nur die Punktabbildungen des $\mathbb{R}^2$ auf den $\mathbb{R}^2$ sollen Drehungen D mit dem Drehzentrum C und dem orientierten Winkel α heißen, die folgende Eigenschaften haben:

1. C ist einziger Fixpunkt der Abbildung.
2. Für jeden Punkt X mit $X \neq C$ soll gelten:
   a) $\overline{CX} = \overline{CX'}$,
   b) $\sphericalangle X'CX$ soll für jeden Punkt X die Orientierung und die Größe von α haben: $\sphericalangle X'CX = \alpha$.

Um die durch C und α vorgegebene Drehung D als affine Punktabbildung durch eine Abbildungsgleichung mit einer geeigneten Drehmatrix definieren zu können, beschreiben wir analog zur Spiegelung zunächst die zugehörige Vektorabbildung durch eine Matrix.

Dazu wählen wir als Repräsentanten eines beliebigen Vektors $\mathfrak{u}$ den Pfeil $\overrightarrow{CX}$, der als Angriffspunkt den Fixpunkt C hat, und ordnen ihm als Bildvektor den Vektor $\mathfrak{u}'$ mit dem Repräsentanten $\overrightarrow{CX'}$ zu (Bild 5.8). Hierbei soll X' der Bildpunkt von X bezüglich D sein. Auf diese Weise hat jeder Vektor $\mathfrak{u}$ genau einen Bildvektor, und die erhaltene Zuordnung ist ebenfalls

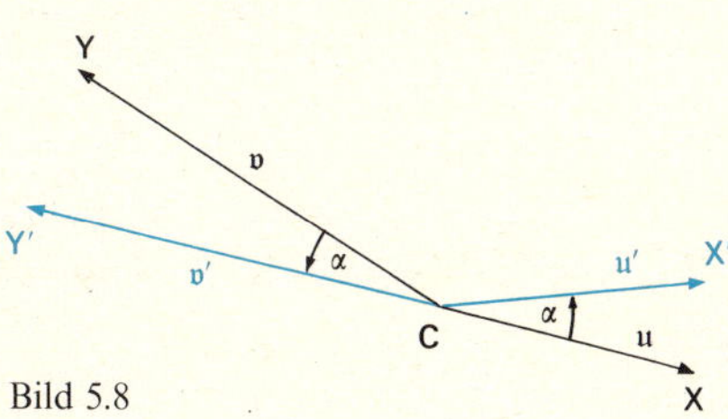

Bild 5.8

wegen Satz 3.11 eine reguläre lineare Vektorabbildung $\check{D}$ des $\mathbb{V}^2$ in den $\mathbb{V}^2$. Sie heißt die zu D gehörige Vektordrehung $\check{D}$.

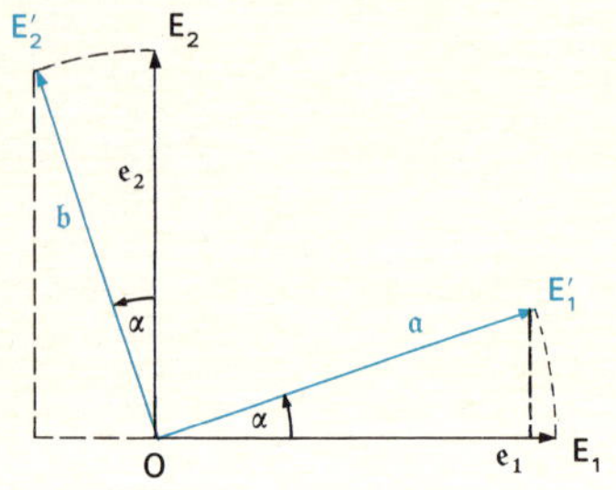

Bild 5.9

Auf diese Weise bilden wir nun die Basisvektoren $\mathfrak{e}_1$ und $\mathfrak{e}_2$ ab und erhalten (s. Bild 5.9):

$$\sphericalangle(\mathfrak{e}_1;\mathfrak{a}) = \sphericalangle(\mathfrak{e}_2;\mathfrak{b}) = \alpha$$

$$|\mathfrak{a}| = |\mathfrak{e}_1| = |\mathfrak{e}_2| = |\mathfrak{b}| = 1$$

Die Spaltenvektoren der gesuchten Drehmatrix sind also:

$$\mathfrak{a} = \begin{pmatrix}\cos\alpha\\ \sin\alpha\end{pmatrix}; \quad \mathfrak{b} = \begin{pmatrix}\cos(90^\circ+\alpha)\\ \sin(90^\circ+\alpha)\end{pmatrix} = \begin{pmatrix}-\sin\alpha\\ +\cos\alpha\end{pmatrix}.$$

Demnach ergibt sich als Drehmatrix:

$$\mathfrak{D} = \begin{pmatrix}\cos\alpha & -\sin\alpha\\ \sin\alpha & \cos\alpha\end{pmatrix}.$$

Definition 5.5

Die und nur die Vektorabbildungen $\check{D}$ mit der Abbildungsgleichung

$$\mathfrak{u}' = \mathfrak{D}\mathfrak{u} \quad \text{mit} \quad \mathfrak{D} = \begin{pmatrix}\cos\alpha & -\sin\alpha\\ \sin\alpha & \cos\alpha\end{pmatrix}$$

sollen Vektordrehungen mit der Drehmatrix $\mathfrak{D}$ heißen.

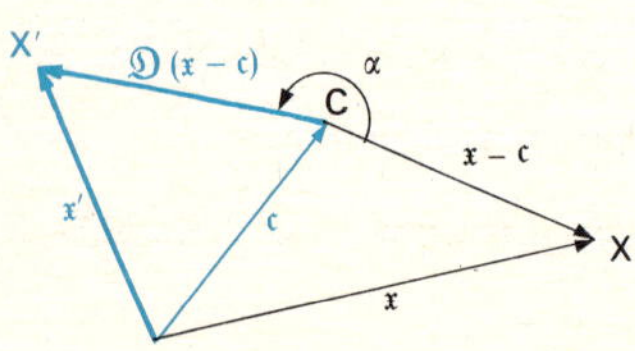

Bild 5.10

Versuchen wir nun, die Gleichung der zugehörigen Punktabbildungen aufzustellen.
Es gilt für $\check{D}$ (Bild 5.10):

$$(\mathfrak{x}-\mathfrak{c}) \mapsto \mathfrak{D}(\mathfrak{x}-\mathfrak{c})$$

$$(\mathfrak{x}-\mathfrak{c})' = \mathfrak{D}(\mathfrak{x}-\mathfrak{c}).$$

Da C wegen Definition 5.4 Fixpunkt sein soll, folgt wegen der Linearität von D:

$$\mathfrak{x}' - \mathfrak{c} = \mathfrak{D}(\mathfrak{x}-\mathfrak{c})$$

$$\mathfrak{x}' = \mathfrak{c} + \mathfrak{D}(\mathfrak{x}-\mathfrak{c}).$$

Umgekehrt sind wiederum durch eine Abbildungsgleichung dieser Form ein Punkt C[$\mathfrak{c}$] und durch $\mathfrak{D}$ ein orientierter Winkel α ausgezeichnet, die wir als Bestimmungsstücke einer Drehung auffassen können. C erweist sich zugleich als Fixpunkt. Deshalb können wir definieren:

Definition 5.6

Die und nur die Punktabbildungen des $\mathbb{R}^2$ auf den $\mathbb{R}^2$ sollen Drehungen D mit dem Drehpunkt C und dem Drehwinkel α heißen, die folgende Abbildungsgleichung haben:

$$\mathfrak{x}' = \mathfrak{c} + \mathfrak{D}(\mathfrak{x}-\mathfrak{c}) \quad \text{mit} \quad \mathfrak{D} = \begin{pmatrix}\cos\alpha & -\sin\alpha\\ \sin\alpha & \cos\alpha\end{pmatrix}.$$

Daraus ergibt sich als Gleichung einer Drehung um den Nullpunkt:

$$\mathfrak{x}' = \mathfrak{D}\mathfrak{x}\,.$$

Beispiel

Drehe den Punkt A(1/−3) um C(2/−2) mit $\alpha = -45°$.

Lösung:

Als Drehmatrix erhält man:

$$\mathfrak{D} = \begin{pmatrix} \cos(-45°) & -\sin(-45°) \\ \sin(-45°) & \cos(-45°) \end{pmatrix} = \begin{pmatrix} \frac{1}{2}\sqrt{2} & \frac{1}{2}\sqrt{2} \\ -\frac{1}{2}\sqrt{2} & \frac{1}{2}\sqrt{2} \end{pmatrix}$$

Also gilt:

$$D: \mathfrak{x}' = \begin{pmatrix} 2 \\ -2 \end{pmatrix} + \begin{pmatrix} \frac{1}{2}\sqrt{2} & \frac{1}{2}\sqrt{2} \\ -\frac{1}{2}\sqrt{2} & \frac{1}{2}\sqrt{2} \end{pmatrix} \left[\mathfrak{x} - \begin{pmatrix} 2 \\ -2 \end{pmatrix} \right]$$

$$\mathfrak{a}' = \begin{pmatrix} 2 \\ -2 \end{pmatrix} + \begin{pmatrix} \frac{1}{2}\sqrt{2} & \frac{1}{2}\sqrt{2} \\ -\frac{1}{2}\sqrt{2} & \frac{1}{2}\sqrt{2} \end{pmatrix} \begin{pmatrix} -1 \\ -1 \end{pmatrix} = \begin{pmatrix} 2-\sqrt{2} \\ -2 \end{pmatrix}$$

Man erhält als Bildpunkt von A:

$$A'(2-\sqrt{2}/-2)\,.$$

Aufgaben

1. Bestimme die Gleichung der Achsen von folgenden Spiegelungen:

   a) $S: \mathfrak{x}' = \begin{pmatrix} \frac{1}{2}\sqrt{3} & \frac{1}{2} \\ \frac{1}{2} & -\frac{1}{2}\sqrt{3} \end{pmatrix}\mathfrak{x}$, b) $S: \mathfrak{x}' = \begin{pmatrix} 1 & 0 \\ 0 & -1 \end{pmatrix}\mathfrak{x}$, c) $S: \mathfrak{x}' = \begin{pmatrix} 1 \\ 1 \end{pmatrix} + \begin{pmatrix} \frac{1}{2} & \frac{1}{2}\sqrt{3} \\ \frac{1}{2}\sqrt{3} & -\frac{1}{2} \end{pmatrix}\left[\mathfrak{x} - \begin{pmatrix} 1 \\ 1 \end{pmatrix}\right]$.

2. Welche Spiegelung mit dem Fixpunkt C bildet das Dreieck C(2/5) D(0/0) E(4/0) auf sich ab?

3. Welche Spiegelungen bilden das Quadrat A(0/0) B(4/0) C(4/4) D(0/4) auf sich ab?

4. Bildet die Menge aller Spiegelungen an Nullpunktsgeraden hinsichtlich der Verkettung eine Gruppe?

5. Gegeben sei $S: \mathfrak{x}' = \mathfrak{c} + \mathfrak{S}(\mathfrak{x} - \mathfrak{c})$. Berechne $S \circ S$ und interpretiere das Ergebnis.

6. Untersuche das Produkt zweier Spiegelungen an zwei Nullpunktsgeraden, die aufeinander senkrecht stehen.

7. Gegeben sei ein Dreieck durch die drei Geraden

   $$g_1: \mathfrak{x} = \begin{pmatrix} 3 \\ -2 \end{pmatrix} + \lambda\begin{pmatrix} 7 \\ -1 \end{pmatrix}, \quad g_2: \mathfrak{x} = \begin{pmatrix} -1 \\ 0 \end{pmatrix} + \mu\begin{pmatrix} 3 \\ 1 \end{pmatrix} \quad \text{und} \quad g_3: \mathfrak{x} = \begin{pmatrix} 2 \\ 1 \end{pmatrix} + \nu\begin{pmatrix} 1 \\ -3 \end{pmatrix}.$$

   Spiegele das Dreieck an der Winkelhalbierenden des 1. Quadranten und zeige, daß die Seitenlängen des Urdreiecks mit denen des Bilddreiecks übereinstimmen.

8. Spiegele $g: x_2 = x_1 + 2$ an der Winkelhalbierenden des
   a) 1. und 3. Quadranten,
   b) 2. und 4. Quadranten.

9. Spiegele die Hyperbel $H: x_2 = \frac{1}{x_1}$ an der Winkelhalbierenden des 1. und 3. Quadranten.

10. Bestimme Drehpunkt und Drehwinkel bzw. die Spiegelachse von folgenden affinen Abbildungen:

a) $A: \mathfrak{x}' = \begin{pmatrix} \frac{1}{2}\sqrt{3} & -\frac{1}{2} \\ \frac{1}{2} & \frac{1}{2}\sqrt{3} \end{pmatrix} \mathfrak{x}$, b) $A: \mathfrak{x}' = \begin{pmatrix} \frac{1}{2}\sqrt{3} & \frac{1}{2} \\ \frac{1}{2} & -\frac{1}{2}\sqrt{3} \end{pmatrix} \mathfrak{x}$,

c) $A: \mathfrak{x}' = \begin{pmatrix} -1 \\ 1 \end{pmatrix} + \begin{pmatrix} 0 & -1 \\ 1 & 0 \end{pmatrix} \left[\mathfrak{x} - \begin{pmatrix} -1 \\ 1 \end{pmatrix} \right]$, d) $A: \mathfrak{x}' = \begin{pmatrix} -\frac{1}{2} & -\frac{1}{2}\sqrt{3} \\ \frac{1}{2}\sqrt{3} & -\frac{1}{2} \end{pmatrix} \mathfrak{x}$,

e) $A: \mathfrak{x}' = \begin{pmatrix} -\frac{1}{2} & \frac{1}{2}\sqrt{3} \\ \frac{1}{2}\sqrt{3} & \frac{1}{2} \end{pmatrix} \mathfrak{x}$.

11. Drehe das Einheitsquadrat A(0/0) B(1/0) C(1/1) D(0/1) um seinen Mittelpunkt um a) 45°, b) 90°, c) 180°, und berechne jeweils die Koordinaten der Bilder der Eckpunkte.

12. Bestimme die Elemente der Matrix $\mathfrak{D} = \begin{pmatrix} a_1 & -\frac{1}{2} \\ \frac{1}{2} & b_1 \end{pmatrix}$ so, daß die Matrix eine Drehmatrix wird. Wie viele Lösungen gibt es?

13. Drehe die Gerade $g: \begin{pmatrix} 1 \\ 1 \end{pmatrix} \mathfrak{x} - 2 = 0$ um C(1/1) um a) 45°, b) 90°.

14. Bestimme die zu $D: \mathfrak{x}' = \mathfrak{D}\mathfrak{x}$ gehörige inverse Abbildung und interpretiere das Ergebnis.

15. Kann man die identische Abbildung $I: \mathfrak{x}' = \begin{pmatrix} 1 & 0 \\ 0 & 1 \end{pmatrix} \mathfrak{x}$ als Drehung bzw. als Spiegelung interpretieren?

16. Zeige: Eine Drehung um den Nullpunkt mit dem Drehwinkel α mit anschließender Spiegelung an der x_1-Achse ist ersetzbar durch eine Spiegelung an einer Nullpunktsgeraden, die die x_1-Achse unter dem Winkel $-\frac{\alpha}{2}$ schneidet.

17. Es sei $D_1: \mathfrak{x}' = \mathfrak{D}_1\mathfrak{x}$ und $D_2: \mathfrak{x}' = \mathfrak{D}_2\mathfrak{x}$. Berechne die Gleichungen von $D_1 \circ D_2$ und von $D_2 \circ D_1$ und vergleiche beide Produktabbildungen.

18. Welche Drehung um C(1/0) bildet A(1/1) in $A'(1 - \frac{1}{2}\sqrt{2} / \frac{1}{2}\sqrt{2})$ ab?

19. Es sei $S_1: \mathfrak{x}' = \mathfrak{S}_1\mathfrak{x}$ und $S_2: \mathfrak{x}' = \mathfrak{S}_2\mathfrak{x}$. Berechne die beiden Produktabbildungen $S_1 \circ S_2$ und $S_2 \circ S_1$ und interpretiere das Ergebnis für die Fälle a) $S_1 = S_2$, b) $S_1 \neq S_2$.

5.2. Spiegelungen und Schubspiegelungen

Vorübungen

1. Wie heißen die Abbildungsgleichungen für
   a) Parallelverschiebungen,
   b) Achsenspiegelungen an einer durch den Ursprung gehenden Geraden?

2. Welche Lehrsätze kennst du noch über Parallelverschiebungen und Achsenspiegelungen? Wie sind diese Abbildungen festgelegt?

3. Spiegele ein Dreieck ABC zunächst an einer Geraden g in A'B'C', und verschiebe sodann das Dreieck A'B'C' um einen Vektor $\mathfrak{v}$ in A''B''C'', wobei der Verschiebungsvektor $\mathfrak{v}$ zum Normalenvektor $\mathfrak{n}$ von g a) kollinear, b) nicht kollinear sein soll. Untersuche, ob es für jeden der beiden Fälle eine Achsenspiegelung an einer Geraden g* gibt, die das Dreieck ABC unmittelbar in das Dreieck A''B''C'' abbildet.

In diesem Kapitel wollen wir uns zunächst mit den Kongruenzabbildungen beschäftigen und müssen deshalb zuerst einmal definieren, was wir unter einer Kongruenzabbildung verstehen wollen. Dazu erinnern wir uns an die Definition, die wir in der Mittelstufe kennengelernt haben.

Definition 5.7

Jede Abbildung, die durch Verkettung endlich vieler Achsenspiegelungen entsteht, soll *Kongruenzabbildung* heißen.

Da demnach jede Kongruenzabbildung das Produkt endlich vieler Achsenspiegelungen ist, wollen wir zunächst die Spiegelungen ausführlich betrachten. Gegeben sei also eine Spiegelung durch die Gleichung

(1) $$\mathfrak{x}' = \mathfrak{a} + \mathfrak{S}(\mathfrak{x} - \mathfrak{a}) \quad \text{bzw.}$$

(1′) $$\mathfrak{x}' = \mathfrak{S}\mathfrak{x} + \mathfrak{a} - \mathfrak{S}\mathfrak{a}\,.$$

mit

$$\mathfrak{S} = \begin{pmatrix} \cos 2\alpha & \sin 2\alpha \\ \sin 2\alpha & -\cos 2\alpha \end{pmatrix}.$$

Dabei hat die Spiegelungsachse g den Steigungswinkel α und sie geht durch den Punkt A $[\mathfrak{a}]$. Diese Spiegelungsgleichung hat die Form der Gleichung einer affinen Abbildung

$$\mathfrak{x}' = \mathfrak{A}\mathfrak{x} + \mathfrak{v}$$

mit

$$\mathfrak{A} = \mathfrak{S} \quad \text{und} \quad \mathfrak{v} = \mathfrak{a} - \mathfrak{S}\mathfrak{a}\,.$$

Wir wollen nun den Vektor $\mathfrak{a} - \mathfrak{S}\mathfrak{a}$ deuten. Dazu wählen wir auf der Geraden g einen speziellen Punkt A, nämlich den Fußpunkt D$[\mathfrak{d}]$ des Lotes von O auf g (Bild 5.11). Die Abbildungsgleichung für die Spiegelung an g heißt dann:

(2) $\mathfrak{x}' = \mathfrak{d} + \mathfrak{S}(\mathfrak{x} - \mathfrak{d})$ bzw.

(2′) $\mathfrak{x}' = \mathfrak{S}\mathfrak{x} + \mathfrak{d} - \mathfrak{S}\mathfrak{d}\,.$

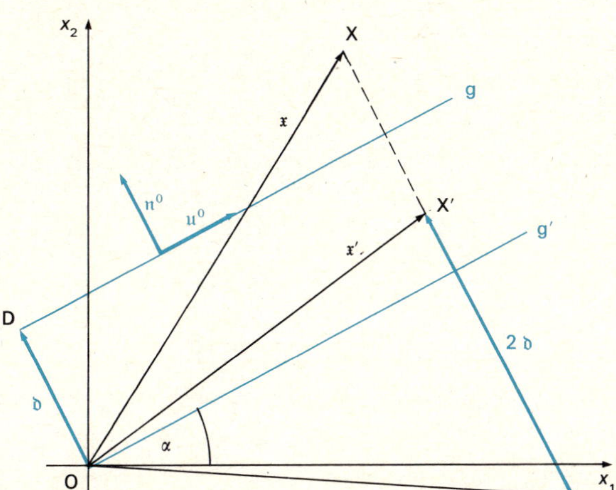

Bild 5.11

Für den Ortsvektor $\mathfrak{d}$ von D gilt dabei

$$\mathfrak{d} = d\mathfrak{n}^0,$$

wobei d den Abstand der Geraden g vom Ursprung und $\mathfrak{n}^0$ den orientierten Einheitsnormalenvektor von g bedeutet[1]. Da g mit der x_1-Achse den Winkel α einschließt, ist $\mathfrak{u}^0 = \begin{pmatrix} \cos\alpha \\ \sin\alpha \end{pmatrix}$ der Einheitsrichtungsvektor. Daraus ergibt sich der Einheitsnormalenvektor $\mathfrak{n}^0$ von g durch Drehung

[1] Siehe Abschnitt 6.2 in: Köhler-Höwelmann-Krämer, Analytische Geometrie und Abbildungsgeometrie in vektorieller Darstellung.

um 90° zu $\mathfrak{n}^0 = \begin{pmatrix} -\sin\alpha \\ \cos\alpha \end{pmatrix}$. Somit erhalten wir

$$\mathfrak{d} = d\begin{pmatrix} -\sin\alpha \\ \cos\alpha \end{pmatrix}$$

und können nun $\mathfrak{S}\mathfrak{d}$ berechnen:

$$\mathfrak{S}\mathfrak{d} = \begin{pmatrix} \cos 2\alpha & \sin 2\alpha \\ \sin 2\alpha & -\cos 2\alpha \end{pmatrix} d \begin{pmatrix} -\sin\alpha \\ \cos\alpha \end{pmatrix},$$

$$\mathfrak{S}\mathfrak{d} = d\begin{pmatrix} -\cos 2\alpha \sin\alpha + \sin 2\alpha \cos\alpha \\ -\sin 2\alpha \sin\alpha - \cos 2\alpha \cos\alpha \end{pmatrix},$$

$$\mathfrak{S}\mathfrak{d} = d\begin{pmatrix} \sin(2\alpha - \alpha) \\ -\cos(2\alpha - \alpha) \end{pmatrix},$$

$$\mathfrak{S}\mathfrak{d} = -d\begin{pmatrix} -\sin\alpha \\ \cos\alpha \end{pmatrix},$$

$$\mathfrak{S}\mathfrak{d} = -\mathfrak{d}.$$

Setzt man für $\mathfrak{S}\mathfrak{d}$ den Term $-\mathfrak{d}$ in Gl. (2′) ein, so erhält man wegen $\mathfrak{d} - \mathfrak{S}\mathfrak{d} = 2\mathfrak{d}$

(3) $$\mathfrak{x}' = \mathfrak{S}\mathfrak{x} + 2\mathfrak{d}.$$

Da diese Gl. (3) die Spiegelung mit der Gleichung

(1′) $$\mathfrak{x}' = \mathfrak{S}\mathfrak{x} + \mathfrak{a} - \mathfrak{S}\mathfrak{a}$$

darstellt und eine affine Abbildung durch Abbildungsmatrix und Verschiebungsvektor eindeutig bestimmt ist, muß für jedes $\mathfrak{a}$ mit $A[\mathfrak{a}] \in g$ gelten

$$\mathfrak{a} - \mathfrak{S}\mathfrak{a} = 2\mathfrak{d}$$

oder auch

$$\mathfrak{a} - \mathfrak{S}\mathfrak{a} = 2d\mathfrak{n}^0,$$

und damit steht der Vektor $\mathfrak{v} = \mathfrak{a} - \mathfrak{S}\mathfrak{a}$ auf der Spiegelachse senkrecht. Daraus und aus Gleichung (3) folgt

Satz 5.1

Jede Spiegelung an einer nicht durch den Ursprung gehenden Geraden $g: \mathfrak{n}^0\mathfrak{x} - d = 0$ läßt sich zerlegen in eine Spiegelung an der zu g parallelen Geraden g′ durch den Ursprung mit nachfolgender Parallelverschiebung um den Vektor $2d\mathfrak{n}^0$.

Wir haben also gesehen, daß sich die Gleichung jeder Spiegelung in die Form

(4) $$\mathfrak{x}' = \mathfrak{S}\mathfrak{x} + \mathfrak{v}_\perp$$

bringen läßt, wobei $\mathfrak{v}_\perp$ ein auf der Spiegelungsachse senkrecht stehender Vektor ist, dessen Länge gleich dem doppelten Abstand der Geraden vom Ursprung ist. Wir fragen uns nun, ob auch umgekehrt jede Abbildung mit der Gleichung (4) – die ja sicherlich eine Spiegelung an einer Ursprungsgeraden mit nachfolgender, dazu senkrechter Parallelverschiebung darstellt – als einfache Spiegelung gedeutet werden kann. Dazu setzen wir in

(4) $$\mathfrak{x}' = \mathfrak{S}\mathfrak{x} + \mathfrak{v}_\perp$$

$$\mathfrak{v}_\perp = 2\mathfrak{d}$$

und erhalten

$$\mathfrak{x}' = \mathfrak{S}\mathfrak{x} + 2\mathfrak{d}$$

$$\mathfrak{x}' = \mathfrak{d} + \mathfrak{S}\mathfrak{x} + \mathfrak{d}\,.$$

Da mit $\mathfrak{v}_\perp$ auch $\mathfrak{d}$ auf der Spiegelachse, deren Richtung durch $\mathfrak{S}$ festgelegt ist, senkrecht stehen muß, ergibt sich weiter

$$-\mathfrak{d} = \mathfrak{S}\mathfrak{d}$$

und damit folgt

$$\mathfrak{x}' = \mathfrak{d} + \mathfrak{S}\mathfrak{x} - \mathfrak{S}\mathfrak{d}$$

$$\mathfrak{x}' = \mathfrak{d} + \mathfrak{S}(\mathfrak{x} - \mathfrak{d})\,.$$

Es ergibt sich also

Satz 5.2

Die und nur die affinen Abbildungen sind Achsenspiegelungen, deren Gleichung sich in die Form

$$\mathfrak{x}' = \mathfrak{S}\mathfrak{x} + \mathfrak{v}_\perp$$

bringen läßt.

Ist $\mathfrak{v}_\perp = \mathfrak{o}$, so handelt es sich um eine Spiegelung an einer Ursprungsgeraden.

Wir wollen noch untersuchen, was sich über Abbildungen mit der Gleichung

(5) $$\mathfrak{x}' = \mathfrak{S}\mathfrak{x} + \mathfrak{v}$$

sagen läßt, d. h. über Abbildungen, die durch Verkettung einer Spiegelung an einer Ursprungsgeraden mit einer *beliebigen* Parallelverschiebung entstehen.

Dazu zerlegen wir den Verschiebungsvektor $\mathfrak{v}$ in einen zur Ursprungsgeraden senkrechten und einen zur Ursprungsgeraden parallelen Anteil (Bild 5.12)

$$\mathfrak{v} = \mathfrak{v}_\perp + \mathfrak{v}_{||}$$

und erhalten aus (5)

$$\mathfrak{x}' = \mathfrak{S}\mathfrak{x} + \mathfrak{v}_\perp + \mathfrak{v}_{||}\,.$$

Nun ist

$$\mathfrak{x}^* = \mathfrak{S}\mathfrak{x} + \mathfrak{v}_\perp$$

die Gleichung für die Spiegelung an der Geraden

$$g\colon \mathfrak{n}^0\mathfrak{x} - d = 0$$

mit

$$\mathfrak{n}^0 = \mathfrak{v}_\perp^0 \quad \text{und} \quad d = \frac{1}{2}\left|\mathfrak{v}_\perp\right|.$$

Deshalb ist

$$\mathfrak{x}' = \mathfrak{S}\mathfrak{x} + \mathfrak{v}_\perp + \mathfrak{v}_{||}$$

und damit auch

$$\mathfrak{x}' = \mathfrak{S}\mathfrak{x} + \mathfrak{v}$$

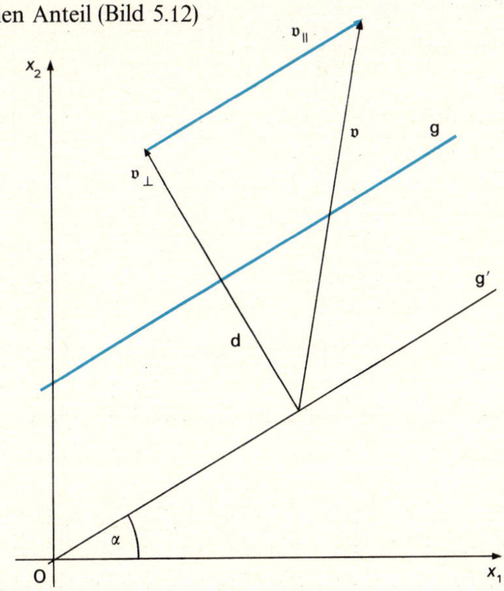

Bild 5.12

die Gleichung einer Abbildung, die sich zerlegen läßt in eine Spiegelung an einer Geraden und eine Parallelverschiebung parallel zu dieser Geraden. Da diese Abbildung nach Satz 5.2 sicher keine Spiegelung ist, definieren wir:

Definition 5.8

Jede Abbildung, die durch Verkettung einer Geradenspiegelung an der Achse g mit einer Parallelverschiebung ($\mathfrak{v}_{||} \neq \mathfrak{o}$) parallel zur Spiegelungsgeraden entsteht (oder umgekehrt), soll *Schubspiegelung* heißen. g heißt in diesem Fall *Schubspiegelachse.*

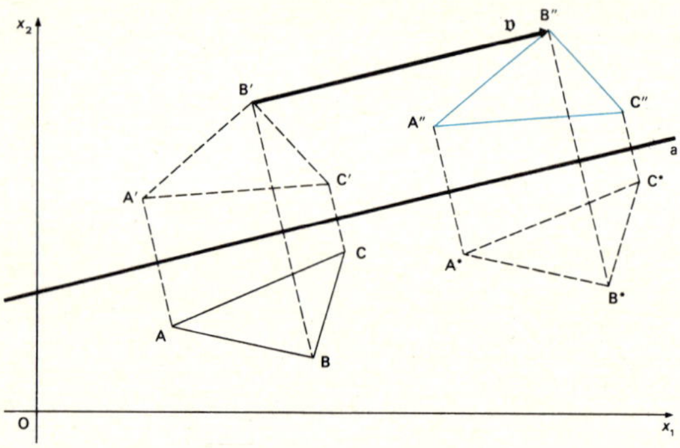

Bild 5.13

Damit erhalten wir den

Satz 5.3

Jede Abbildung mit der Gleichung

$$\mathfrak{x}' = \mathfrak{S}\mathfrak{x} + \mathfrak{v} \quad \text{mit} \quad \mathfrak{S} = \begin{pmatrix} \cos 2\alpha & \sin 2\alpha \\ \sin 2\alpha & -\cos 2\alpha \end{pmatrix}$$

ist entweder eine Spiegelung oder eine Schubspiegelung an einer Geraden g: $\mathfrak{n}^0\mathfrak{x} - d = 0$ mit $\mathfrak{n}^0 = \begin{pmatrix} -\sin\alpha \\ \cos\alpha \end{pmatrix}$, je nachdem, ob $\mathfrak{v}$ kollinear ist zum Vektor $\mathfrak{n}^0$ oder nicht.

Beispiel

Bestimme die Gleichung der Spiegelung an der Geraden durch die beiden Punkte A(1/3) und B(3/4).

Lösung:

Wir wollen die Gleichung herleiten in der Form

$$\mathfrak{x}' = \mathfrak{S}\mathfrak{x} + \mathfrak{v}_\perp \quad \text{mit} \quad \mathfrak{v}_\perp = 2d\mathfrak{n}^0 .$$

Um $\mathfrak{v}_\perp$ zu bestimmen, brauchen wir $\mathfrak{n}^0$ und d. Beide Größen kommen in der Hesseschen Normalenform $\mathfrak{n}^0\mathfrak{x} - d = 0$ vor. Wir stellen deshalb zunächst die Parameterform $\mathfrak{x} = \mathfrak{a} + \lambda\mathfrak{u}$ der Gleichung der Spiegelgeraden auf:

$$\mathfrak{x} = \begin{pmatrix} 1 \\ 3 \end{pmatrix} + \lambda \begin{pmatrix} 2 \\ 1 \end{pmatrix}$$

und bringen sie durch Multiplikation mit $\bar{\mathfrak{u}}^\circ = \frac{1}{\sqrt{5}}\begin{pmatrix}-1\\2\end{pmatrix}$ in die Hessesche Normalenform:

$$\frac{1}{\sqrt{5}}\begin{pmatrix}-1\\2\end{pmatrix}\mathfrak{x} - \sqrt{5} = 0\,.$$

Zur Bestimmung der Spiegelungsmatrix $\mathfrak{S}$ müssen wir Sinus und Kosinus des doppelten Steigungswinkels der Geraden berechnen.

Wegen $\mathfrak{n}^0 = \begin{pmatrix}-\sin\alpha\\\cos\alpha\end{pmatrix}$ und $\mathfrak{n}^0 = \frac{1}{\sqrt{5}}\begin{pmatrix}-1\\2\end{pmatrix}$ gilt:

$$\sin\alpha = \frac{1}{\sqrt{5}} \quad \text{und} \quad \cos\alpha = \frac{2}{\sqrt{5}}\,.$$

Nun ist

$$\sin 2\alpha = 2\sin\alpha\cos\alpha = 2\cdot\frac{1}{\sqrt{5}}\cdot\frac{2}{\sqrt{5}} = \frac{4}{5}\,,$$

$$\cos 2\alpha = \cos^2\alpha - \sin^2\alpha = \frac{4}{5} - \frac{1}{5} = \frac{3}{5}\,.$$

Ferner gilt: $\mathfrak{v}_\perp = 2d\mathfrak{n}^0 = 2\cdot\sqrt{5}\cdot\frac{1}{\sqrt{5}}\begin{pmatrix}-1\\2\end{pmatrix} = \begin{pmatrix}-2\\4\end{pmatrix}$.

Damit ergibt sich als Abbildungsgleichung der gesuchten Spiegelung

$$\mathfrak{x}' = \begin{pmatrix}\frac{3}{5} & \frac{4}{5}\\ \frac{4}{5} & -\frac{3}{5}\end{pmatrix}\mathfrak{x} + \begin{pmatrix}-2\\4\end{pmatrix}.$$

Aufgaben

1. Bestimme die Abbildungsgleichung für eine Spiegelung an der Geraden

   a) $g\colon x_2 = \frac{1}{3}\sqrt{3}x_1$,

   b) $g\colon x_2 = x_1 + 2$,

   c) $g\colon x_2 = \sqrt{3}x_1 - 1$,

   d) $g\colon \mathfrak{x} = \begin{pmatrix}4\\5\end{pmatrix} + \lambda\begin{pmatrix}2\\-1\end{pmatrix}$,

   e) $g\colon \begin{pmatrix}2\\1\end{pmatrix}\left[\mathfrak{x} - \begin{pmatrix}2\\3\end{pmatrix}\right] = 0$.

2. Bestimme v_2 so, daß

$$\mathfrak{x}' = \begin{pmatrix}0 & 1\\1 & 0\end{pmatrix}\mathfrak{x} + \begin{pmatrix}3\\v_2\end{pmatrix}$$

   die Gleichung einer Spiegelung an einer Geraden g darstellt. Gib auch die Gleichung von g an.

3. Spiegele das Dreieck C(−3/2) D(2/1) E(1/5) an der Geraden, die durch C und D geht.

4. Untersuche, ob die Abbildungen mit der Gleichung

$$\mathfrak{x}' = \begin{pmatrix}\frac{1}{2} & \frac{1}{2}\sqrt{3}\\ \frac{1}{2}\sqrt{3} & -\frac{1}{2}\end{pmatrix}\mathfrak{x} + \mathfrak{v}$$

   Spiegelungen oder Schubspiegelungen darstellen für

   a) $\mathfrak{v} = \begin{pmatrix}1\\-\sqrt{3}\end{pmatrix}$, b) $\mathfrak{v} = \begin{pmatrix}\frac{1}{2}\sqrt{3}\\-\frac{3}{2}\end{pmatrix}$, c) $\mathfrak{v} = \begin{pmatrix}\sqrt{3}\\-1\end{pmatrix}$.

5. Bestimme die Schubspiegelungsachse und den Verschiebungsvektor der Schubspiegelung mit der Gleichung

$$\mathfrak{x}' = \begin{pmatrix} 0 & 1 \\ 1 & 0 \end{pmatrix} \mathfrak{x} + \begin{pmatrix} 1 \\ 6 \end{pmatrix}.$$

6. Von einer Schubspiegelung kennt man die Schubspiegelachse $g: x_2 = -x_1 + 2$ sowie den Verschiebungsvektor $\mathfrak{v}_{||} = \begin{pmatrix} -2 \\ 2 \end{pmatrix}$. Gib die Gleichung der Schubspiegelung an in der Form

$$\mathfrak{x}' = \mathfrak{S}\mathfrak{x} + \mathfrak{v}.$$

7. Zeige: Die Verkettung einer Spiegelung an einer Geraden g mit einer Parallelverschiebung parallel zu g ist kommutativ.

8. Beweise: Bei jeder Schubspiegelung halbiert die Schubspiegelachse die Strecke XX′ für jeden Punkt X.

9. Bilde folgende Produkte von Schubspiegelungen und deute das Ergebnis:
   a) Sch ∘ Sch,
   b) Sch ∘ Sch ∘ Sch,
   c) Sch ∘ Sch ∘ Sch ∘ Sch.

5.3. Die Verkettung zweier Spiegelungen

Vorübungen

1. Wie sieht eine Drehmatrix aus?
2. Wie heißt die Abbildungsgleichung für eine Drehung um einen Punkt C?
3. Spiegele ein Dreieck ABC zunächst an einer Geraden g in A′B′C′, sodann das Dreieck A′B′C′ an h in A″B″C″, wobei g und h a) sich schneiden, b) parallel sein sollen.
   Welche Abbildung bildet ABC unmittelbar in A″B″C″ ab?

Wir wollen nun zwei Spiegelungen S_1 und S_2 nacheinander ausführen. Die Spiegelungsgerade g_1 denken wir uns gegeben durch einen auf ihr liegenden Punkt A und den Steigungswinkel α, g_2 entsprechend durch B und β. Als Abbildungsgleichungen erhalten wir

für S_1: $$\mathfrak{x}' = \mathfrak{a} + \mathfrak{S}_\alpha(\mathfrak{x} - \mathfrak{a})$$

für S_2: $$\mathfrak{x}'' = \mathfrak{b} + \mathfrak{S}_\beta(\mathfrak{x}' - \mathfrak{b})$$

mit

$$\mathfrak{S}_\alpha = \begin{pmatrix} \cos 2\alpha & \sin 2\alpha \\ \sin 2\alpha & -\cos 2\alpha \end{pmatrix} \quad \text{und} \quad \mathfrak{S}_\beta = \begin{pmatrix} \cos 2\beta & \sin 2\beta \\ \sin 2\beta & -\cos 2\beta \end{pmatrix}.$$

Die Verkettung ergibt

$$\mathfrak{x}'' = \mathfrak{b} + \mathfrak{S}_\beta(\mathfrak{S}_\alpha(\mathfrak{x} - \mathfrak{a}) + \mathfrak{a} - \mathfrak{b})$$

(1) $$= \mathfrak{S}_\beta\mathfrak{S}_\alpha(\mathfrak{x} - \mathfrak{a}) + \mathfrak{S}_\beta(\mathfrak{a} - \mathfrak{b}) + \mathfrak{b}$$

(2) $$= \mathfrak{S}_\beta\mathfrak{S}_\alpha\mathfrak{x} - \mathfrak{S}_\beta\mathfrak{S}_\alpha\mathfrak{a} + \mathfrak{S}_\beta(\mathfrak{a} - \mathfrak{b}) + \mathfrak{b}.$$

Um die resultierende Abbildung deuten zu können, müssen wir zunächst das Matrizenprodukt $\mathfrak{S}_\beta \mathfrak{S}_\alpha$ berechnen:

$$\mathfrak{S}_\beta \mathfrak{S}_\alpha = \begin{pmatrix} \cos 2\beta \cos 2\alpha + \sin 2\beta \sin 2\alpha & \cos 2\beta \sin 2\alpha - \sin 2\beta \cos 2\alpha \\ \sin 2\beta \cos 2\alpha - \cos 2\beta \sin 2\alpha & \sin 2\beta \sin 2\alpha + \cos 2\beta \cos 2\alpha \end{pmatrix}$$

$$= \begin{pmatrix} \cos 2(\beta-\alpha) & -\sin 2(\beta-\alpha) \\ \sin 2(\beta-\alpha) & \cos 2(\beta-\alpha) \end{pmatrix}$$

Diese Matrix kennen wir aus Abschnitt 5.1 als Matrix einer Drehung um den Winkel $2(\beta-\alpha)$.
Für die weitere Diskussion betrachten wir die beiden Fälle

I. g_1 und g_2 sind parallel,

II. g_1 und g_2 sind nicht parallel.

I. Sind g_1 und g_2 parallel, ist also $\alpha = \beta$, dann ist $\mathfrak{S}_\beta \mathfrak{S}_\alpha = \mathfrak{E}$.. Diesen Spezialfall von zwei parallelen Geraden wollen wir zunächst betrachten. Setzen wir in (2) $\mathfrak{E}$ für $\mathfrak{S}_\beta \mathfrak{S}_\alpha$ ein, so erhalten wir

(3) $$\mathfrak{x}'' = \mathfrak{x} + \mathfrak{S}_\beta(\mathfrak{a} - \mathfrak{b}) - (\mathfrak{a} - \mathfrak{b})\,.$$

Die resultierende Abbildung ist also eine Parallelverschiebung um den Vektor

$$\mathfrak{v} = \mathfrak{S}_\beta(\mathfrak{a} - \mathfrak{b}) - (\mathfrak{a} - \mathfrak{b})\,.$$

Um diesen Verschiebungsvektor zu deuten, wählen wir die Punkte A und B auf den Geraden g_1 und g_2 speziell: wir nehmen die Fußpunkte D_1 und D_2 der Lote vom Ursprung auf die beiden Geraden. Damit erhalten wir als Abbildungsgleichung

$$\mathfrak{x}'' = \mathfrak{x} + \mathfrak{S}_\beta(\mathfrak{d}_1 - \mathfrak{d}_2) - (\mathfrak{d}_1 - \mathfrak{d}_2)\,.$$

Wir formen um

$$\mathfrak{x}'' = \mathfrak{x} + \mathfrak{S}_\beta \mathfrak{d}_1 - \mathfrak{S}_\beta \mathfrak{d}_2 - \mathfrak{d}_1 + \mathfrak{d}_2$$

und erhalten mit Hilfe der im vorigen Abschnitt für alle $\mathfrak{S}$ und $\mathfrak{d}$ hergeleiteten Beziehung

$$\mathfrak{S}\mathfrak{d} = -\mathfrak{d}$$

als Gleichung für die Parallelverschiebung, die aus der Verkettung zweier Spiegelungen an parallelen Geraden entsteht:

$$\mathfrak{x}' = \mathfrak{x} + 2(\mathfrak{d}_2 - \mathfrak{d}_1)\,.$$

$\mathfrak{d}_2 - \mathfrak{d}_1$ ist der Vektor $\overrightarrow{D_1 D_2}$; sein Betrag ist gleich dem Abstand der beiden Geraden (Bild 5.14a und b).

Demnach erhält man den

Satz 5.4

Das Produkt $S_2 \circ S_1$ zweier Spiegelungen S_1 und S_2 an den beiden parallelen Geraden g_1 und g_2 ist eine Parallelverschiebung senkrecht zu beiden Geraden in Richtung von g_1 nach g_2 um deren doppelten Abstand. Insbesondere ergibt sich die identische Abbildung, wenn $g_1 = g_2$.

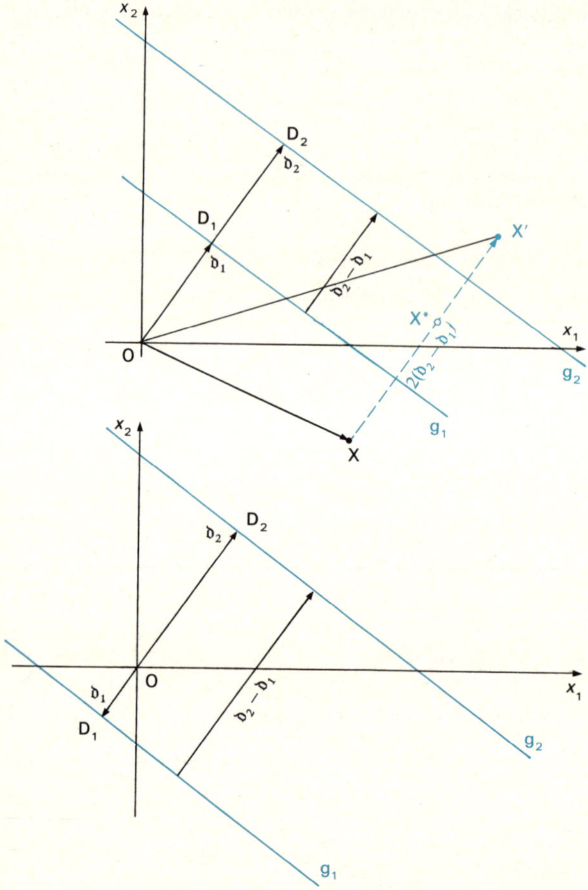

Bild 5.14

Aus diesem Satz ergibt sich, daß es beliebig viele Möglichkeiten gibt, eine vorgegebene Parallelverschiebung in ein Produkt von zwei geeignet gewählten Spiegelungen zu zerlegen.

II. Sind nun die beiden Geraden g_1 und g_2 nicht parallel, dann haben sie den gemeinsamen Punkt C und man kann in Gleichung (1) $\mathfrak{a}$ und $\mathfrak{b}$ durch $\mathfrak{c}$ ersetzen. Man erhält dann

$$\mathfrak{x}'' = \mathfrak{S}_\beta \mathfrak{S}_\alpha(\mathfrak{x}-\mathfrak{c})+\mathfrak{c}$$

und wegen $\mathfrak{S}_\beta \mathfrak{S}_\alpha = \mathfrak{D}_{2(\beta-\alpha)}$

$$\mathfrak{x}'' = \mathfrak{D}_{2(\beta-\alpha)}(\mathfrak{x}-\mathfrak{c})+\mathfrak{c}\,.$$

Das ist aber die Gleichung einer Drehung um den Punkt C. Denn für eine solche Drehung gilt nach Def. 5.6 (s. Bild 5.15)

(4) $$\mathfrak{x}' = \mathfrak{c}+\mathfrak{D}(\mathfrak{x}-\mathfrak{c})\,.$$

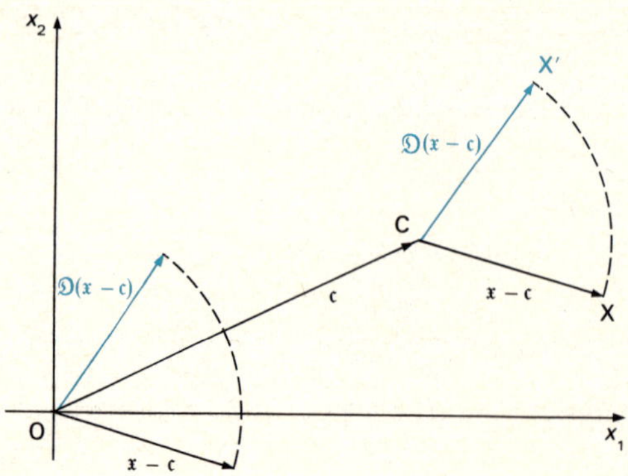

Bild 5.15

Es ergibt sich also weiter der

Satz 5.5

Verkettet man zwei Spiegelungen S_1 und S_2 an den beiden sich schneidenden Geraden g_1 und g_2 mit den Steigungswinkeln α und β zu $S_2 \circ S_1$, so erhält man eine Drehung um den Schnittpunkt der beiden Geraden. Der Drehwinkel ist gleich dem orientierten Winkel $2(\beta - \alpha)$.

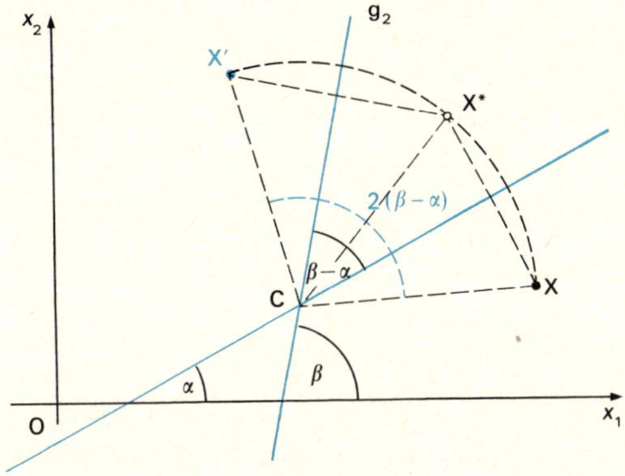

Bild 5.16

Aus diesem Satz ergibt sich, daß es beliebig viele Möglichkeiten gibt, eine vorgegebene Drehung in ein Produkt von zwei geeignet gewählten Spiegelungen zu zerlegen.
Die Gleichung (4) für die Drehung um einen beliebigen Punkt C

(4) $$\mathfrak{x}' = \mathfrak{D}(\mathfrak{x} - \mathfrak{c}) + \mathfrak{c}$$

läßt sich leicht umformen zu

$$\mathfrak{x}' = \mathfrak{D}\mathfrak{x} + (\mathfrak{c} - \mathfrak{D}\mathfrak{c}).$$

Damit ist gezeigt der

Satz 5.6

Jede Drehung um einen beliebigen Punkt C läßt sich zerlegen in eine Drehung um den Ursprung mit gleichem Drehwinkel und anschließender Parallelverschiebung um den Vektor $\mathfrak{v} = \mathfrak{c} - \mathfrak{D}\mathfrak{c}$.

Die Gleichung jeder Drehung um einen beliebigen Punkt hat also die Form

$$\mathfrak{x}' = \mathfrak{D}\mathfrak{x} + \mathfrak{v}.$$

Es erhebt sich die Frage, ob auch umgekehrt jede Abbildung mit der Gleichung

$$\mathfrak{x}' = \mathfrak{D}\mathfrak{x} + \mathfrak{v} \quad \text{mit} \quad \mathfrak{D} = \begin{pmatrix} \cos\alpha & -\sin\alpha \\ \sin\alpha & \cos\alpha \end{pmatrix}$$

bei beliebig gewähltem $\mathfrak{v}$ und α gedeutet werden kann als Drehung um einen geeignet gewählten Drehpunkt. Das ist leider nicht für jedes $\mathfrak{D}$ der Fall, denn man sieht unmittelbar, daß sich für $\alpha = 0°$, also für $\mathfrak{D} = \mathfrak{E}$ die identische Abbildung oder aber eine Parallelverschiebung ergibt, je nachdem, ob $\mathfrak{v} = \mathfrak{o}$ oder $\mathfrak{v} \neq \mathfrak{o}$ ist. Stellt nun wenigstens jede Abbildung

$$\mathrm{A}: \mathfrak{x}' = \mathfrak{D}\mathfrak{x} + \mathfrak{v} \quad \text{mit} \quad \mathfrak{D} \neq \mathfrak{E}$$

eine Drehung dar? Wenn A wirklich eine Drehung um einen Punkt C ist, muß C der einzige Fixpunkt sein und die Gleichung muß sich in die Form bringen lassen

$$\mathfrak{x}' = \mathfrak{c} + \mathfrak{D}(\mathfrak{x} - \mathfrak{c}) \quad \text{oder} \quad \mathfrak{x}' = \mathfrak{D}\mathfrak{x} + (\mathfrak{E} - \mathfrak{D})\,\mathfrak{c}\,.$$

Für den Ortsvektor $\mathfrak{c}$ zum Fixpunkt C muß nach Satz 4.7 gelten:

(5) $$\mathfrak{v} = (\mathfrak{E} - \mathfrak{D})\,\mathfrak{c} \quad \text{oder} \quad \mathfrak{c} = (\mathfrak{E} - \mathfrak{D})^{\mathrm{I}}\,\mathfrak{v}\,.$$

Demnach existiert der Vektor $\mathfrak{c}$ nur dann, wenn $\mathfrak{E} - \mathfrak{D}$ nicht singulär ist. Nun ist

$$\mathfrak{E} - \mathfrak{D} = \begin{pmatrix} 1 - \cos\alpha & \sin\alpha \\ -\sin\alpha & 1 - \cos\alpha \end{pmatrix}$$

und

$$\begin{aligned} |\mathfrak{E} - \mathfrak{D}| &= (1 - \cos\alpha)^2 + \sin^2\alpha \\ &= 1 - 2\cos\alpha + \cos^2\alpha + \sin^2\alpha \\ &= 2 - 2\cos\alpha\,. \end{aligned}$$

Betrachtet man nur Winkel mit $0° \leqq \alpha < 360°$, so wird $|\mathfrak{E} - \mathfrak{D}| = 2 - 2\cos\alpha$ genau dann verschieden von Null, wenn $\alpha \neq 0°$ ist. Das ist aber für alle $\mathfrak{D} \neq \mathfrak{E}$ der Fall. In diesem Fall hat die Abbildung mit der Gleichung

$$\mathfrak{x}' = \mathfrak{D}\mathfrak{x} + \mathfrak{v}$$

also genau einen Fixpunkt C. Wir setzen den Term für $\mathfrak{v}$ aus Gleichung (5) in die Abbildungsgleichung ein und erhalten

$$\mathfrak{x}' = \mathfrak{D}\mathfrak{x} + (\mathfrak{E} - \mathfrak{D})\,\mathfrak{c}\,,$$

$$\mathfrak{x}' = \mathfrak{c} + \mathfrak{D}(\mathfrak{x} - \mathfrak{c})\,.$$

Das ist die Gleichung einer Drehung um den Punkt C.
Man erhält also den

Satz 5.7

Jede Abbildung mit der Gleichung

$$\mathfrak{x}' = \mathfrak{D}\mathfrak{x} + \mathfrak{v} \quad \text{mit} \quad \mathfrak{D} = \begin{pmatrix} \cos\alpha & -\sin\alpha \\ \sin\alpha & \cos\alpha \end{pmatrix}$$

stellt für $\mathfrak{D} \neq \mathfrak{E}$ eine Drehung um den Fixpunkt C mit dem Ortsvektor

$$\mathfrak{c} = (\mathfrak{E} - \mathfrak{D})^{\mathrm{I}}\,\mathfrak{v}$$

und dem Drehwinkel α dar.
Für $\mathfrak{D} = \mathfrak{E}$ ergibt sich eine Parallelverschiebung, falls $\mathfrak{v} \neq \mathfrak{o}$; man erhält die identische Abbildung, falls $\mathfrak{v} = \mathfrak{o}$ ist.

Wir wollen hinfort die identische Abbildung I sowohl zu den Drehungen (für $\alpha = 0°$) als auch zu den Verschiebungen (für $\mathfrak{v} = \mathfrak{o}$) rechnen.

Beispiel

Gegeben ist die Abbildungsgleichung einer Drehung

$$\mathfrak{x}' = \begin{pmatrix} 0 & 1 \\ -1 & 0 \end{pmatrix} \mathfrak{x} + \begin{pmatrix} 0 \\ 2 \end{pmatrix}.$$

Bestimme den Drehpunkt.

Lösung:
Für den Ortsvektor des Drehpunktes gilt:

$$\mathfrak{c} = (\mathfrak{E} - \mathfrak{D})^{\mathrm{I}}\, \mathfrak{v}\,.$$

Wir berechnen $\mathfrak{c}$ schrittweise:

$$\mathfrak{E} - \mathfrak{D} = \begin{pmatrix} 1 & 0 \\ 0 & 1 \end{pmatrix} - \begin{pmatrix} 0 & 1 \\ -1 & 0 \end{pmatrix} = \begin{pmatrix} 1 & -1 \\ 1 & 1 \end{pmatrix}$$

$$(\mathfrak{E} - \mathfrak{D})^{\mathrm{I}} = \frac{1}{2} \begin{pmatrix} 1 & 1 \\ -1 & 1 \end{pmatrix} \qquad \text{(nach Satz 3.20)}$$

$$\mathfrak{c} = (\mathfrak{E} - \mathfrak{D})^{\mathrm{I}}\, \mathfrak{v} = \frac{1}{2} \begin{pmatrix} 1 & 1 \\ -1 & 1 \end{pmatrix} \begin{pmatrix} 0 \\ 2 \end{pmatrix} = \frac{1}{2} \begin{pmatrix} 2 \\ 2 \end{pmatrix} = \begin{pmatrix} 1 \\ 1 \end{pmatrix}.$$

Der Drehpunkt ist C(1/1); wegen $\sin\alpha = -1$ und $\cos\alpha = 0$ ist der Drehwinkel $\alpha = 270°$.

Aufgaben

1. Gegeben ist die Matrix $\mathfrak{M} = \begin{pmatrix} a_1 & b_1 \\ -\frac{4}{5} & b_2 \end{pmatrix}$.
   Für welche Werte der Formvariablen a_1, b_1, b_2 ist $\mathfrak{M}$ eine Drehmatrix? Bestimme auch die zugehörigen Drehwinkel.
2. Welche Drehung um O bildet X(3/4) in X′(−5/0) ab?
3. Leite die Abbildungsgleichung für die Drehung um einen Punkt C dadurch aus der Abbildungsgleichung $\mathfrak{x}' = \mathfrak{D}\mathfrak{x}$ für die Drehung um den Ursprung her, daß du zunächst C in den Ursprung verschiebst, dann um O drehst und danach wieder zurückverschiebst.
4. Gib die Abbildungsgleichung für die Drehung um C mit dem Drehwinkel α an.
   a) C(3/1), $\alpha = 45°$; b) C(−1/2), $\alpha = 60°$.
5. Welche Drehung um C(2/1) bildet X(4/2) in X′(1/3) ab?
6. Gegeben ist die Abbildungsgleichung einer Drehung. Bestimme Drehpunkt und Drehwinkel.
   a) $\mathfrak{x}' = \begin{pmatrix} -1 & 0 \\ 0 & -1 \end{pmatrix} \mathfrak{x} + \begin{pmatrix} 4 \\ 4 \end{pmatrix}$,
   b) $\mathfrak{x}' = \begin{pmatrix} \frac{1}{2}\sqrt{2} & -\frac{1}{2}\sqrt{2} \\ \frac{1}{2}\sqrt{2} & \frac{1}{2}\sqrt{2} \end{pmatrix} \mathfrak{x} + \begin{pmatrix} 3 - \frac{3}{2}\sqrt{2} \\ -\frac{3}{2}\sqrt{2} \end{pmatrix}$.
7. Stelle die Parallelverschiebung

$$V: \mathfrak{x}' = \mathfrak{x} + \begin{pmatrix} 12 \\ 12 \end{pmatrix}$$

   auf drei verschiedene Weisen als Produkt zweier geeignet gewählter Spiegelungen dar.

8. Stelle die Drehung um 90° um O auf drei verschiedene Weisen als Produkt zweier geeignet gewählter Spiegelungen dar.

9. Gegeben sei die Gerade

$$g: \mathfrak{x} = \begin{pmatrix} 1 \\ 0 \end{pmatrix} + \lambda \begin{pmatrix} 1 \\ 1 \end{pmatrix}.$$

Bilde sie ab durch eine Drehung

a) um C(1/0) mit $\alpha = 180°$; b) um C(1/1) mit $\alpha = 45°$.

10. Bilde die Gerade

$$g: \begin{pmatrix} \frac{1}{2} \\ \frac{1}{2}\sqrt{3} \end{pmatrix} \left[\mathfrak{x} - \begin{pmatrix} -1 \\ 1 \end{pmatrix} \right] = 0$$

ab durch eine Drehung

a) um O mit $\alpha = 30°$; b) um C(−1/1) mit $\alpha = 90°$.

11. Welche Gerade erhält man als Bildgerade, wenn man

$$g: \mathfrak{n}^0(\mathfrak{x} - \mathfrak{a}) = 0 \quad \text{mit} \quad \mathfrak{n}^0 = \begin{pmatrix} \cos\alpha \\ \sin\alpha \end{pmatrix}$$

um C um den Winkel γ dreht?

12. Bei welcher Drehung um den Ursprung wird

a) $g: x_2 = 2x_1$, b) $g: x_2 = mx_1$

in die x_1-Achse abgebildet?

13. Welche Abbildungen erhält man, wenn man die Spiegelungen an den Geraden g_1 und g_2 nacheinander ausführt?

Verkette die Spiegelungen auch in umgekehrter Reihenfolge.

a) $g_1: x_2 = 2x_1 + 1$, $g_2: x_2 = 2x_1 + 3$,

b) $g_1: x_2 = 2x_1 + 1$, $g_2: x_2 = -\frac{1}{2}x_1 + \frac{7}{2}$.

14. Verkette rechnerisch die Spiegelung an einer Geraden g mit sich selbst.

15. Ist das Produkt von zwei Achsenspiegelungen kommutativ?

16. Zeige: Die Produktabbildung einer Drehung mit einer Spiegelung ist eine Spiegelung oder Schubspiegelung.

17. Bestimme die Abbildungsgleichung einer Punktspiegelung am Punkt C, d. h. einer Drehung um 180° mit dem Zentrum C.

5.4. Die Verkettung endlich vieler Spiegelungen

Vorübungen

1. Was versteht man unter einer Kongruenzabbildung?
2. Was läßt sich über das Produkt zweier Spiegelungen sagen?
3. Für welche Spiegelung S gilt: $S \circ S = I$?

Im Abschnitt 5.2 hatten wir die Kongruenzabbildungen definiert als n-fach-Spiegelungen (s. Def. 5.7). Im vorigen Abschnitt haben wir gesehen, daß Zweifachspiegelungen je nach Lage der beiden Spiegelgeraden als Drehung, Parallelverschiebung oder – als Sonderfall

dieser beiden Abbildungen – als die identische Abbildung gedeutet werden können. Welche Abbildungen erhalten wir nun, wenn wir drei Spiegelungen nacheinander ausführen?
Verkettet man drei Spiegelungen, deren Gleichungen in der Form

(1) $$\mathfrak{x}' = \mathfrak{a} + \mathfrak{S}(\mathfrak{x} - \mathfrak{a})$$

gegeben sind:

$$\mathfrak{x}' = \mathfrak{a} + \mathfrak{S}_\alpha(\mathfrak{x} - \mathfrak{a}),$$
$$\mathfrak{x}'' = \mathfrak{b} + \mathfrak{S}_\beta(\mathfrak{x}' - \mathfrak{b}),$$
$$\mathfrak{x}''' = \mathfrak{c} + \mathfrak{S}_\gamma(\mathfrak{x}'' - \mathfrak{c}),$$

so erhält man unter Benutzung von Gleichung (1) aus Abschnitt 5.3

$$\mathfrak{x}''' = \mathfrak{c} + \mathfrak{S}_\gamma[\mathfrak{S}_\beta\mathfrak{S}_\alpha\mathfrak{x} - \mathfrak{S}_\beta\mathfrak{S}_\alpha\mathfrak{a} + \mathfrak{S}_\beta(\mathfrak{a} - \mathfrak{b}) + \mathfrak{b} - \mathfrak{c}]$$
$$\mathfrak{x}''' = \mathfrak{S}_\gamma\mathfrak{S}_\beta\mathfrak{S}_\alpha\mathfrak{x} - \mathfrak{S}_\gamma\mathfrak{S}_\beta\mathfrak{S}_\alpha\mathfrak{a} + \mathfrak{S}_\gamma\mathfrak{S}_\beta(\mathfrak{a} - \mathfrak{b}) + \mathfrak{S}_\gamma(\mathfrak{b} - \mathfrak{c}) + \mathfrak{c}.$$

Setzt man

$$\mathfrak{v} = -\mathfrak{S}_\gamma\mathfrak{S}_\beta\mathfrak{S}_\alpha\mathfrak{a} + \mathfrak{S}_\gamma\mathfrak{S}_\beta(\mathfrak{a} - \mathfrak{b}) + \mathfrak{S}_\gamma(\mathfrak{b} - \mathfrak{c}) + \mathfrak{c},$$

so erkennt man, daß die Deutung dieser Abbildung im wesentlichen abhängt von dem Produkt der drei Spiegelungsmatrizen $\mathfrak{S}_\gamma$, $\mathfrak{S}_\beta$ und $\mathfrak{S}_\alpha$. Unter Berücksichtigung des Assoziativgesetzes für die Matrizenmultiplikation berechnen wir $\mathfrak{S}_\gamma(\mathfrak{S}_\beta\mathfrak{S}_\alpha)$ und können dabei auf das schon früher berechnete Produkt $\mathfrak{S}_\beta\mathfrak{S}_\alpha$ zurückgreifen.

$$\mathfrak{S}_\gamma\mathfrak{S}_\beta\mathfrak{S}_\alpha = \begin{pmatrix} \cos 2\gamma & \sin 2\gamma \\ \sin 2\gamma & -\cos 2\gamma \end{pmatrix} \begin{pmatrix} \cos 2(\beta-\alpha) & -\sin 2(\beta-\alpha) \\ \sin 2(\beta-\alpha) & \cos 2(\beta-\alpha) \end{pmatrix}$$
$$= \begin{pmatrix} \cos 2\gamma \cos 2(\beta-\alpha) + \sin 2\gamma \sin 2(\beta-\alpha) & -\cos 2\gamma \sin 2(\beta-\alpha) + \sin 2\gamma \cos 2(\beta-\alpha) \\ \sin 2\gamma \cos 2(\beta-\alpha) - \cos 2\gamma \sin 2(\beta-\alpha) & -\sin 2\gamma \sin 2(\beta-\alpha) - \cos 2\gamma \cos 2(\beta-\alpha) \end{pmatrix}$$
$$= \begin{pmatrix} \cos[2\gamma - 2(\beta-\alpha)] & \sin[2\gamma - 2(\beta-\alpha)] \\ \sin[2\gamma - 2(\beta-\alpha)] & -\cos[2\gamma - 2(\beta-\alpha)] \end{pmatrix} = \begin{pmatrix} \cos 2(\gamma-\beta+\alpha) & \sin 2(\gamma-\beta+\alpha) \\ \sin 2(\gamma-\beta+\alpha) & -\cos 2(\gamma-\beta+\alpha) \end{pmatrix}.$$

$\mathfrak{S}_\gamma\mathfrak{S}_\beta\mathfrak{S}_\alpha$ ist also wieder eine Spiegelungsmatrix. Die Gleichungen der Dreifachspiegelungen haben demnach die Form

$$\mathfrak{x}' = \mathfrak{S}\mathfrak{x} + \mathfrak{v},$$

und es ergibt sich aufgrund von Satz 5.3 der

Satz 5.8

Das Produkt dreier Spiegelungen ist eine Spiegelung oder eine Schubspiegelung.

Jede Schubspiegelung mit der Gleichung

$$\mathfrak{x}' = \mathfrak{S}\mathfrak{x} + \mathfrak{v}_{||}$$

läßt sich umgekehrt in ein Produkt dreier Spiegelungen zerlegen, weil die Verschiebung um $\mathfrak{v}_{||}$ als Produkt von zwei Spiegelungen an parallelen Geraden gedeutet werden kann.

Damit erkennen wir zusammenfassend: Außer den Spiegelungen selbst sind die Verschiebungen und Drehungen (als Zweifachspiegelungen) und schließlich die Schubspiegelungen (als eine Teilmenge der Dreifachspiegelungen) Kongruenzabbildungen.

Wir müssen nun untersuchen, ob die Verkettung von mehr als drei Spiegelungen neue Arten von Kongruenzabbildungen liefert oder ob die uns bis jetzt bekannten Kongruenzabbildungen – die ja höchstens Dreifachspiegelungen sind – bereits alle Kongruenzabbildungen ergeben. Da das Produkt einer Spiegelung mit einer zweiten Spiegelung nach den Sätzen 5.4 und 5.5 eine Verschiebung oder eine Drehung ist, da weiter das Produkt einer Verschiebung oder einer Drehung mit einer weiteren Spiegelung nach Satz 5.8 eine (einfache) Spiegelung oder eine Schubspiegelung ist, bleibt nur das Produkt einer Schubspiegelung mit einer Spiegelung zu untersuchen.

Verketten wir die Schubspiegelung mit der Gleichung

$$\mathfrak{x}' = \mathfrak{S}_\alpha \mathfrak{x} + \mathfrak{v}_{||}$$

und die Spiegelung mit der Gleichung

$$\mathfrak{x}'' = \mathfrak{a} + \mathfrak{S}_\beta(\mathfrak{x}' - \mathfrak{a}),$$

so ergibt sich

$$\mathfrak{x}'' = \mathfrak{a} + \mathfrak{S}_\beta(\mathfrak{S}_\alpha \mathfrak{x} + \mathfrak{v}_{||} - \mathfrak{a}),$$

$$\mathfrak{x}'' = \mathfrak{S}_\beta \mathfrak{S}_\alpha \mathfrak{x} + \mathfrak{S}_\beta \mathfrak{v}_{||} - \mathfrak{S}_\beta \mathfrak{a} + \mathfrak{a}.$$

Diese Gleichung hat wieder die Form

$$\mathfrak{x}'' = \mathfrak{D}\mathfrak{x} + \mathfrak{v},$$

sie ist nach den Sätzen 5.4 und 5.5 die einer Verschiebung oder die einer Drehung. Die Verkettung von mehr als drei Spiegelungen führt also aus der Menge der Spiegelungen, Verschiebungen, Drehungen und Schubspiegelungen nicht heraus, d. h. es gilt der

Satz 5.9

Jede Kongruenzabbildung läßt sich durch Verkettung von höchstens drei Spiegelungen erzeugen.

Weiter haben wir gesehen, daß jede Kongruenzabbildung eine Achsenspiegelung, eine Verschiebung, eine Drehung oder eine Schubspiegelung ist. Da sich umgekehrt jede Verschiebung zerlegen läßt in zwei Spiegelungen an geeignet gewählten parallelen Geraden, da sich jede Drehung zerlegen läßt in zwei Spiegelungen an zwei geeignet gewählten sich schneidenden Geraden, und schließlich jede Schubspiegelung sich zerlegen läßt in drei Spiegelungen, läßt sich die Menge der n-fach-Spiegelungen, d. h. die der Kongruenzabbildungen, einfach überblicken. Es gilt nämlich

Satz 5.10

Die Menge der Kongruenzabbildungen ist gleich der Vereinigungsmenge aller Achsenspiegelungen, Verschiebungen, Drehungen und Schubspiegelungen.

Beispiel

Untersuche das Abbildungsprodukt zweier Schubspiegelungen.

Lösung:

Die Schubspiegelungen seien gegeben in der Form

$$\text{Sch}: \mathfrak{x}' = \mathfrak{S}\mathfrak{x} + \mathfrak{v},$$

wobei $\mathfrak{v}$ nicht kollinear zum Normalenvektor der Schubspiegelachse ist. Und zwar sei

$$\mathrm{Sch}_1: \mathfrak{x}' = \mathfrak{S}_\alpha \mathfrak{x} + \mathfrak{v}_1 \quad \text{mit} \quad \mathfrak{S}_\alpha = \begin{pmatrix} \cos 2\alpha & \sin 2\alpha \\ \sin 2\alpha & -\cos 2\alpha \end{pmatrix}$$

$$\mathrm{Sch}_2: \mathfrak{x}'' = \mathfrak{S}_\beta \mathfrak{x}' + \mathfrak{v}_2 \quad \text{mit} \quad \mathfrak{S}_\beta = \begin{pmatrix} \cos 2\beta & \sin 2\beta \\ \sin 2\beta & -\cos 2\beta \end{pmatrix}.$$

Wir bilden das Produkt:

$$\begin{aligned} \mathrm{Sch}_2 \circ \mathrm{Sch}_1: \mathfrak{x}'' &= \mathfrak{S}_\beta(\mathfrak{S}_\alpha \mathfrak{x} + \mathfrak{v}_1) + \mathfrak{v}_2 \\ &= \mathfrak{S}_\beta \mathfrak{S}_\alpha \mathfrak{x} + \mathfrak{S}_\beta \mathfrak{v}_1 + \mathfrak{v}_2 . \end{aligned}$$

Das Matrizenprodukt $\mathfrak{S}_\beta \mathfrak{S}_\alpha$ kennen wir aus Abschnitt 5.3; es ist die Drehmatrix $\mathfrak{D}_{2(\beta-\alpha)}$. Somit können wir das Abbildungsprodukt nach Satz 5.7 deuten:
Ist $\mathfrak{D}_{2(\beta-\alpha)} \neq \mathfrak{E}$, d. h. $\alpha \neq \beta$, entsteht eine Drehung um den Winkel $2(\beta-\alpha)$ mit dem Zentrum C, für dessen Ortsvektor gilt:

$$\mathfrak{c} = (\mathfrak{E} - \mathfrak{S}_\beta \mathfrak{S}_\alpha)^{\mathrm{I}} (\mathfrak{S}_\beta \mathfrak{v}_1 + \mathfrak{v}_2) .$$

Ist $\alpha = \beta$, so laufen die Schubspiegelachsen parallel, $\mathfrak{S}_\beta \mathfrak{S}_\alpha = \mathfrak{E}$ und die entstehende Abbildung hat die Gleichung

$$\mathfrak{x}' = \mathfrak{x} + \mathfrak{S}_\alpha \mathfrak{v}_1 + \mathfrak{v}_2 .$$

Es handelt sich also um die Parallelverschiebung um den Vektor

$$\mathfrak{v} = \mathfrak{S}_\alpha \mathfrak{v}_1 + \mathfrak{v}_2 .$$

Die identische Abbildung ergibt sich, wenn $\alpha = \beta$ und außerdem

$$\mathfrak{S}_\alpha \mathfrak{v}_1 + \mathfrak{v}_2 = \mathfrak{o}$$

ist. Zerlegt man $\mathfrak{v}_1$ und $\mathfrak{v}_2$ in ihre zur Schubspiegelachse senkrechten und parallelen Anteile, so erhält man wegen

$$\mathfrak{S}\mathfrak{v}_\perp = -\mathfrak{v}_\perp \quad \text{und} \quad \mathfrak{S}\mathfrak{v}_\parallel = \mathfrak{v}_\parallel$$

$$-\mathfrak{v}_{1\perp} + \mathfrak{v}_{1\parallel} + \mathfrak{v}_{2\perp} + \mathfrak{v}_{2\parallel} = \mathfrak{o} .$$

Nun sind wegen $\alpha = \beta$ die beiden Vektoren $\mathfrak{v}_{1\perp}, \mathfrak{v}_{2\perp}$ sowie $\mathfrak{v}_{1\parallel}, \mathfrak{v}_{2\parallel}$ jeweils kollinear und die beiden Vektoren $\mathfrak{v}_{1\perp}, \mathfrak{v}_{1\parallel}$ sowie $\mathfrak{v}_{2\perp}, \mathfrak{v}_{2\parallel}$ jeweils linear unabhängig. Deshalb kann diese Gleichung nur erfüllt werden, wenn zugleich gilt

$$\mathfrak{v}_{1\perp} = \mathfrak{v}_{2\perp} \quad \text{und} \quad \mathfrak{v}_{1\parallel} = -\mathfrak{v}_{2\parallel} .$$

Das heißt, die identische Abbildung entsteht dann als Produkt zweier Schubspiegelungen, wenn die Schubspiegelachsen gleich und die zur Schubspiegelachse parallelen Verschiebungsanteile entgegengesetzt gleich sind.

Aufgaben

1. Es sei S_0 die Spiegelung an der x_1-Achse, S_{90} die Spiegelung an der x_2-Achse. Bilde das Abbildungsprodukt $S_{90} \circ S_0 \circ S_{90} \circ S_0$.
2. Die Spiegelung S_{45} an der Winkelhalbierenden des ersten Quadranten wird mit der Drehung D_{45} um O mit dem Drehwinkel 45° verkettet zu $D_{45} \circ S_{45}$. Was für eine Abbildung entsteht?
3. Verkette die drei Spiegelungen S_1, S_2, S_3 an den Geraden

$$g_1: x_2 = \frac{1}{\sqrt{3}} x_1 , \quad g_2: x_2 = x_1 , \quad g_3: x_2 = \sqrt{3} x_1$$

zu $S_3 \circ S_2 \circ S_1$.

4. Untersuche, welche Abbildungen bei der Verkettung von drei Spiegelungen an drei Geraden entstehen,
   a) die sich alle drei in einem Punkte schneiden,
   b) die alle drei parallel laufen,
   c) von denen genau zwei parallel laufen.
5. Zeige: Eine Drehung um den Ursprung mit dem Drehwinkel α mit nachfolgender Spiegelung an der x_1-Achse ist ersetzbar durch eine Spiegelung an einer Ursprungsgeraden, die die x_1-Achse unter dem Winkel $\varphi = -\frac{\alpha}{2}$ schneidet.
6. Ist die Verkettung von
   a) einer Spiegelung und einer Verschiebung,
   b) einer Spiegelung und einer Schubspiegelung

   kommutativ?
7. Zeige: Für jede Spiegelung S und für jede Verschiebung V gilt:
   Das Abbildungsprodukt $S \circ V \circ S$ ist immer eine Verschiebung.
8. Was für eine Abbildung entsteht, wenn man eine Drehung mit einer Verschiebung verkettet? Ist das Produkt kommutativ?
9. Zeige: Das Produkt zweier Drehungen um verschiedene Drehpunkte ergibt eine Drehung oder eine Parallelverschiebung.
10. Untersuche, was für Abbildungen entstehen können, wenn man eine Achsenspiegelung mit einer Punktspiegelung verkettet.
11. Gibt es eine Verschiebung V mit der Eigenschaft $V \circ V = I$?
12. Für welche Kongruenzabbildungen K gilt
    a) $K \circ K = V$ mit $V\colon \mathfrak{x}' = \mathfrak{x} + \begin{pmatrix} 4 \\ 2 \end{pmatrix}$,
    b) $K \circ K = S$ mit $S\colon \mathfrak{x}' = \begin{pmatrix} -1 & 0 \\ 0 & 1 \end{pmatrix} \mathfrak{x}$,
    c) $K \circ K = D$ mit $D\colon \mathfrak{x}' = \begin{pmatrix} \cos 60^\circ & -\sin 60^\circ \\ \sin 60^\circ & \cos 60^\circ \end{pmatrix} \mathfrak{x}$?

5.5. Die Eigenschaften von Kongruenzabbildungen

Vorübungen

1. Welche Kongruenzabbildungen sind dir bekannt? Gib für jeden Typ die zugehörige Form der Abbildungsgleichung an.
2. Bilde das Dreieck A(4/0) B(4/2) C(1/1) durch die Schubspiegelung

$$\mathrm{Sch}\colon \mathfrak{x}' = \begin{pmatrix} 0 & 1 \\ 1 & 0 \end{pmatrix} \mathfrak{x} + \begin{pmatrix} 0 \\ 4 \end{pmatrix}$$

ab. Berechne und vergleiche die Längen der Strecken AB, A′B′ sowie AC und A′C′. Berechne und vergleiche auch die Größen der Winkel ∢CAB und ∢C′A′B′. Berechne und vergleiche schließlich die Flächeninhalte von Ur- und Bilddreieck.

Nach unseren bisherigen Überlegungen lassen sich die Gleichungen aller Kongruenzabbildungen entweder in der Form

$$\mathfrak{x}' = \mathfrak{S}\mathfrak{x} + \mathfrak{v} \quad \text{mit} \quad \mathfrak{S} = \begin{pmatrix} \cos 2\alpha & \sin 2\alpha \\ \sin 2\alpha & -\cos 2\alpha \end{pmatrix} \quad \text{(Spiegelungen und Schubspiegelungen)}$$

oder aber in der Form

$$\mathfrak{x}' = \mathfrak{D}\mathfrak{x} + \mathfrak{v} \quad \text{mit} \quad \mathfrak{D} = \begin{pmatrix} \cos\alpha & -\sin\alpha \\ \sin\alpha & \cos\alpha \end{pmatrix} \quad \text{(Drehungen und Verschiebungen)}$$

schreiben.

Bei genauerer Betrachtung der Abbildungsmatrizen $\mathfrak{S}$ und $\mathfrak{D}$ fällt auf, daß die Spaltenvektoren, die ja nach Satz 3.8 die Bilder der Einheitsvektoren $\mathfrak{e}_1$ und $\mathfrak{e}_2$ sind, orthogonale, d. h. aufeinander senkrecht stehende Einheitsvektoren sind. Diese Feststellung veranlaßt uns zu der

Definition 5.9

Matrizen, deren Spaltenvektoren orthogonale Einheitsvektoren sind, sollen *orthogonale Matrizen* heißen.

Es erhebt sich natürlich die Frage, ob die orthogonalen Matrizen umkehrbar eindeutig den nullpunktstreuen Kongruenzabbildungen zugeordnet werden können oder ob es orthogonale Matrizen gibt, die zu keiner Kongruenzabbildung gehören. Dazu betrachten wir eine beliebige orthogonale Matrix $\mathfrak{A}$, bei der also die Spaltenvektoren $\mathfrak{a}$ und $\mathfrak{b}$ Einheitsvektoren sind:

$$\mathfrak{a} = \begin{pmatrix} \cos\alpha \\ \sin\alpha \end{pmatrix} \quad \text{und} \quad \mathfrak{b} = \begin{pmatrix} \cos\beta \\ \sin\beta \end{pmatrix},$$

die aufeinander senkrecht stehen.

Wegen $\mathfrak{a} \cdot \mathfrak{b} = 0$ muß gelten:

$$\cos\alpha\cos\beta + \sin\alpha\sin\beta = 0$$

oder

$$\cos(\beta - \alpha) = 0.$$

Diese Gleichung hat für festes α die Lösungen

$$\beta_1 = \alpha + 90° \quad \text{und} \quad \beta_2 = \alpha - 90°,$$

wobei wir Winkel als gleich betrachten, wenn sie sich um ganzzahlige Vielfache von 360° unterscheiden.

Für den zweiten Spaltenvektor $\mathfrak{b}$ ergeben sich so die beiden Möglichkeiten

$$\mathfrak{b}_1 = \begin{pmatrix} \cos\beta_1 \\ \sin\beta_1 \end{pmatrix} = \begin{pmatrix} -\sin\alpha \\ \cos\alpha \end{pmatrix} \quad \text{oder} \quad \mathfrak{b}_2 = \begin{pmatrix} \cos\beta_2 \\ \sin\beta_2 \end{pmatrix} = \begin{pmatrix} \sin\alpha \\ -\cos\alpha \end{pmatrix}.$$

Demnach müssen alle orthogonalen Matrizen eine der beiden Formen

$$\begin{pmatrix} \cos\alpha & -\sin\alpha \\ \sin\alpha & \cos\alpha \end{pmatrix} \quad \text{oder} \quad \begin{pmatrix} \cos\alpha & \sin\alpha \\ \sin\alpha & -\cos\alpha \end{pmatrix}$$

haben. $\mathfrak{A}$ ist also entweder eine Drehmatrix oder eine Spiegelmatrix, und es ergibt sich der

Satz 5.11

Eine Abbildung mit der Gleichung

$$\mathfrak{x}' = \mathfrak{A}\mathfrak{x} + \mathfrak{v} \quad \text{mit} \quad \mathfrak{A} = \begin{pmatrix} a_1 & b_1 \\ a_2 & b_2 \end{pmatrix}$$

ist dann und nur dann eine Kongruenzabbildung, wenn $\mathfrak{A}$ eine orthogonale Matrix ist, d. h. wenn gilt:

$$\mathfrak{a}^2 = 1\,, \quad \mathfrak{b}^2 = 1\,, \quad \mathfrak{a} \cdot \mathfrak{b} = 0\,,$$

bzw.

$$\mathfrak{A} = \mathfrak{D} \quad \text{oder} \quad \mathfrak{A} = \mathfrak{S}\,.$$

Wegen dieses Satzes soll in Zukunft eine orthogonale Matrix mit $\mathfrak{K}$ bezeichnet werden. Die Gleichungen aller Kongruenzabbildungen bekommen dadurch die gemeinsame Form

$$\mathfrak{x}' = \mathfrak{K}\mathfrak{x} + \mathfrak{v}\,.$$

Die Determinanten von orthogonalen Matrizen haben den Wert $+1$ oder -1, je nachdem $\mathfrak{K} = \mathfrak{D}$ oder $\mathfrak{K} = \mathfrak{S}$ ist.

Es ist nun klar, daß die Kongruenzabbildungen als affine Abbildungen alle diejenigen Eigenschaften haben müssen, die wir in Abschnitt 4.1 als Invarianten der affinen Abbildungen kennengelernt haben; die Kongruenzabbildungen sind also – in leichtverständlicher Kurzsprechweise formuliert – geradentreu, parallelentreu und teilverhältnistreu.

Als spezielle affine Abbildungen haben nun aber die Kongruenzabbildungen zusätzliche wichtige Eigenschaften; sie sind, wie wir aus der Anschauung wissen, *längentreu* und *winkeltreu*. Dieser Sachverhalt soll nun analytisch-rechnerisch hergeleitet werden.

Zum Nachweis der Längentreue zeigen wir, daß durch jede Kongruenzabbildung jeder Vektor als gleichlanger Vektor und damit jede Strecke als gleichlange Strecke abgebildet wird. Dazu gehen wir von der Punktabbildung

$$K: \mathfrak{x}' = \mathfrak{K}\mathfrak{x} + \mathfrak{v}$$

zur zugehörigen Vektorabbildung

$$\check{K}: \mathfrak{u}' = \mathfrak{K}\mathfrak{u}$$

über. Wegen $|\mathfrak{u}'| = \sqrt{\mathfrak{u}'^2}$ berechnen wir $\mathfrak{u}'^2$ und erhalten

$$\mathfrak{u}'^2 = (\mathfrak{K}\mathfrak{u})^2 = \left[\begin{pmatrix} a_1 & b_1 \\ a_2 & b_2 \end{pmatrix}\begin{pmatrix} u_1 \\ u_2 \end{pmatrix}\right]^2 = \begin{pmatrix} a_1u_1 + b_1u_2 \\ a_2u_1 + b_2u_2 \end{pmatrix}^2 = (u_1\mathfrak{a} + u_2\mathfrak{b})^2$$

$$\mathfrak{u}'^2 = u_1^2\mathfrak{a}^2 + 2u_1u_2\mathfrak{a}\mathfrak{b} + u_2^2\mathfrak{b}^2\,.$$

Da $\mathfrak{K}$ eine orthogonale Matrix ist, ergibt sich weiter

$$\mathfrak{u}'^2 = u_1^2 + u_2^2 = \mathfrak{u}^2$$

und damit

$$|\mathfrak{u}'| = |\mathfrak{u}|\,.$$

Als nächstes soll die Winkeltreue bewiesen werden. Da sich die Größe des Winkels zwischen zwei Geraden mit Hilfe des Skalarprodukts ihrer Richtungsvektoren $\mathfrak{u}$ und $\mathfrak{v}$ bestimmen läßt, untersuchen wir zunächst das Skalarprodukt der Bildvektoren $\mathfrak{u}'$ und $\mathfrak{v}'$.

$$\begin{aligned}
\mathfrak{u}'\mathfrak{v}' &= (\mathfrak{K}\mathfrak{u})(\mathfrak{K}\mathfrak{v}) \\
&= (u_1\mathfrak{a} + u_2\mathfrak{b})(v_1\mathfrak{a} + v_2\mathfrak{b}) \\
&= u_1 v_1 \mathfrak{a}^2 + u_1 v_2 \mathfrak{a}\mathfrak{b} + u_2 v_1 \mathfrak{a}\mathfrak{b} + u_2 v_2 \mathfrak{b}^2 \\
&= u_1 v_1 + u_2 v_2 \\
&= \mathfrak{u}\mathfrak{v}\,.
\end{aligned}$$

Aus $\mathfrak{u}'\mathfrak{v}' = \mathfrak{u}\mathfrak{v}$ folgt weiter, wenn φ der Winkel zwischen $\mathfrak{u}$ und $\mathfrak{v}$, φ' der Winkel zwischen $\mathfrak{u}'$ und $\mathfrak{v}'$ ist,

$$|\mathfrak{u}'|\,|\mathfrak{v}'|\cos\varphi' = |\mathfrak{u}|\,|\mathfrak{v}|\cos\varphi$$

und wegen der Längeninvarianz

$$\cos\varphi' = \cos\varphi\,.$$

Es ergibt sich also $\varphi' = \varphi$ oder $\varphi' = -\varphi$, das bedeutet: Der Winkel bleibt der Größe nach erhalten, seine Orientierung aber kann sich ändern. Aus diesem Beweis ergibt sich insbesondere

Satz 5.12

Jede Kongruenzabbildung läßt alle Skalarprodukte invariant.

Wegen $|\mathfrak{K}| = \pm 1$ sind alle Kongruenzabbildungen außerdem flächentreu. Ist $\mathfrak{K}$ eine Spiegelmatrix, so hat ihre Determinante den Wert -1, und der Winkel zwischen ihren Spaltenvektoren $\mathfrak{a}$ und $\mathfrak{b}$ ist umgekehrt orientiert wie der zwischen den Einheitsvektoren $\mathfrak{e}_1$ und $\mathfrak{e}_2$ (s. Bild 5.17). In diesem Fall ändert die Kongruenzabbildung die Orientierung aller Winkel und damit bekommt die Bildfigur den entgegengesetzten Umlaufssinn wie die Urfigur (s. Bild 5.18).

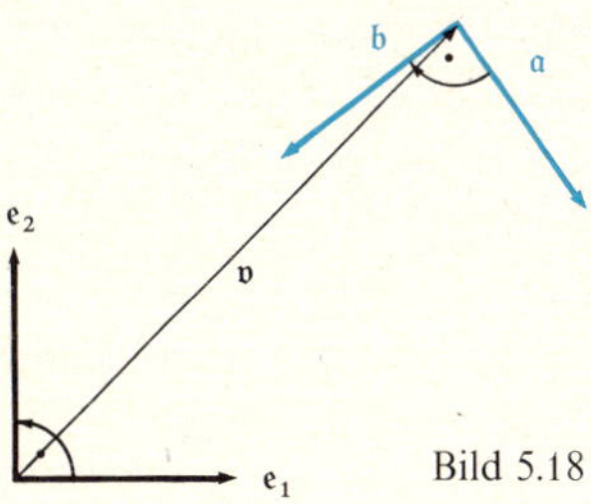

Bild 5.17

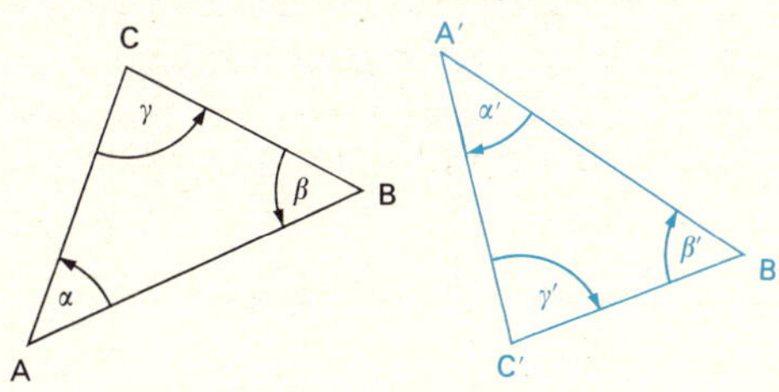

Bild 5.18

Solche Kongruenzabbildungen, deren Determinante den Wert -1 hat, also alle Abbildungen mit der Gleichung

$$\mathfrak{x}' = \mathfrak{S}\mathfrak{x} + \mathfrak{v}$$

heißen deshalb auch *gegensinnige Kongruenzabbildungen*

Ist die Matrix der Kongruenzabbildung hingegen eine Drehmatrix, so hat ihre Determinante den Wert $+1$, der Winkel zwischen $\mathfrak{a}$ und $\mathfrak{b}$ ist genau so orientiert wie der zwischen $\mathfrak{e}_1$ und $\mathfrak{e}_2$ (s. Bild 5.19), Urfigur und Bildfigur haben den gleichen Umlaufssinn (s. Bild 5.20).

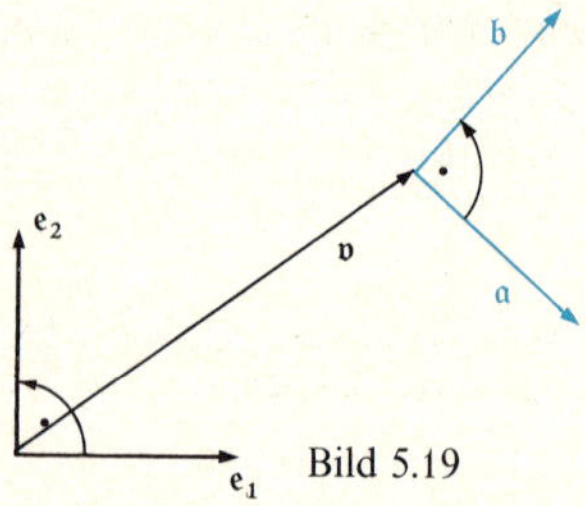

Bild 5.19

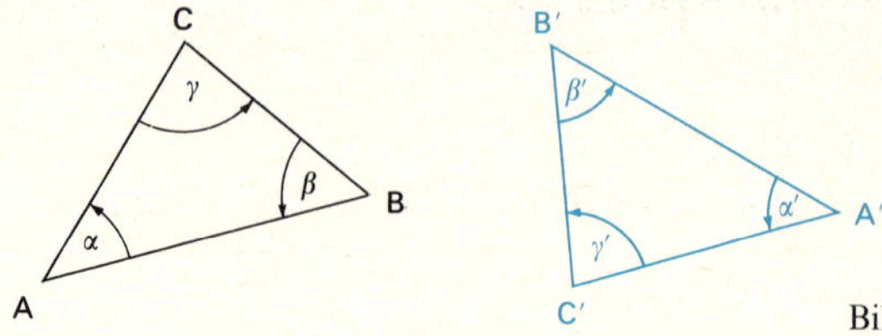

Bild 5.20

Kongruenzabbildungen mit der Gleichung

$$\mathfrak{x}' = \mathfrak{D}\mathfrak{x} + \mathfrak{v}$$

heißen deshalb auch *gleichsinnige Kongruenzabbildungen*

Gegensinnige Kongruenzabbildungen entstehen durch Verketten einer ungeraden Anzahl von Spiegelungen (Determinantenmultiplikationssatz, Satz 3.15); gleichsinnige Kongruenzabbildungen erhält man, wenn man eine gerade Anzahl von Spiegelungen miteinander verkettet.

Wir haben gesehen, daß jede geradlinig begrenzte Figur in eine Figur mit gleichen Streckenlängen und Winkelgrößen abgebildet wird. Solche Figuren haben wir früher kongruent genannt. Wir definieren deshalb

Definition 5.10

Zwei Figuren F und F′ sollen genau dann *kongruent* heißen, wenn es eine Kongruenzabbildung gibt, die F auf F′ abbildet.

Damit haben wir zusätzlich festgesetzt, wann zwei krummlinig begrenzte Figuren kongruent heißen sollen. Wird F durch eine gleichsinnige Kongruenzabbildung auf F′ abgebildet, so heißen F und F′ auch *gleichsinnig kongruent*, handelt es sich um eine gegensinnige Kongruenzabbildung, so heißen F und F′ *gegensinnig kongruent*.

Zum Überblick stellen wir die Ergebnisse dieses Kapitels in Form eines Diagramms zusammen:

Kongruenzabbildungen
K: $\mathfrak{x}' = \mathfrak{K}\mathfrak{x} + \mathfrak{v}$

- Gleichsinnige Kongruenzabb.
  K^+: $\mathfrak{x}' = \mathfrak{D}\mathfrak{x} + \mathfrak{v}$
  - Drehungen
    D: $\mathfrak{x}' = \mathfrak{D}\mathfrak{x} + \mathfrak{v}$
    mit $\mathfrak{D} \neq \mathfrak{E}$
    oder $\mathfrak{D} = \mathfrak{E}$ und $\mathfrak{v} = \mathfrak{o}$
  - Verschiebungen
    V: $\mathfrak{x}' = \mathfrak{E}\mathfrak{x} + \mathfrak{v}$
  - (beide) Identität
    I: $\mathfrak{x}' = \mathfrak{E}\mathfrak{x} + \mathfrak{o}$
- Gegensinnige Kongruenzabb.
  K^-: $\mathfrak{x}' = \mathfrak{S}\mathfrak{x} + \mathfrak{v}$
  - Spiegelungen
    S: $\mathfrak{x}' = \mathfrak{S}\mathfrak{x} + \mathfrak{v}$
    mit $\mathfrak{v} = \mathfrak{v}_\perp$
  - Schubspiegelungen
    Sch: $\mathfrak{x}' = \mathfrak{S}\mathfrak{x} + \mathfrak{v}$
    mit $\mathfrak{v} \neq \mathfrak{v}_\perp$

In diesem Diagramm von Abbildungsmengen bedeutet ein von unten nach oben führender Strich: ... ist Teilmenge von ....

Beispiel

Gegeben sind die Dreiecke A(4/0) B(4/2) C(1/1) und A′(0/8) B′(2/8) C′(1/5). Zeige, daß die beiden Dreiecke kongruent sind, indem du eine Kongruenzabbildung angibst, die das Dreieck ABC auf das Dreieck A′B′C′ abbildet.

Lösung:

Für die Abbildungsgleichung machen wir den Ansatz

$$\mathfrak{x}' = \mathfrak{K}\mathfrak{x} + \mathfrak{v} = \begin{pmatrix} a_1 & b_1 \\ a_2 & b_2 \end{pmatrix} \mathfrak{x} + \begin{pmatrix} v_1 \\ v_2 \end{pmatrix}.$$

Setzt man die gegebenen Ortsvektoren mit ihren Bildern ein, so erhält man die folgenden sechs Gleichungen:

für A: (1) $4a_1 + 0b_1 + v_1 = 0$

(2) $4a_2 + 0b_2 + v_2 = 8$

für B: (3) $4a_1 + 2b_1 + v_1 = 2$

(4) $4a_2 + 2b_2 + v_2 = 8$

für C: (5) $1a_1 + 1b_1 + v_1 = 1$

(6) $1a_2 + 1b_2 + v_2 = 5$

Ferner muß wegen Satz 5.11 gelten

(7) $a_1^2 + a_2^2 = 1$

(8) $b_1^2 + b_2^2 = 1$

(9) $a_1 b_1 + a_2 b_2 = 0$

Durch Subtraktion von (4) und (2) erhält man $2a_1 = 0$, daraus folgt $a_1 = 0$. Subtraktion von (3) und (1) liefert $2b_1 = 2$, daraus folgt $b_1 = 1$. Durch Einsetzen in (1) und (2) erhält man weiter: $v_1 = 0$, $v_2 = 4$. Aus (7), (8) und (9) ergibt sich $a_2 = 1$ und $b_2 = 0$.
Diese Werte erfüllen auch alle übrigen Gleichungen. Daher ist

$$\mathfrak{x}' = \begin{pmatrix} 0 & 1 \\ 1 & 0 \end{pmatrix} \mathfrak{x} + \begin{pmatrix} 0 \\ 4 \end{pmatrix}$$

die Gleichung der gesuchten Abbildung. Nach Satz 5.3 handelt es sich um eine Schubspiegelung (s. Bild 5.21).

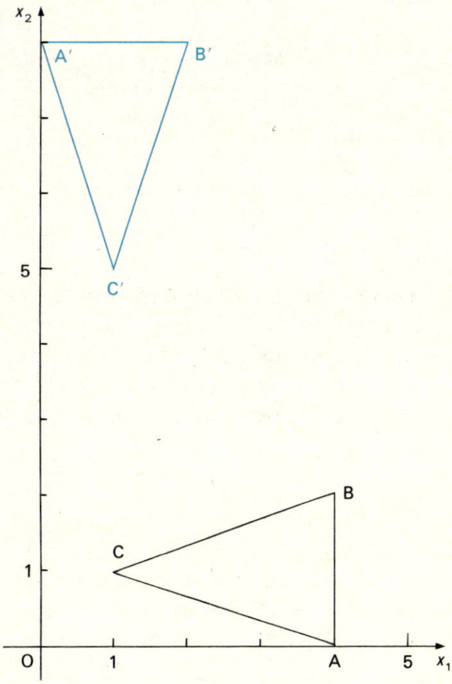

Bild 5.21

Aufgaben

1. Bestimme diejenigen Kongruenzabbildungen, die den Ursprung als Fixpunkt haben und den Punkt P(3/1) auf
   a) P′(1/3), b) P′(3/−1), c) P′(−3/−1), d) P′(−1/3)
   abbilden.

2. Wie heißt die Abbildungsgleichung derjenigen gegensinnigen Kongruenzabbildung, die die Strecke P(1/2) Q(3/3)
a) in P′(−1/3) Q′(−2/5), b) in P′(2/3) Q′(4/0)
abbildet?
Handelt es sich um eine Achsen- oder um eine Schubspiegelung?

3. Bestimme auch die Gleichung der gleichsinnigen Kongruenzabbildung, die die Strecke PQ aus Aufgabe 2 in P′Q′ abbildet.

4. Zeige: Jede gleichsinnige Kongruenzabbildung, die zwei Fixpunkte besitzt, ist die identische Abbildung.

5. Beweise: Hat eine Kongruenzabbildung drei nicht auf einer Geraden liegende Fixpunkte, so ist sie die Identität.

6. Untersuche, ob
a) die beiden Vierecke A(1/1) B(4/1) C(4/5) D(2/3) und A′(6/2) B′(3/2) C′(3/6) D′(5/4),
b) die beiden Vierecke A(1/4) B(3/2) C(7/4) D(4/7) und A′(0/3) B′(5/5) C′(6/3) D′(3/0)
kongruent sind. Gib gegebenenfalls die Gleichung der Kongruenzabbildung an, die ABCD in A′B′C′D′ abbildet.

7. Das Fünfeck A(1/4) B(2/2) C(4/1) D(6/3) E(4/5) soll durch eine gleichsinnige Kongruenzabbildung so abgebildet werden, daß A auf A′(1/0) und B auf B′(3/1) fällt. Gib die Abbildungsgleichung und die Koordinaten der übrigen Bildpunkte an.

*5.6. Fixpunkte und Fixgeraden von Kongruenzabbildungen

Vorübungen

1. Was versteht man unter einem Fixpunkt, einer Fixpunktgeraden, einer Fixrichtung, einer Fixgeraden?
2. Was versteht man unter den Eigenvektoren und den Eigenwerten einer affinen Abbildung?
3. Welche Bedingung ist hinreichend und notwendig dafür, daß eine affine Abbildung genau einen Fixpunkt hat? Wie findet man seinen Ortsvektor?
4. Welche beiden Fälle sind denkbar, wenn eine affine Abbildung nicht genau einen Fixpunkt hat? Wiederhole die Sätze 4.8, 4.9 und 4.10!
5. Wiederhole den Abschnitt 4.6 über die Bestimmung von Fixgeraden affiner Abbildungen.

Wir haben früher, im Abschnitt 4.7, die affinen Abbildungen nach ihren Fixelementen zu klassifizieren gelernt. Die damals gewonnenen Erkenntnisse sollen nun auf die Kongruenzabbildungen angewandt werden. Da es zwei unterschiedliche Typen von Kongruenzabbildungen gibt, untersuchen wir diese beiden Fälle getrennt.

I. Es sei K eine gleichsinnige Kongruenzabbildung, dann ist

$$K: \mathfrak{x}' = \mathfrak{D}\mathfrak{x} + \mathfrak{v} \quad \text{mit} \quad \mathfrak{D} = \begin{pmatrix} \cos\alpha & -\sin\alpha \\ \sin\alpha & \cos\alpha \end{pmatrix}.$$

Wir untersuchen diese Abbildung zunächst auf Fixpunkte. Dazu bestimmen wir den Rang der Matrix $\mathfrak{E}-\mathfrak{D}$.

$$|\mathfrak{E}-\mathfrak{D}| = \begin{vmatrix} 1-\cos\alpha & \sin\alpha \\ -\sin\alpha & 1-\cos\alpha \end{vmatrix} = (1-\cos\alpha)^2 + \sin^2\alpha = 2 - 2\cos\alpha = 2(1-\cos\alpha).$$

$2(1-\cos\alpha)$ ist genau dann von Null verschieden, wenn $\cos\alpha \neq 1$; der Rang der Matrix $\mathfrak{E}-\mathfrak{D}$ ist also genau dann gleich 2, wenn $\alpha \neq 0°$ ist. Demnach ergibt sich: Von den gleichsinnigen Kongruenzabbildungen haben nur die Drehungen mit $\alpha \neq 0°$ genau einen Fixpunkt F. Nach Satz 4.7 ist sein Ortsvektor

$$\mathfrak{f} = (\mathfrak{E}-\mathfrak{D})^{\mathrm{I}}\,\mathfrak{v}.$$

Ist nun $\alpha = 0°$, so ist der Rang von $\mathfrak{E}-\mathfrak{D}$ gleich Null, $\mathfrak{E}=\mathfrak{D}$, und die Abbildungsgleichung $\mathfrak{x}' = \mathfrak{E}\mathfrak{x} + \mathfrak{v}$ läßt sich unmittelbar deuten: Falls $\mathfrak{v} = \mathfrak{o}$ ist, handelt es sich um die identische Abbildung mit allen Punkten des $\mathbb{R}^2$ als Fixpunkten, ist hingegen $\mathfrak{v} \neq \mathfrak{o}$, liegt eine Parallelverschiebung vor, von der wir nach Satz 4.9 wissen, daß sie keinen Fixpunkt besitzt.
Zusammenfassend können wir also sagen:

Satz 5.13

Jede gleichsinnige Kongruenzabbildung hat genau dann
a) genau einen Fixpunkt, wenn sie eine Drehung mit $\alpha \neq 0°$ ist,
b) jeden Punkt als Fixpunkt, wenn sie die identische Abbildung ist,
c) keinen Fixpunkt, wenn sie eine Parallelverschiebung mit $\mathfrak{v} \neq \mathfrak{o}$ ist.

Wir wollen nun untersuchen, ob die gleichsinnigen Kongruenzabbildungen Fixgeraden haben. Wir erinnern uns, daß wir dazu die Eigenvektoren bestimmen müssen; und um diese zu finden, lösen wir die charakteristische Gleichung nach ihren Eigenwerten auf:

$$|\mu\mathfrak{E}-\mathfrak{D}| = 0$$

$$\begin{vmatrix} \mu-\cos\alpha & \sin\alpha \\ -\sin\alpha & \mu-\cos\alpha \end{vmatrix} = 0$$

$$\mu^2 - 2\mu\cos\alpha + \cos^2\alpha + \sin^2\alpha = 0$$

$$\mu^2 - 2\mu\cos\alpha + 1 = 0$$

$$\mu = \cos\alpha + \sqrt{\cos^2\alpha - 1} \quad \text{oder} \quad \mu = \cos\alpha - \sqrt{\cos^2\alpha - 1}.$$

Wegen $|\cos\alpha| \leqq 1$ kann überhaupt nur höchstens ein einziger Eigenwert existieren, nämlich dann, wenn $\cos^2\alpha = 1$, d.h. wenn $\cos\alpha = 1$ oder wenn $\cos\alpha = -1$ ist, d.h. weiter, wenn $\alpha = 0°$ oder wenn $\alpha = 180°$ ist. Alle Drehungen mit $\alpha \neq 0°$ und $\alpha \neq 180°$ können deshalb keine Eigenwerte und damit weder Eigenvektoren noch Fixgeraden besitzen. Sie haben als einziges Fixelement ihren Fixpunkt, nämlich den Drehpunkt.
Für $\alpha = 0°$ handelt es sich um die Identität oder um eine Parallelverschiebung mit $\mathfrak{v} \neq \mathfrak{o}$. Wir wissen aus Abschnitt 4.6, daß bei der Identität jede Gerade Fixgerade (ja sogar Fixpunktgerade) ist, während bei der Parallelverschiebung nur die Geraden in Richtung des Verschiebungsvektors Fixgeraden sind.
Ist schließlich $\alpha = 180°$, so ist $\mathfrak{D} = -\mathfrak{E}$, und wir erhalten als einzigen Eigenwert $\mu = -1$. Da somit der Rang von $\mu\mathfrak{E}-\mathfrak{D}$ gleich Null ist, liegt hier ein Spezialfall der zentrischen Streckung

vor, bei der ja jeder Vektor Eigenvektor ist und genau alle Geraden durch den Fixpunkt Fixgeraden sind. Dieser Spezialfall der zentrischen Streckung heißt bekanntlich Punktspiegelung. Zusammenfassend erhalten wir den

Satz 5.14

Jede gleichsinnige Kongruenzabbildung

$$K^+ : \mathfrak{x}' = \mathfrak{D}\mathfrak{x} + \mathfrak{v}$$

hat genau

a) keine Fixgerade, wenn sie eine Drehung mit $\alpha \neq 0^\circ$ und $\alpha \neq 180^\circ$ ist, d. h. wenn $\mathfrak{D} \neq \mathfrak{E}$ bzw. $\mathfrak{D} \neq -\mathfrak{E}$ ist,
b) alle Geraden als Fixgeraden, wenn sie die Identität ist, d. h. wenn $\mathfrak{D} = \mathfrak{E}$ und $\mathfrak{v} = \mathfrak{o}$ ist,
c) alle Geraden in Richtung des Verschiebungsvektors als Fixgeraden, wenn sie eine echte Parallelverschiebung ist, d. h. wenn $\mathfrak{D} = \mathfrak{E}$ und $\mathfrak{v} \neq \mathfrak{o}$ ist,
d) alle Geraden durch den einzigen Fixpunkt F als Fixgeraden, wenn sie eine Punktspiegelung ist, d. h. wenn $\mathfrak{D} = -\mathfrak{E}$ ist.

II. Wir wollen nun die Fixpunkte und Fixgeraden der gegensinnigen Kongruenzabbildung

$$K^- : \mathfrak{x}' = \mathfrak{S}\mathfrak{x} + \mathfrak{v} \quad \text{mit} \quad \mathfrak{S} = \begin{pmatrix} \cos 2\alpha & \sin 2\alpha \\ \sin 2\alpha & -\cos 2\alpha \end{pmatrix}$$

bestimmen. Dabei haben wir der Einfachheit halber den in der Spiegelmatrix auftretenden Winkel wie früher mit 2α statt mit α bezeichnet. So bedeutet α wieder den Winkel, den die Spiegelachse bzw. Schubspiegelachse mit der positiven x_1-Achse einschließt, und $\mathfrak{n}^0 = \begin{pmatrix} -\sin\alpha \\ \cos\alpha \end{pmatrix}$ ist ihr Normalenvektor.

Nun ist für alle α

$$|\mathfrak{E} - \mathfrak{S}| = \begin{vmatrix} 1 - \cos 2\alpha & -\sin 2\alpha \\ -\sin 2\alpha & 1 + \cos 2\alpha \end{vmatrix} = 1 - \cos^2 2\alpha - \sin^2 2\alpha = 1 - 1 = 0,$$

und weil für kein α die Matrix $\mathfrak{E} - \mathfrak{S}$ die Nullmatrix sein kann, ist der Rang von $\mathfrak{E} - \mathfrak{S}$ immer gleich 1. Nach den Sätzen 4.8 und 4.9 hat somit die gegensinnige Kongruenzabbildung

$$K^- : \mathfrak{x}' = \mathfrak{S}\mathfrak{x} + \mathfrak{v}$$

entweder genau eine Fixpunktgerade oder aber überhaupt keinen Fixpunkt, je nachdem $\mathfrak{v}$ zu den beiden Spaltenvektoren $\mathfrak{a}^*$ und $\mathfrak{b}^*$ von $\mathfrak{E} - \mathfrak{S}$ kollinear ist oder nicht. Im ersten Fall handelt es sich auf Grund von Satz 5.3 um eine Achsenspiegelung, im zweiten liegt eine Schubspiegelung vor. Denn wegen

$$\mathfrak{a}^* = \begin{pmatrix} 1 - \cos 2\alpha \\ -\sin 2\alpha \end{pmatrix} = \begin{pmatrix} 2\sin^2\alpha \\ -2\sin\alpha\cos\alpha \end{pmatrix} = -2\sin\alpha \begin{pmatrix} -\sin\alpha \\ +\cos\alpha \end{pmatrix} = -2\sin\alpha \cdot \mathfrak{n}^0$$

und

$$\mathfrak{b}^* = \begin{pmatrix} -\sin 2\alpha \\ 1 + \cos 2\alpha \end{pmatrix} = \begin{pmatrix} -2\sin\alpha\cos\alpha \\ 2\cos^2\alpha \end{pmatrix} = 2\cos\alpha \begin{pmatrix} -\sin\alpha \\ \cos\alpha \end{pmatrix} = 2\cos\alpha \cdot \mathfrak{n}^0$$

ist $\mathfrak{v}$ genau dann zu $\mathfrak{n}^0$ kollinear, wenn $\mathfrak{v}$ zu $\mathfrak{a}^*$ und $\mathfrak{b}^*$ kollinear ist.

Zusammenfassend ergibt sich

Satz 5.15

Jede gegensinnige Kongruenzabbildung hat genau dann
a) genau eine Fixpunktgerade, wenn sie eine Achsenspiegelung ist,
b) keinen Fixpunkt, wenn sie eine Schubspiegelung ist.

Nach den Fixpunkten wollen wir nun die Fixgeraden der gegensinnigen Kongruenzabbildungen bestimmen.

a) Betrachten wir zunächst den Fall der Achsenspiegelung. Die Gleichung der Fixpunktgeraden ist nach Satz 4.8

für $\alpha \neq 0°$: $(1-\cos 2\alpha)\,\mathfrak{x}_1 - \sin 2\alpha \cdot \mathfrak{x}_2 = \mathfrak{v}_1$ bzw.
für $\alpha \neq 90°$: $-\sin 2\alpha \cdot \mathfrak{x}_1 + (1+\cos 2\alpha)\,\mathfrak{x}_2 = \mathfrak{v}_2$.

Von den beiden Ausnahmefällen $\alpha = 0°$ und $\alpha = 90°$ abgesehen, stellen beide Gleichungen die Fixpunktgerade dar. Ein Normalenvektor $\mathfrak{n}$ dieser Fixpunktgeraden ist gleich dem Vektor $\mathfrak{a}^*$ bzw. $\mathfrak{b}^*$ und, wie wir eben gesehen haben, zu $\mathfrak{v}$ kollinear.
Obschon wir nun ohne Schwierigkeiten die Fixgeraden dieser Spiegelung angeben könnten, – haben wir doch seinerzeit die leicht einzusehende Existenz von Fixgeraden bei Achsenspiegelungen zum Anlaß genommen, das Problem der Existenz und der Bestimmung aller Fixgeraden bei beliebigen affinen Abbildungen zu lösen, – so wollen wir doch der Aufgabe der Analytischen Geometrie gemäß diese anschaulich leicht einzusehenden Dinge hier noch einmal rechnerisch verfolgen. Wir müssen zunächst wieder die Eigenwerte der Abbildung bestimmen:
Aus

$$|\mu\mathfrak{E} - \mathfrak{S}| = 0$$

folgt weiter

$$\begin{vmatrix} \mu - \cos 2\alpha & -\sin 2\alpha \\ -\sin 2\alpha & \mu + \cos 2\alpha \end{vmatrix} = 0,$$

$$\mu^2 - \cos^2 2\alpha - \sin^2 2\alpha = 0$$

und daraus

$$\mu_1 = 1 \quad \text{oder} \quad \mu_2 = -1\,.$$

Nach Satz 4.13 gehört zu jedem der beiden Eigenwerte genau eine Fixrichtung. Für die zugehörigen Eigenvektoren muß gelten

$$(\mu\mathfrak{E} - \mathfrak{A})\,\mathfrak{u} = \mathfrak{o}$$

für $\mu_1 = 1$ also:

$$\begin{pmatrix} 1-\cos 2\alpha & -\sin 2\alpha \\ -\sin 2\alpha & 1+\cos 2\alpha \end{pmatrix} \mathfrak{u}_1 = \mathfrak{o}$$

$$\begin{pmatrix} 2\sin^2\alpha & -2\sin\alpha\cos\alpha \\ -2\sin\alpha\cos\alpha & 2\cos^2\alpha \end{pmatrix} \mathfrak{u}_1 = \mathfrak{o}$$

für $\mu_2 = -1$ also:

$$\begin{pmatrix} -1-\cos 2\alpha & -\sin 2\alpha \\ -\sin 2\alpha & -1+\cos 2\alpha \end{pmatrix} \mathfrak{u}_2 = \mathfrak{o}$$

$$\begin{pmatrix} -2\cos^2\alpha & -2\sin\alpha\cos\alpha \\ -2\sin\alpha\cos\alpha & -2\sin^2\alpha \end{pmatrix} \mathfrak{u}_2 = \mathfrak{o}$$

Da das Skalarprodukt des Eigenvektors mit beiden Zeilenvektoren der Matrix Null ergeben muß, erkennt man leicht

$$\mathfrak{u}_1 = \begin{pmatrix} \cos\alpha \\ \sin\alpha \end{pmatrix} \quad \text{bzw.} \quad \mathfrak{u}_2 = \begin{pmatrix} -\sin\alpha \\ \cos\alpha \end{pmatrix}$$

als mögliche Eigenvektoren, die für alle α von $\mathfrak{o}$ verschieden und deshalb wirklich Eigenvektoren sind. Zu verschiedenen Eigenwerten gehörende Eigenvektoren stehen aufeinander senkrecht. Man erkennt weiter, daß $\mathfrak{u}_1$ der Einheitsrichtungsvektor und $\mathfrak{u}_2$ der Einheitsnormalenvektor $\mathfrak{n}^0$ der Fixpunktgeraden ist.

Nach Satz 4.17 bestimmen wir nun die Anzahl der Fixgeraden zu den durch die beiden Eigenvektoren gegebenen Fixrichtungen $\mathfrak{r}_1$ und $\mathfrak{r}_2$, indem wir den Term $(\mathfrak{E}-\mathfrak{S})^T\,\bar{\mathfrak{u}}$ untersuchen. Für $\mathfrak{u}_1$ ergibt sich

$$(\mathfrak{E}-\mathfrak{S})^T\,\bar{\mathfrak{u}}_1 = \begin{pmatrix} 1-\cos 2\alpha & -\sin 2\alpha \\ -\sin 2\alpha & 1+\cos 2\alpha \end{pmatrix}\begin{pmatrix} -\sin\alpha \\ \cos\alpha \end{pmatrix}$$

$$= \begin{pmatrix} 2\sin^2\alpha & -2\sin\alpha\cos\alpha \\ -2\sin\alpha\cos\alpha & 2\cos^2\alpha \end{pmatrix}\begin{pmatrix} -\sin\alpha \\ \cos\alpha \end{pmatrix}$$

$$= \begin{pmatrix} -2\sin^3\alpha & -2\sin\alpha\cos^2\alpha \\ 2\sin^2\alpha\cos\alpha & +2\cos^3\alpha \end{pmatrix}$$

(1) $$= 2\begin{pmatrix} -\sin\alpha \\ \cos\alpha \end{pmatrix}$$

Dieser Vektor ist verschieden von $\mathfrak{o}$ für alle α. In der Fixrichtung $\mathfrak{r}_1$ gibt es also genau eine Fixgerade. Diese eine Fixgerade muß die Fixpunktgerade selbst sein. Für $\mathfrak{u}_2$ erhält man entsprechend:

$$(\mathfrak{E}-\mathfrak{S})^T\,\bar{\mathfrak{u}}_2 = \begin{pmatrix} 1-\cos 2\alpha & -\sin 2\alpha \\ -\sin 2\alpha & 1+\cos 2\alpha \end{pmatrix}\begin{pmatrix} \cos\alpha \\ \sin\alpha \end{pmatrix}$$

$$= \begin{pmatrix} 0 \\ 0 \end{pmatrix} = \mathfrak{o}\,.$$

Ferner ist $\mathfrak{v}\cdot\bar{\mathfrak{u}}_2 = 0$, da $\mathfrak{u}_2 = \mathfrak{n}^0$ und $\mathfrak{v}$ zu $\mathfrak{n}^0$ kollinear ist. Demnach sind – was sich einfacher mit Hilfe des Satzes 4.16 ergeben hätte – alle Geraden der Fixrichtung $\mathfrak{r}_2$ Fixgeraden. Wir erhalten also den

Satz 5.16

Jede Achsenspiegelung hat zwei Fixrichtungen mit den Eigenwerten $+1$ und -1. Zum Eigenwert $+1$ gehört als einzige Fixgerade die Spiegelachse als Fixpunktgerade, zum Eigenwert -1 gehören als Fixgeraden alle zur Spiegelachse senkrechten Geraden.

b) Abschließend wollen wir nun die Schubspiegelungen auf Fixgeraden untersuchen, d. h. diejenigen gegensinnigen Kongruenzabbildungen

$$K^-: \mathfrak{x}' = \mathfrak{S}\mathfrak{x} + \mathfrak{v}\,,$$

die keinen Fixpunkt haben. Bei ihnen ist nach Satz 4.9 $\mathfrak{v}$ nicht zu den Spaltenvektoren $\mathfrak{a}^*$ und $\mathfrak{b}^*$ von $\mathfrak{E}-\mathfrak{S}$ kollinear. Da für die Berechnung der Eigenwerte und Eigenvektoren der Verschiebungsvektor $\mathfrak{v}$ keine Rolle spielt, gilt auch hier: Die Abbildung hat die beiden Eigenwerte $\mu_1 = +1$ und $\mu_2 = -1$ mit zugehörigen Eigenvektoren

$$\mathfrak{u}_1 = \begin{pmatrix} \cos\alpha \\ \sin\alpha \end{pmatrix} \quad \text{bzw.} \quad \mathfrak{u}_2 = \begin{pmatrix} -\sin\alpha \\ \cos\alpha \end{pmatrix}.$$

Ferner gehört auch hier zu der Fixrichtung $\mathfrak{r}_1$ nur eine Fixgerade. Für die Punkte $X[\mathfrak{x}]$ dieser Fixgeraden muß gelten:

$$\mathfrak{x} - \mathfrak{x}' \text{ ist kollinear zu } \mathfrak{u}_1 .$$

Es muß also eine reelle Zahl v geben, so daß gilt

$$\mathfrak{x} - \mathfrak{x}' = v\mathfrak{u}_1 ,$$

$$\mathfrak{x} - \mathfrak{S}\mathfrak{x} - \mathfrak{v} = v\mathfrak{u}_1 ,$$

$$(\mathfrak{E} - \mathfrak{S})\,\mathfrak{x} = \mathfrak{v} + v\mathfrak{u}_1 .$$

Wir multiplizieren mit $\bar{\mathfrak{u}}_1$ und erhalten

$$[(\mathfrak{E} - \mathfrak{S})\,\mathfrak{x}]\,\bar{\mathfrak{u}}_1 = \mathfrak{v}\bar{\mathfrak{u}}_1 ,$$

$$[(\mathfrak{E} - \mathfrak{S})^T\,\bar{\mathfrak{u}}_1]\,\mathfrak{x} - \mathfrak{v}\bar{\mathfrak{u}}_1 = 0 .$$

Durch Einsetzen von (1) ergibt sich weiter:

$$2\begin{pmatrix} -\sin\alpha \\ \cos\alpha \end{pmatrix}\mathfrak{x} - \mathfrak{v}\begin{pmatrix} -\sin\alpha \\ \cos\alpha \end{pmatrix} = 0 ,$$

$$\begin{pmatrix} -\sin\alpha \\ \cos\alpha \end{pmatrix}\left(\mathfrak{x} - \frac{\mathfrak{v}}{2}\right) = 0 .$$

Dies ist die Gleichung der einzigen zur Fixrichtung $\mathfrak{r}_1$ gehörenden Fixgeraden in der Punkt-Normalenform. In der Punkt-Richtungsform lautet ihre Gleichung

$$\mathfrak{x} = \frac{1}{2}\mathfrak{v} + \lambda\mathfrak{u}_1 .$$

Zu der zweiten Fixrichtung $\mathfrak{r}_2$ gehören keine Fixgeraden, denn auch diesmal ist zwar $(\mathfrak{E} - \mathfrak{S})^T\,\bar{\mathfrak{u}}_2 = \mathfrak{o}$, aber weil $\mathfrak{v}$ nicht kollinear ist zu $\mathfrak{a}^*$ oder $\mathfrak{b}^*$ und damit auch nicht zu $\mathfrak{u}_2$, kann $\mathfrak{v}$ nicht senkrecht stehen auf $\bar{\mathfrak{u}}_2$, d. h. es gilt $\mathfrak{v}\bar{\mathfrak{u}}_2 \neq 0$.
Da nun bei jeder Schubspiegelung aufgrund ihrer Definition (Def. 5.8) die Schubspiegelachse sicher eine Fixgerade ist, wir aber eben herausgefunden haben, daß genau eine Fixgerade existiert, muß die gefundene Fixgerade

$$g: \mathfrak{x} = \frac{1}{2}\mathfrak{v} + \lambda\mathfrak{u}_1$$

die Schubspiegelachse sein.
Demnach gilt

Satz 5.17

Jede Schubspiegelung besitzt genau eine Fixgerade, nämlich die Schubspiegelachse.

Beispiel

Gegeben sei die Abbildung

$$K: \mathfrak{x}' = \begin{pmatrix} 0{,}6 & 0{,}8 \\ 0{,}8 & -0{,}6 \end{pmatrix}\mathfrak{x} + \begin{pmatrix} 1 \\ 2 \end{pmatrix} .$$

a) Um was für eine Abbildung handelt es sich?
b) Bestimme die Fixelemente.

Lösung:

Da die Determinante der Abbildung den Wert -1 hat, handelt es sich um eine gegensinnige Kongruenzabbildung. Um zu entscheiden, ob es sich um eine Spiegelung oder um eine Schubspiegelung handelt, bilden wir die Matrix

$$\mathfrak{E} - \mathfrak{S} = \begin{pmatrix} 0{,}4 & -0{,}8 \\ -0{,}8 & 1{,}6 \end{pmatrix}$$

und stellen fest, daß

$$\mathfrak{v} = \begin{pmatrix} 1 \\ 2 \end{pmatrix} \quad \text{nicht zu} \quad \mathfrak{a}^* = \begin{pmatrix} 0{,}4 \\ -0{,}8 \end{pmatrix}$$

kollinear ist. Daher ist die vorgegebene Abbildung eine Schubspiegelung. (Natürlich kann man auch aus $\cos 2\alpha = 0{,}6$ und $\sin 2\alpha = 0{,}8$ den Normalenvektor $\mathfrak{n}^0 = \begin{pmatrix} -\sin\alpha \\ \cos\alpha \end{pmatrix}$ berechnen, der zu der Spiegelungsmatrix gehört und prüfen, ob $\mathfrak{v}$ zu $\mathfrak{n}^0$ kollinear ist oder nicht.) Nach Satz 5.17 hat diese Schubspiegelung genau eine Fixgerade, nämlich die Schubspiegelachse

$$g: \mathfrak{x} = \tfrac{1}{2}\mathfrak{v} + \lambda \mathfrak{u}_1 \,.$$

Um die Gleichung der Schubspiegelachse genau angeben zu können, müssen wir einen Eigenvektor $\mathfrak{u}_1$ bestimmen. Da der Eigenvektor $\mathfrak{u}_1$ zu dem Eigenwert $+1$ gehört, findet man ihn am einfachsten, indem man einen Vektor sucht, der auf beiden Zeilenvektoren von $\mathfrak{E} - \mathfrak{S}$ senkrecht steht. Ein solcher Vektor ist z. B. $\mathfrak{u}_1 = \begin{pmatrix} 2 \\ 1 \end{pmatrix}$.

Damit ist die einzige Fixgerade der vorgegebenen Abbildung:

$$g: \mathfrak{x} = \begin{pmatrix} 0{,}5 \\ 1 \end{pmatrix} + \lambda \begin{pmatrix} 2 \\ 1 \end{pmatrix}.$$

Aufgaben

1. Untersuche die Abbildungen, die durch die folgenden Gleichungen gegeben sind, auf ihre Fixelemente. Bestimme auch die Art der Abbildung.

   a) $\mathfrak{x}' = \begin{pmatrix} -1 & 0 \\ 0 & -1 \end{pmatrix} \mathfrak{x} + \begin{pmatrix} 4 \\ 2 \end{pmatrix}$,

   b) $\mathfrak{x}' = \begin{pmatrix} \cos 80^\circ & \sin 80^\circ \\ \sin 80^\circ & -\cos 80^\circ \end{pmatrix} \mathfrak{x} + 2 \begin{pmatrix} -\sin 40^\circ \\ \cos 40^\circ \end{pmatrix}$,

   c) $\mathfrak{x}' = \begin{pmatrix} 1 & 0 \\ 0 & -1 \end{pmatrix} \mathfrak{x} + \begin{pmatrix} 0 \\ 6 \end{pmatrix}$,

   d) $\mathfrak{x}' = \begin{pmatrix} 1 & 0 \\ 0 & 1 \end{pmatrix} \mathfrak{x} + \begin{pmatrix} 3 \\ 4 \end{pmatrix}$,

   e) $\mathfrak{x}' = \begin{pmatrix} 0 & 1 \\ 1 & 0 \end{pmatrix} \mathfrak{x} + \begin{pmatrix} 8 \\ 0 \end{pmatrix}$.

2. Zeige durch Rechnung:
   Ist Sch: $\mathfrak{x}' = \mathfrak{S}\mathfrak{x} + \mathfrak{v}$ eine Schubspiegelung, so ist $C[\frac{1}{2}\mathfrak{v}]$ ein Punkt, für den gilt: $\mathfrak{c}' - \mathfrak{c}$ ist kollinear zu demjenigen Eigenvektor, der zum Eigenwert $\mu_1 = +1$ gehört.

3. Zeige rechnerisch:
   Die Schubspiegelung Sch: $\mathfrak{x}' = \mathfrak{S}\mathfrak{x} + \mathfrak{v}$ mit $\mathfrak{v} = \mathfrak{v}_\perp + \mathfrak{v}_\parallel$ und $\mathfrak{v}_\parallel \neq \mathfrak{o}$ läßt sich zerlegen in eine Spiegelung an der Schubspiegelachse

   $$g: \mathfrak{x} = \frac{1}{2}\mathfrak{v} + \lambda \mathfrak{u}_1$$

   mit nachfolgender Parallelverschiebung um $\mathfrak{v}_\parallel$.

4. Welche Kongruenzabbildungen haben

a) $g: \mathfrak{x} = \begin{pmatrix} 3 \\ 3 \end{pmatrix} + \lambda \begin{pmatrix} 2 \\ 1 \end{pmatrix}$ und $h: \mathfrak{x} = \begin{pmatrix} 0 \\ 4 \end{pmatrix} + \mu \begin{pmatrix} -1 \\ 2 \end{pmatrix}$

b) $g: \mathfrak{x} = \begin{pmatrix} 3 \\ 3 \end{pmatrix} + \lambda \begin{pmatrix} 2 \\ 1 \end{pmatrix}$ und $k: \mathfrak{x} = \begin{pmatrix} 2 \\ 4 \end{pmatrix} + \mu \begin{pmatrix} 1 \\ 2 \end{pmatrix}$

als Fixgeraden?

5. Gib die Menge derjenigen Kongruenzabbildungen an, die die Gerade

$$g: \mathfrak{x} = \begin{pmatrix} 0 \\ 1 \end{pmatrix} + \lambda \begin{pmatrix} 1 \\ 1 \end{pmatrix}$$

als Fixgerade haben.

6. Gibt es eine Schubspiegelung, die $g: x_2 = x_1 + 2$ als Fixgerade hat und den Punkt P(0/5) in P′(−2/3) abbildet?

7. Was läßt sich über eine Kongruenzabbildung K sagen, von der man weiß:
a) K hat mindestens einen Fixpunkt.
b) K hat mindestens zwei Fixpunkte.
c) K hat keinen Fixpunkt.
d) K hat mindestens eine Fixgerade.
e) K hat unendlich viele Fixgeraden.
f) K hat keine Fixgerade.

6. Ähnlichkeitsabbildungen

6.1. Die Gleichung der zentrischen Streckung

Vorübungen

Gegeben sei der Punkt C(2/1). Jedem Punkt X des $\mathbb{R}^2$ wird als Bildpunkt derjenige Punkt X' zugeordnet, für den gilt: $\overrightarrow{CX'} = 2\overrightarrow{CX}$.

a) Bestimme zeichnerisch die Bildpunkte von O, von P(5/2), von Q(1/−1) und C.
b) Wie heißt die Abbildungsgleichung?
c) Handelt es sich um eine affine Abbildung?
d) Gib die Abbildungsmatrix an.
e) Warum ist diese Abbildung keine Kongruenzabbildung?
f) Welche Eigenschaften der Kongruenzabbildung hat diese Abbildung, welche hat sie nicht?

Schon in der Mittelstufe haben wir in der Ähnlichkeitslehre als wichtigste Abbildung, die keine Kongruenzabbildung zu sein braucht, die zentrische Streckung kennengelernt. Und zwar haben wir definiert:

Definition 6.1

Eine Punktabbildung des $\mathbb{R}^2$ auf den $\mathbb{R}^2$ heißt genau dann *zentrische Streckung* mit dem Streckzentrum C als Fixpunkt und dem Streckfaktor k ($k \in \mathbb{R} \setminus \{0\}$), wenn für jeden Punkt $X \in \mathbb{R}^2$ gilt:

$$\overrightarrow{CX'} = k\overrightarrow{CX}.$$

Ist $k = 0$, so wird jeder Punkt des $\mathbb{R}^2$ auf C abgebildet, die Abbildung ist singulär. Wir wollen uns aber im folgenden nur mit regulären Abbildungen befassen, setzen deshalb für alle weiteren Überlegungen $k \neq 0$ voraus.

Aus dieser anschaulich-geometrischen Definition entnehmen wir als Abbildungsgleichung für eine zentrische Streckung von O aus:

(1) $$\mathfrak{x}' = k\mathfrak{x}.$$

Mit Matrizen läßt sich diese Abbildung schreiben als

$$Z: \mathfrak{x}' = \mathfrak{Z}\mathfrak{x} \quad \text{mit} \quad \mathfrak{Z} = \begin{pmatrix} k & 0 \\ 0 & k \end{pmatrix}.$$

Daran erkennt man, daß diese zentrischen Streckungen zu den affinen Abbildungen gehören.

$\mathfrak{Z}$ ist genau dann eine orthogonale Matrix, wenn $k = +1$ oder wenn $k = -1$ ist. In diesen beiden Fällen handelt es sich nach Satz 5.11 um Kongruenzabbildungen, und zwar um die Identität bzw. um die Punktspiegelung an O. Falls gilt: $k \in \mathbb{R} \setminus \{-1, 0, +1\}$, liegt keine Kongruenzabbildung vor.

Streckt man nicht von O, sondern von irgendeinem Zentrum C aus mit dem Streckfaktor k, so gilt aufgrund unserer Definition 6.1

$$\overrightarrow{CX'} = k\overrightarrow{CX}$$

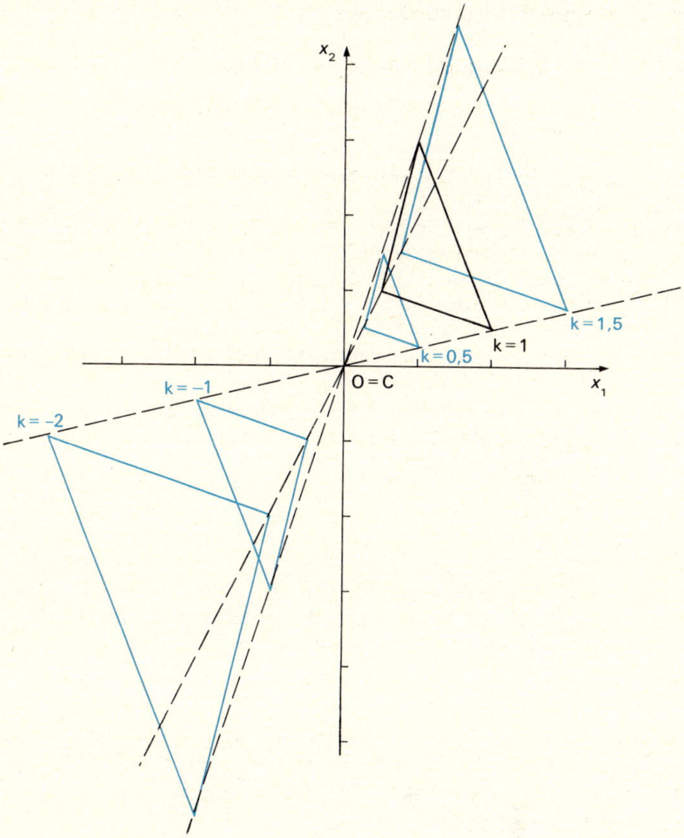

Bild 6.1

für jeden Punkt X des $\mathbb{R}^2$ (s. Bild 6.2). Demnach ergibt sich

$$\mathfrak{x}' - \mathfrak{c} = k(\mathfrak{x} - \mathfrak{c}),$$

(2) $$\mathfrak{x}' = \mathfrak{c} + k(\mathfrak{x} - \mathfrak{c}),$$

$$\mathfrak{x}' = \mathfrak{c} + \begin{pmatrix} k & 0 \\ 0 & k \end{pmatrix}(\mathfrak{x} - \mathfrak{c}),$$

(2′) $$\mathfrak{x}' = \mathfrak{c} + \mathfrak{Z}(\mathfrak{x} - \mathfrak{c}).$$

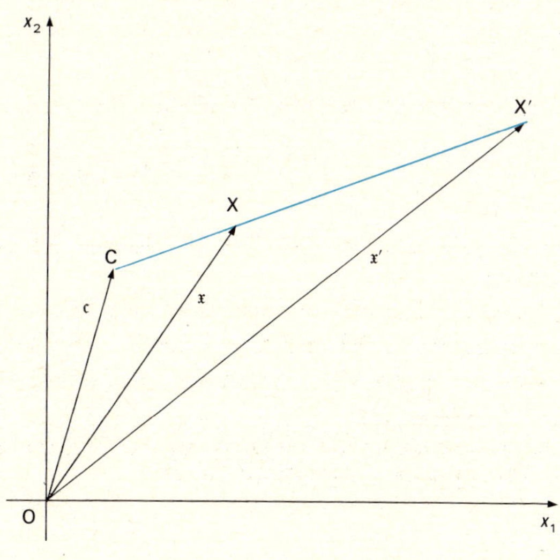

Bild 6.2

Jede zentrische Streckung hat also eine Gleichung dieser Form; umgekehrt läßt sich jede Gleichung dieser Form als Abbildungsgleichung einer zentrischen Streckung von C aus mit dem Streckfaktor k interpretieren.
Deshalb definieren wir die zentrische Streckung analytisch:

Definition 6.2

Die und nur die Punktabbildungen des $\mathbb{R}^2$ auf den $\mathbb{R}^2$ heißen reguläre *zentrische Streckungen*, deren Gleichungen die Form haben

$$\mathfrak{x}' = \mathfrak{c} + \mathfrak{Z}(\mathfrak{x} - \mathfrak{c}) \quad \text{mit} \quad \mathfrak{Z} = \begin{pmatrix} k & 0 \\ 0 & k \end{pmatrix} \quad \text{und} \quad k \neq 0 .$$

Durch Umformung erhält man aus (2′)

$$\mathfrak{x}' = \mathfrak{Z}\mathfrak{x} + (\mathfrak{E} - \mathfrak{Z})\,\mathfrak{c} .$$

Dieser Gleichung entnimmt man folgenden Satz:

Satz 6.1

Jede zentrische Streckung Z von C aus mit dem Streckfaktor $k \neq 0$ ist eine regulär affine Abbildung. Sie läßt sich zerlegen in eine zentrische Streckung von O aus mit dem gleichen Streckfaktor k und anschließender Parallelverschiebung um den Vektor $\mathfrak{v}$ mit

$$\mathfrak{v} = (\mathfrak{E} - \mathfrak{Z})\,\mathfrak{c} = (1 - k)\,\mathfrak{c} .$$

Nachdem wir nun gesehen haben, daß sich die Gleichung jeder zentrischen Streckung in die Form

(3) $$\mathfrak{x}' = k\mathfrak{x} + \mathfrak{v}$$

bringen läßt, wollen wir uns umgekehrt fragen, ob auch jede regulär affine Abbildung mit einer solchen Gleichung eine zentrische Streckung darstellt. Dazu berechnen wir die Fixpunkte. Nach Satz 4.7 gibt es genau einen Fixpunkt, falls $|\mathfrak{E} - \mathfrak{Z}| \neq 0$ ist. Nun ist

$$|\mathfrak{E} - \mathfrak{Z}| = \begin{vmatrix} 1-k & 0 \\ 0 & 1-k \end{vmatrix} = (1-k)^2 .$$

Demnach gibt es genau einen Fixpunkt F, falls $k \neq 1$ ist. Für den Ortsvektor von F gilt

$$\mathfrak{f} = \mathfrak{Z}\mathfrak{f} + \mathfrak{v} .$$

Daraus folgt

$$\mathfrak{v} = (\mathfrak{E} - \mathfrak{Z})\,\mathfrak{f} .$$

Setzt man für $\mathfrak{v}$ in Gleichung (3) ein, ergibt sich:

$$\mathfrak{x}' = \mathfrak{Z}\mathfrak{x} + (\mathfrak{E} - \mathfrak{Z})\,\mathfrak{f} ,$$

$$\mathfrak{x}' = \mathfrak{f} + \mathfrak{Z}(\mathfrak{x} - \mathfrak{f}) .$$

Das ist nach Definition 6.2 die Gleichung einer zentrischen Streckung mit dem Streckfaktor k und dem Fixpunkt F als Streckzentrum.
Ist $k = 1$, so gehört Gl. (3) zur Identität oder zu einer Parallelverschiebung, je nachdem $\mathfrak{v} = \mathfrak{o}$ oder $\mathfrak{v} \neq \mathfrak{o}$ ist.

Wir fassen zusammen zum

Satz 6.2

Jede Abbildung mit der Gleichung

$$\mathfrak{x}' = \mathfrak{Z}\mathfrak{x} + \mathfrak{v} \quad \text{bzw.} \quad \mathfrak{x}' = k\mathfrak{x} + \mathfrak{v}$$

stellt für $k \neq 1$ eine zentrische Streckung von

$$C[(\mathfrak{E} - \mathfrak{Z})^{I}\mathfrak{v}] \quad \text{bzw.} \quad C\left[\frac{\mathfrak{v}}{1-k}\right]$$

aus dar mit dem Streckfaktor k.
Für

$$\mathfrak{Z} = \mathfrak{E} \quad \text{bzw.} \quad k = 1$$

handelt es sich um die Identität (Sonderfall einer zentrischen Streckung) oder um eine Parallelverschiebung (keine zentrische Streckung), je nachdem $\mathfrak{v} = \mathfrak{o}$ oder $\mathfrak{v} \neq \mathfrak{o}$ ist.

Beispiel

Gegeben ist das Trapez P(0/2) Q(12/2) R(8/6) S(2/6). Welche zentrischen Streckungen bilden die Seite PQ auf die Seite RS ab?

Lösung:

Die Aufgabe hat zwei Lösungen, bei der ersten wird P auf S und Q auf R, bei der zweiten P auf R und Q auf S abgebildet (Bild 6.3). Wir setzen die Gleichungen der gesuchten zentrischen Streckungen an in der Form

$$\mathfrak{x}' = \mathfrak{c} + k(\mathfrak{x} - \mathfrak{c}).$$

Wegen P' = S und Q' = R erhält man für den ersten Fall die beiden Gleichungen

$$\begin{pmatrix}2\\6\end{pmatrix} = \mathfrak{c}_1 + k_1\left[\begin{pmatrix}0\\2\end{pmatrix} - \mathfrak{c}_1\right]$$

$$\begin{pmatrix}8\\6\end{pmatrix} = \mathfrak{c}_1 + k_1\left[\begin{pmatrix}12\\2\end{pmatrix} - \mathfrak{c}_1\right].$$

Durch Subtraktion ergibt sich:

$$\begin{pmatrix}6\\0\end{pmatrix} = k_1\begin{pmatrix}12\\0\end{pmatrix}.$$

Daraus folgt

$$k_1 = \frac{1}{2}.$$

Um $\mathfrak{c}_1$ zu bestimmen, lösen wir die Gleichung für die zentrische Streckung nach $\mathfrak{c}$ auf

$$\mathfrak{c} = \frac{\mathfrak{x}' - k\mathfrak{x}}{1-k}$$

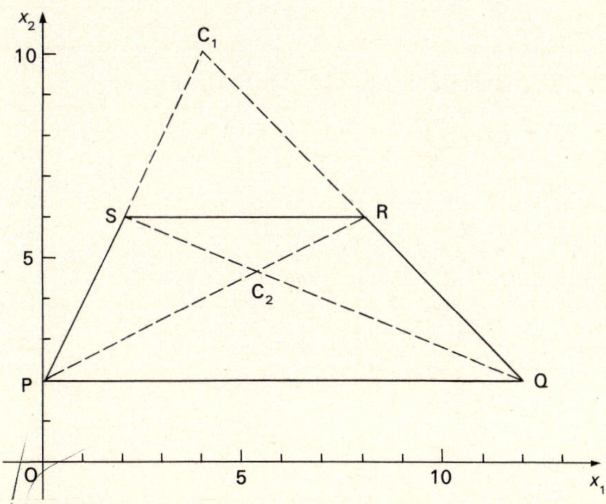

Bild 6.3

und setzen zwei einander zugeordnete Vektoren ein

$$\mathfrak{c}_1 = \frac{\begin{pmatrix}2\\6\end{pmatrix} - \frac{1}{2}\begin{pmatrix}0\\2\end{pmatrix}}{1 - \frac{1}{2}} = \frac{\begin{pmatrix}2\\5\end{pmatrix}}{\frac{1}{2}} = \begin{pmatrix}4\\10\end{pmatrix}.$$

Demnach erhalten wir für die erste zentrische Streckung die Abbildungsgleichung

$$\mathfrak{x}' = \begin{pmatrix} 4 \\ 10 \end{pmatrix} + \frac{1}{2}\left[\mathfrak{x} - \begin{pmatrix} 4 \\ 10 \end{pmatrix}\right],$$

d. h. es handelt sich um eine zentrische Streckung von $C_1(4/10)$ aus mit dem Streckfaktor $k_1 = \frac{1}{2}$. Entsprechend erhält man für die zweite Lösung:

$$\begin{aligned} \begin{pmatrix} 8 \\ 6 \end{pmatrix} &= \mathfrak{c}_2 + k_2\left[\begin{pmatrix} 0 \\ 2 \end{pmatrix} - \mathfrak{c}_2\right] \\ \begin{pmatrix} 2 \\ 6 \end{pmatrix} &= \mathfrak{c}_2 + k_2\left[\begin{pmatrix} 12 \\ 2 \end{pmatrix} - \mathfrak{c}_2\right] \\ \hline \begin{pmatrix} 6 \\ 0 \end{pmatrix} &= -k_2\begin{pmatrix} 12 \\ 0 \end{pmatrix} \\ k_2 &= -\frac{1}{2} \end{aligned}$$

$$\mathfrak{c}_2 = \frac{\begin{pmatrix} 8 \\ 6 \end{pmatrix} + \frac{1}{2}\begin{pmatrix} 0 \\ 2 \end{pmatrix}}{1 + \frac{1}{2}} = \frac{2}{3}\begin{pmatrix} 8 \\ 7 \end{pmatrix} = \begin{pmatrix} \frac{16}{3} \\ \frac{14}{3} \end{pmatrix} = \begin{pmatrix} 5\frac{1}{3} \\ 4\frac{2}{3} \end{pmatrix}$$

Die zweite zentrische Streckung hat also die Abbildungsgleichung

$$\mathfrak{x}' = \begin{pmatrix} 5\frac{1}{3} \\ 4\frac{2}{3} \end{pmatrix} - \frac{1}{2}\left[\mathfrak{x} - \begin{pmatrix} 5\frac{1}{3} \\ 4\frac{2}{3} \end{pmatrix}\right].$$

Es handelt sich um eine zentrische Streckung von $C_2\left(\frac{16}{3}\middle/\frac{14}{3}\right)$ aus mit dem Streckfaktor $k_2 = -\frac{1}{2}$.

Aufgaben

1. Das Dreieck $P(1/2)\ Q(4/3)\ R(3/6)$ soll von O aus mit dem Streckfaktor k gestreckt werden. Bestimme die Eckpunkte des Bilddreiecks.

   a) $k=2$, b) $k=-1$, c) $k=\frac{3}{2}$.

2. Welche zentrische Streckung von O aus bildet den Punkt $P(-3/4)$ ab in den Punkt $P'(1{,}5/-2)$?

3. Gegeben sind die Geraden

   a) $g_1: \mathfrak{x} = \begin{pmatrix} 0 \\ 2 \end{pmatrix} + \lambda\begin{pmatrix} 1 \\ 1 \end{pmatrix}$,

   b) $g_2: \begin{pmatrix} 0{,}6 \\ 0{,}8 \end{pmatrix}\mathfrak{x} - 5 = 0$,

   c) $g_3: x_2 = 2x_1 + 4$.

   Wie heißen die Gleichungen der Bildgeraden bei der zentrischen Streckung von O aus mit $k=2$?

4. Gibt es eine zentrische Streckung von O aus, die die Gerade

   $$g: x_2 = x_1 + 2$$

   abbildet in

   $$h: \mathfrak{x} = \begin{pmatrix} 1 \\ -2 \end{pmatrix} + \lambda\begin{pmatrix} -1 \\ -1 \end{pmatrix}?$$

5. Gibt es eine zentrische Streckung von O aus, die die x_1-Achse auf die x_2-Achse abbildet?

6. Gib die Abbildungsgleichung an für eine zentrische Streckung
   a) mit dem Streckzentrum C(1/4) und dem Streckfaktor $k = -3$,
   b) mit dem Streckzentrum C(−5/0,4) und dem Streckfaktor $k = \frac{3}{5}$,
   c) mit dem Streckzentrum C(1/1) und dem Streckfaktor $k = 1$.

7. Bestimme das Zentrum der zentrischen Streckung
   a) $Z: \mathfrak{x}' = 3\mathfrak{x} + \begin{pmatrix} 4 \\ 1 \end{pmatrix}$,
   b) $Z: \mathfrak{x}' = \frac{1}{2}\mathfrak{x} + \begin{pmatrix} 1 \\ -3 \end{pmatrix}$,
   c) $Z: \mathfrak{x}' = -\frac{1}{4}\mathfrak{x} + \begin{pmatrix} 0 \\ 5 \end{pmatrix}$.

8. Strecke das Viereck P(1/3) Q(5/2) R(10/6) S(2/8)
   a) von P aus mit dem Streckfaktor 3,
   b) von Q aus mit dem Streckfaktor −2,
   c) vom Schnittpunkt seiner Diagonalen aus mit $k = -\frac{1}{2}$.

9. Strecke das Dreieck P(2/4) Q(6/3) R(4/8) von seinem Schwerpunkt aus mit $k = -\frac{1}{2}$. Welche besonderen Eigenschaften hat das Bilddreieck (Zeichnung!)?

10. Welche zentrische Streckung
    a) mit $k = -2$,
    b) mit C(5/6)
    bildet den Punkt P(3/2) ab in P′(6/8)?

11. Gegeben sind die drei Punkte P(−2/1), Q(2/3) und R(8/6).
    a) Zeige, daß sie auf einer Geraden liegen.
    Welche zentrische Streckung mit dem Zentrum
    b) P bildet Q auf R ab,
    c) Q bildet R auf P ab,
    d) R bildet P auf Q ab?

12. Gibt es eine zentrische Streckung, die zugleich
    a) P(3/1) in P′(0/4) und Q(2/−1) in Q′(2/8)
    b) R(0/1) in R′(6/4) und S(6/0) in S′(0/3)
    abbildet?

13. Gegeben ist das Dreieck P(1/4) Q(7/2) R(4/8).
    Bilde es durch eine zentrische Streckung so ab, daß das Bild von P der Fußpunkt der durch P gehenden Höhe ist, und daß das Bild von R auf der Verlängerung der durch R gehenden Seitenhalbierenden liegt.

14. Gegeben ist das Trapez
    P(2/1) Q(14/7) R(10/11) S(6/9).
    Welche zentrischen Streckungen bilden
    a) die Seite PQ auf die Mittellinie des Trapezes ab,
    b) die Mittellinie des Trapezes auf die Seite RS ab?

15. Gegeben sind zwei Punkte $A(a_1/0)$ und $B(b_1/0)$ auf der x_1-Achse. Gib die Menge aller zentrischen Streckungen an, die A auf B abbilden.

16. Gegeben sind zwei Punkte $A(a_1/0)$ und $B(b_1/0)$ auf der x_1-Achse sowie zwei Punkte $P(p_1/h)$ und $Q(q_1/h)$ auf der Parallelen zur x_1-Achse im Abstand h.
a) Gib diejenige zentrische Streckung an, die A auf P und B auf Q abbildet.
Welche Beziehung muß zwischen den Formvariablen a_1, b_1, p_1, q_1 und h bestehen, damit die Abbildung
b) eine Kongruenzabbildung,
c) die Identität,
d) singulär
ist?

17. Zeige: Jede zentrische Streckung bildet jede Gerade g als zu g parallele Gerade ab.

18. Zeige: Bei jeder zentrischen Streckung mit dem Streckfaktor k ist die Bildstrecke $|k|$-mal so lang wie die Urstrecke.

19. Beweise: Bei jeder zentrischen Streckung ist der Abstand der Bildgeraden vom Zentrum $|k|$-mal so groß wie der Abstand der Urgeraden vom Zentrum.

6.2. Die Verkettung von zentrischen Streckungen und Kongruenzabbildungen

Vorübungen

1. Wie ist eine Kongruenzabbildung definiert?
2. Warum ist eine zentrische Streckung im allgemeinen keine Kongruenzabbildung?
3. Gibt es zentrische Streckungen, die Kongruenzabbildungen sind?

Wir haben bisher aus den Spiegelungen die Menge der Kongruenzabbildungen durch Verkettung synthetisch erzeugt. Als neue Abbildungen haben wir die zentrischen Streckungen kennengelernt, die – wie wir wissen – keine Kongruenzabbildungen zu sein brauchen. Es liegt nun nahe, dem synthetischen Prinzip folgend die Produktabbildungen von zentrischen Streckungen mit Kongruenzabbildungen zu betrachten, um über die Kongruenzabbildungen hinaus neue affine Abbildungen kennenzulernen.

Definition 6.3

Jede Abbildung, die durch Verkettung von zentrischen Streckungen mit Kongruenzabbildungen in endlicher Anzahl und beliebiger Reihenfolge entsteht, soll *Ähnlichkeitsabbildung* heißen.

Da wir uns in diesem Kapitel mit den Ähnlichkeitsabbildungen befassen wollen, müssen wir zunächst auf Grund dieser Definition die Gleichungsform für Ähnlichkeitsabbildungen herleiten. Dazu wollen wir prüfen, ob es möglich ist –, ähnlich wie wir es im Fall der Kongruenzabbildungen mit den Spiegelungen getan haben –, zentrische Streckungen mit zentrischen Streckungen und Kongruenzabbildungen so lange zu verketten, bis wir eine Gleichungsform erhalten haben, die sich durch weitere Verkettung nicht mehr ändert. Mit Hilfe dieser Gleichungsform können wir sodann die Menge aller Ähnlichkeitsabbildungen überschauen.

Wir wollen mit der Verkettung zweier zentrischer Streckungen beginnen. Es sei

$$Z_1 : \mathfrak{x}' = \mathfrak{c}_1 + k_1(\mathfrak{x} - \mathfrak{c}_1) \quad \text{und} \quad Z_2 : \mathfrak{x}'' = \mathfrak{c}_2 + k_2(\mathfrak{x}' - \mathfrak{c}_2).$$

Verkettet man die beiden Streckungen zu $Z_2 \circ Z_1$, so erhält man

$$\mathfrak{x}'' = \mathfrak{c}_2 + k_2[\mathfrak{c}_1 + k_1(\mathfrak{x} - \mathfrak{c}_1) - \mathfrak{c}_2]$$

$$\mathfrak{x}'' = k_2 k_1 \mathfrak{x} + k_2(1 - k_1)\,\mathfrak{c}_1 + (1 - k_2)\,\mathfrak{c}_2 .$$

Das ist nach Satz 6.2 die Gleichung einer zentrischen Streckung mit dem Streckfaktor $k_1 k_2$ und dem Streckzentrum

$$C\left[\frac{k_2(1-k_1)\,\mathfrak{c}_1 + (1-k_2)\,\mathfrak{c}_2}{1 - k_1 k_2}\right],$$

falls $k_1 k_2$ von 1 verschieden ist.

Es ergibt sich

Satz 6.3

Die Produktabbildung $Z_2 \circ Z_1$ von zwei zentrischen Streckungen Z_1, Z_2 mit den Streckfaktoren k_1 und k_2 und den Streckungszentren $C_1[\mathfrak{c}_1]$ und $C_2[\mathfrak{c}_2]$ ist für $k_1 k_2 \neq 1$ eine zentrische Streckung mit dem Streckfaktor $k = k_1 k_2$ und dem Streckzentrum $C\left[\dfrac{k_2(1-k_1)\,\mathfrak{c}_1 + (1-k_2)\,\mathfrak{c}_2}{1 - k_1 k_2}\right]$. Für $k_1 k_2 = 1$ ist die Produktabbildung eine Parallelverschiebung um den Vektor $\mathfrak{v} = (1 - k_2)(\mathfrak{c}_2 - \mathfrak{c}_1)$, insbesondere ergibt sich die identische Abbildung, falls $\mathfrak{v} = \mathfrak{o}$ ist.

Die Lage des Streckzentrums C dieser Produktabbildung ist schlecht zu erkennen. Die nächstliegende Vermutung über C, dessen Lage ja abgesehen von den beiden Streckfaktoren im wesentlichen von C_1 und C_2 abhängt, ist wohl die, daß C auf der durch C_1 und C_2 bestimmten Geraden liegt. Dann muß C auf der Strecke $C_1 C_2$ ein Teilverhältnis festlegen, d. h. es muß sich eine Zahl $\tau \neq -1$ so bestimmen lassen, daß gilt

$$\mathfrak{c} = \frac{\mathfrak{c}_1 + \tau \mathfrak{c}_2}{1 + \tau}.$$

Dazu versuchen wir, den für C gefundenen Ortsvektor auf die Form

$$\frac{\mathfrak{c}_1 + \tau \mathfrak{c}_2}{1 + \tau}$$

zu bringen.

$$\frac{(k_2 - k_1 k_2)\,\mathfrak{c}_1 + (1 - k_2)\,\mathfrak{c}_2}{1 - k_1 k_2} = \frac{\mathfrak{c}_1 + \dfrac{1 - k_2}{k_2 - k_1 k_2}\,\mathfrak{c}_2}{\dfrac{1 - k_1 k_2}{k_2 - k_1 k_2}}$$

$$= \frac{\mathfrak{c}_1 + \dfrac{1 - k_2}{k_2 - k_1 k_2}\,\mathfrak{c}_2}{1 + \dfrac{1 - k_2}{k_2 - k_1 k_2}}$$

Demnach existiert das gesuchte τ, falls

$$k_2 - k_1 k_2 \neq 0$$

ist und falls

$$\frac{1-k_2}{k_2 - k_1 k_2} \neq -1$$

ist (Bild 6.4).

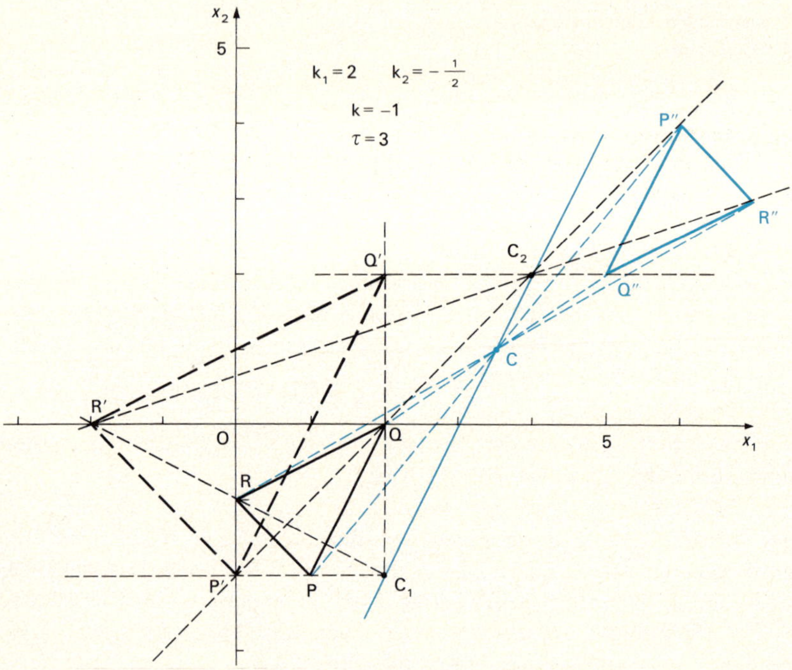

Bild 6.4

Folglich liegt das Streckzentrum C der Produktabbildung zweier zentrischer Streckungen mit den Zentren C_1 und C_2 auf der Geraden durch C_1 und C_2, und zwar so, daß C auf der Strecke C_1C_2 das Teilverhältnis $\tau = \frac{1-k_2}{k_2 - k_1 k_2}$ bestimmt. Ist $k_1 = 1$, so läßt sich τ nicht bestimmen, weil dann C mit C_2 zusammenfällt.
Die Sonderfälle sollen in Aufgabe 19 untersucht werden.

Der zuletzt hergeleitete Satz 6.3 läßt sich auch so formulieren, daß bei der Verkettung zentrischer Streckungen immer wieder Abbildungen entstehen, deren Gleichungen die Form haben

$$\mathfrak{x}' = k\mathfrak{x} + \mathfrak{v}\,,$$

wobei k außer 0 jeden beliebigen Wert annehmen kann. Um unser Ziel, die Herleitung der Abbildungsgleichung der Ähnlichkeitsabbildungen, weiter zu verfolgen, müssen wir nun Produktabbildungen von zentrischen Streckungen mit Kongruenzabbildungen betrachten. Es sei also

$$Z: \mathfrak{x}' = \mathfrak{c} + k(\mathfrak{x} - \mathfrak{c})$$

eine zentrische Streckung und

$$\mathrm{K}: \mathfrak{x}' = \mathfrak{K}\mathfrak{x} + \mathfrak{v}_k$$

eine Kongruenzabbildung, wobei $\mathfrak{K}$ eine orthogonale Matrix sein muß. Dann erhält man

für $\mathrm{Z} \circ \mathrm{K}$:	für $\mathrm{K} \circ \mathrm{Z}$:
$\mathfrak{x}' = \mathfrak{c} + k(\mathfrak{K}\mathfrak{x} + \mathfrak{v}_k - \mathfrak{c})$	$\mathfrak{x}' = \mathfrak{K}[\mathfrak{c} + k(\mathfrak{x} - \mathfrak{c})] + \mathfrak{v}_k$
$\mathfrak{x}' = k\mathfrak{K}\mathfrak{x} + k\mathfrak{v}_k + (1-k)\,\mathfrak{c}$	$\mathfrak{x}' = \mathfrak{K}k\mathfrak{x} + \mathfrak{v}_k + (1-k)\,\mathfrak{K}\mathfrak{c}$.

In beiden Fällen entstehen Abbildungen vom Typ

(1) $$\mathrm{Ä}^*: \mathfrak{x}' = k\mathfrak{K}\mathfrak{x} + \mathfrak{v}\,,$$

die nach Definition 6.3 sicher Ähnlichkeitsabbildungen sind. Um die Gleichungen *aller* Ähnlichkeitsabbildungen überblicken zu können, verketten wir die Abbildung Ä* weiter mit einer zentrischen Streckung Z bzw. mit einer Kongruenzabbildung K von beiden Seiten.
Es sei also

$$\mathrm{Z}: \mathfrak{x}' = \mathfrak{c} + k_1(\mathfrak{x} - \mathfrak{c})\,,$$

$$\mathrm{Ä}^*: \mathfrak{x}' = k_2\mathfrak{K}_2\mathfrak{x} + \mathfrak{v}_2\,,$$

$$\mathrm{K}: \mathfrak{x}' = \mathfrak{K}_3\mathfrak{x} + \mathfrak{v}_3\,.$$

Wir berechnen zunächst

$\mathrm{Z} \circ \mathrm{Ä}^*$	$\mathrm{Ä}^* \circ \mathrm{Z}$

und erhalten

$\mathfrak{x}' = \mathfrak{c} + k_1(k_2\mathfrak{K}_2\mathfrak{x} + \mathfrak{v}_2 - \mathfrak{c})$	$\mathfrak{x}' = k_2\mathfrak{K}_2[\mathfrak{c} + k_1(\mathfrak{x} - \mathfrak{c})] + \mathfrak{v}_2$
$\mathfrak{x}' = k_1k_2\mathfrak{K}_2\mathfrak{x} + k_1\mathfrak{v}_2 + (1-k_1)\,\mathfrak{c}$.	$\mathfrak{x}' = k_1k_2\mathfrak{K}_2\mathfrak{x} + \mathfrak{v}_2 + k_2\mathfrak{K}_2(1-k_1)\,\mathfrak{c}$.

Auch hier ergibt sich in beiden Fällen eine Abbildung mit einer Gleichung vom Typ (1).
Berechnen wir schließlich noch

$\mathrm{K} \circ \mathrm{Ä}^*$,	$\mathrm{Ä}^* \circ \mathrm{K}$,

so erhalten wir

$\mathfrak{x}' = \mathfrak{K}_3(k_2\mathfrak{K}_2\mathfrak{x} + \mathfrak{v}_2) + \mathfrak{v}_3$	$\mathfrak{x}' = k_2\mathfrak{K}_2(\mathfrak{K}_3\mathfrak{x} + \mathfrak{v}_3) + \mathfrak{v}_2$
$\mathfrak{x}' = k_2\mathfrak{K}_3\mathfrak{K}_2\mathfrak{x} + \mathfrak{K}_3\mathfrak{v}_2 + \mathfrak{v}_3$.	$\mathfrak{x}' = k_2\mathfrak{K}_2\mathfrak{K}_3\mathfrak{x} + k_2\mathfrak{K}_2\mathfrak{v}_3 + \mathfrak{v}_2$.

Nun ist das Produkt zweier orthogonaler Matrizen sicher wieder eine orthogonale Matrix; wie wir aus dem vorhergehenden Kapitel wissen, gilt nämlich stets

$$\mathfrak{K}_1\mathfrak{K}_2 = \mathfrak{D} \quad \text{oder} \quad \mathfrak{K}_1\mathfrak{K}_2 = \mathfrak{S}\,.$$

Demnach ergibt sich auch im letzten Fall eine Abbildungsgleichung vom Typ (1). Wie auch immer man zentrische Streckungen mit Kongruenzabbildungen verkettet, immer wieder erhält man eine Abbildung, die durch eine Gleichung der Form

(1) $$\mathfrak{x}' = k\mathfrak{K}\mathfrak{x} + \mathfrak{v}$$

dargestellt wird.

Auch umgekehrt stellen alle Abbildungen mit einer Gleichung der Form (1) sicher Ähnlichkeitsabbildungen dar. Denn jede solche Abbildung läßt sich dadurch erzeugen, daß man zunächst eine nullpunktstreue Kongruenzabbildung

$$K: \mathfrak{x}' = \mathfrak{K}\mathfrak{x}$$

ausführt, danach vom Ursprung aus zentrisch streckt

$$Z: \mathfrak{x}'' = k\mathfrak{x}'$$

und schließlich um den Vektor $\mathfrak{v}$ parallel verschiebt:

$$V: \mathfrak{x}''' = \mathfrak{x}'' + \mathfrak{v}.$$

Da $V \circ Z \circ K$ nach Definition 6.3 eine Ähnlichkeitsabbildung ist, erhält man den

Satz 6.4

Eine affine Abbildung mit der Gleichung

$$\mathfrak{x}' = \mathfrak{A}\mathfrak{x} + \mathfrak{v}$$

ist dann und nur dann eine Ähnlichkeitsabbildung, wenn $\mathfrak{A}$ das Produkt einer von Null verschiedenen Zahl k mit einer orthogonalen Matrix $\mathfrak{K}$ ist.

Wir werden gelegentlich die Matrix einer Ähnlichkeitsabbildung mit $\ddot{\mathfrak{A}}$ bezeichnen, wobei demnach gilt

$$\ddot{\mathfrak{A}} = k\mathfrak{K}.$$

Beispiel

Gegeben sind die zentrischen Streckungen

$$Z_1: \mathfrak{x}' = \begin{pmatrix} 4 \\ 1 \end{pmatrix} + \frac{1}{2}\left[\mathfrak{x} - \begin{pmatrix} 4 \\ 1 \end{pmatrix}\right] \quad \text{und}$$

$$Z_2: \mathfrak{x}' = \begin{pmatrix} 0 \\ 2 \end{pmatrix} - 2\left[\mathfrak{x} - \begin{pmatrix} 0 \\ 2 \end{pmatrix}\right].$$

Bestimme eine zentrische Streckung Z_3 so, daß $Z_1 \circ Z_3 = Z_2$ ist.

Lösung:

Wir bringen der einfacheren Rechnung wegen die Abbildungsgleichungen für die zentrischen Streckungen zunächst auf die Form

$$\mathfrak{x}' = k\mathfrak{x} + \mathfrak{v}$$

und erhalten

$$Z_1: \mathfrak{x}' = \frac{1}{2}\mathfrak{x} + \begin{pmatrix} 2 \\ \frac{1}{2} \end{pmatrix},$$

$$Z_2: \mathfrak{x}' = -2\mathfrak{x} + \begin{pmatrix} 0 \\ 6 \end{pmatrix}.$$

Ferner setzen wir an:

$$Z_3: \mathfrak{x}' = k\mathfrak{x} + \mathfrak{v}.$$

Damit erhalten wir

$$Z_1 \circ Z_3: \mathfrak{x}' = \frac{1}{2}(k\mathfrak{x} + \mathfrak{v}) + \begin{pmatrix} 2 \\ \frac{1}{2} \end{pmatrix}$$

$$\mathfrak{x}' = \frac{k}{2}\mathfrak{x} + \frac{\mathfrak{v}}{2} + \begin{pmatrix} 2 \\ \frac{1}{2} \end{pmatrix}.$$

Da diese Gleichung die Abbildung Z_2 darstellen soll, ergibt sich durch Koeffizientenvergleich

I. $$\frac{k}{2} = -2 \Rightarrow k = -4,$$

II. $$\frac{\mathfrak{v}}{2} + \begin{pmatrix} 2 \\ \frac{1}{2} \end{pmatrix} = \begin{pmatrix} 0 \\ 6 \end{pmatrix} \Rightarrow \mathfrak{v} = \begin{pmatrix} -4 \\ 11 \end{pmatrix}.$$

Die gesuchte zentrische Streckung ist also

$$Z_3: \mathfrak{x}' = -4\mathfrak{x} + \begin{pmatrix} -4 \\ 11 \end{pmatrix}.$$

Wegen $\mathfrak{c} = \frac{\mathfrak{v}}{1-k}$ erhält man als Ortsvektor zum Zentrum $\mathfrak{c} = \frac{\mathfrak{v}}{5}$, und so ergibt sich schließlich

$$Z_3: \mathfrak{x}' = \begin{pmatrix} -\frac{4}{5} \\ \frac{11}{5} \end{pmatrix} - 4\left[\mathfrak{x} - \begin{pmatrix} -\frac{4}{5} \\ \frac{11}{5} \end{pmatrix}\right].$$

Aufgaben

1. Welche Abbildung erhält man, wenn man zuerst von C(4/2) aus mit $k_1 = -\frac{1}{4}$ streckt und danach von C aus mit $k_2 = -2$?

2. Gegeben sind die zentrischen Streckungen
$$Z_1: \mathfrak{x}' = 3\mathfrak{x} + \begin{pmatrix} 1 \\ 2 \end{pmatrix} \quad \text{und} \quad Z_2: \mathfrak{x}' = -2\mathfrak{x} + \begin{pmatrix} 1 \\ 2 \end{pmatrix}.$$
Bestimme $Z_2 \circ Z_1$ und $Z_1 \circ Z_2$.

3. Gibt es zentrische Streckungen, für die gilt $Z \circ Z = I$?

4. Untersuche die Produktabbildung zweier zentrischer Streckungen mit gemeinsamem Streckzentrum.

5. Das Dreieck P(1/1) Q(4/2) R(3/5) soll zunächst von P aus mit $k_1 = 2$, danach von R′ aus mit $k_2 = -\frac{1}{2}$ gestreckt werden.
Gib die Bilder der Eckpunkte und die Gleichung der resultierenden Abbildung an.

6. Gegeben sind die beiden zentrischen Streckungen
$$Z_1: \mathfrak{x}' = \begin{pmatrix} 2 \\ -2 \end{pmatrix} + 2\left[\mathfrak{x} - \begin{pmatrix} 2 \\ -2 \end{pmatrix}\right] \quad \text{und} \quad Z_2: \mathfrak{x}' = \begin{pmatrix} 4 \\ 2 \end{pmatrix} - \frac{1}{2}\left[\mathfrak{x} - \begin{pmatrix} 4 \\ 2 \end{pmatrix}\right].$$
Bestimme a) $Z_1 \circ Z_2$ und b) $Z_2 \circ Z_1$.
Gib auch die Streckfaktoren und Streckzentren der Produktabbildung an.

7. Zeige: Ergibt das Produkt zweier zentrischer Streckungen eine Parallelverschiebung, so läuft der Verschiebungsvektor parallel zur Verbindungsgeraden der beiden Streckzentren.

8. a) Bestimme Streckfaktor und Streckzentrum derjenigen Abbildung, die man erhält, wenn man zunächst von $C_1(2/3)$ aus mit $k_1 = 2$ und danach von $C_2(0/-8)$ aus mit $k_2 = \frac{1}{4}$ streckt.
b) Wie muß man k_2 wählen, damit als Produktabbildung eine Parallelverschiebung entsteht? Wie heißt für diesen Fall die Abbildungsgleichung?

9. Gegeben sind die zentrischen Streckungen

$$Z_1: \mathfrak{x}' = \frac{1}{2}\mathfrak{x} + \begin{pmatrix} 0 \\ 42 \end{pmatrix} \quad \text{und} \quad Z_2: \mathfrak{x}' = -4\mathfrak{x} + \begin{pmatrix} 60 \\ 0 \end{pmatrix}.$$

Berechne a) $Z_2 \circ Z_1$ und b) $Z_1 \circ Z_2$.
Bestimme auch das Streckzentrum C der Produktabbildung sowie das durch C auf der Verbindungsstrecke C_1C_2 der Streckzentren festgelegte Teilverhältnis.

10. In welchem Falle ist die Verkettung zweier zentrischer Streckungen mit verschiedenen Zentren kommutativ?

11. Gegeben sind die beiden zentrischen Streckungen

$$Z_1: \mathfrak{x}' = \begin{pmatrix} 2 \\ 0 \end{pmatrix} + 2\left[\mathfrak{x} - \begin{pmatrix} 2 \\ 0 \end{pmatrix}\right] \quad \text{und} \quad Z_2: \mathfrak{x}' = -3\mathfrak{x}.$$

Bestimme eine zentrische Streckung Z_3 so, daß
a) $Z_1 \circ Z_3 = Z_2$, b) $Z_3 \circ Z_2 = Z_1$
ist.

12. Gegeben sind zwei Streckzentren C_1 und C_2. Ist es möglich, für jeden Punkt C auf der Geraden durch C_1 und C_2
a) bei vorgegebenem Streckfaktor k_1 einen Streckfaktor k_2 so zu bestimmen,
b) zwei Streckfaktoren k_1 und k_2 so zu bestimmen,
daß C Zentrum der Streckung $Z_2 \circ Z_1$ mit $Z_1: \mathfrak{x}' = \mathfrak{c}_1 + k_1(\mathfrak{x} - \mathfrak{c}_1)$ und $Z_2: \mathfrak{x}' = \mathfrak{c}_2 + k_2(\mathfrak{x} - \mathfrak{c}_2)$ wird?

13. Gegeben sind die drei zentrischen Streckungen

$$Z_1: \mathfrak{x}' = \begin{pmatrix} 1 \\ 0 \end{pmatrix} + 2\left[\mathfrak{x} - \begin{pmatrix} 1 \\ 0 \end{pmatrix}\right],$$

$$Z_2: \mathfrak{x}' = \begin{pmatrix} 6 \\ 3 \end{pmatrix} - 3\left[\mathfrak{x} - \begin{pmatrix} 6 \\ 3 \end{pmatrix}\right],$$

$$Z_3: \mathfrak{x}' = \begin{pmatrix} 2 \\ 2 \end{pmatrix} + \frac{1}{2}\left[\mathfrak{x} - \begin{pmatrix} 2 \\ 2 \end{pmatrix}\right].$$

Berechne Streckzentrum und Streckfaktor der Abbildung $Z_3 \circ Z_2 \circ Z_1$.

14. Gib drei zentrische Streckungen Z_1, Z_2 und Z_3 mit verschiedenen Zentren und verschiedenen Streckfaktoren so an, daß ihr Produkt $Z_3 \circ Z_2 \circ Z_1$ eine Parallelverschiebung ergibt.

15. Was für eine Abbildung entsteht, wenn man zunächst um $-\mathfrak{c}$ verschiebt, dann von O aus mit k zentrisch streckt und danach um $\mathfrak{c}$ verschiebt?

16. Untersuche die Produktabbildung einer zentrischen Streckung von C aus mit einer Parallelverschiebung.

17. Untersuche, in welchen Fällen das Produkt einer zentrischen Streckung mit einer Kongruenzabbildung kommutativ ist.

18. Zeige: Jede Ähnlichkeitsabbildung läßt sich erzeugen durch Verkettung einer zentrischen Streckung von O aus mit einer geeignet gewählten Kongruenzabbildung.

19. Untersuche, um welche Sonderfälle der Verkettung zentrischer Streckungen es sich handelt, falls

a) $k_2 - k_1 k_2 = 0$, b) $\frac{1-k_2}{k_2 - k_1 k_2} = -1$

ist. Bestimme auch für diese Sonderfälle die resultierende Abbildung.

6.3. Drehstreckungen

Vorübungen

1. Wie heißt die Gleichung einer Drehung um O?
2. Wie heißt die Gleichung einer zentrischen Streckung von O aus?
3. a) Drehe ein Dreieck ABC zunächst um O um den Winkel 30° und strecke das gedrehte Dreieck dann von O aus mit dem Streckfaktor 2.
   b) Wie heißt die Abbildungsgleichung der resultierenden Abbildung?
   c) Sind die beiden Abbildungen vertauschbar?
4. Löse Vorübung 3 für beliebigen Drehwinkel α und beliebigen Streckfaktor k.

Je nachdem in der Gleichung

$$\mathfrak{x}' = k\mathfrak{K}\mathfrak{x} + \mathfrak{v}$$

$\mathfrak{K} = \mathfrak{D}$ oder $\mathfrak{K} = \mathfrak{S}$ gilt, heißt die *Ähnlichkeitsabbildung* Ä *gleichsinnig* ($Ä^+$) oder *gegensinnig* ($Ä^-$). Wir wollen zunächst die gleichsinnigen Ähnlichkeitsabbildungen, d. h. Abbildungen mit der Gleichung

(1) $$\mathfrak{x}' = k\mathfrak{D}\mathfrak{x} + \mathfrak{v},$$

betrachten. Welche Abbildungen werden durch diese Gleichungen dargestellt? Aus den vorhergehenden Überlegungen ergibt sich, daß alle Zweierprodukte von beliebigen Drehungen mit beliebigen zentrischen Streckungen Abbildungsgleichungen dieses Typs haben müssen. Man wird nun erwarten, daß solch eine Produktabbildung aus Drehung und zentrischer Streckung besonders einfach wird, wenn Drehpunkt und Streckzentrum übereinstimmen. Wir definieren deshalb

Definition 6.4

Jede Produktabbildung einer Drehung D um einen Punkt C mit anschließender zentrischer Streckung Z von C aus (oder umgekehrt) soll *Drehstreckung* heißen. C heißt Zentrum der Drehstreckung.

Als Gleichung der Drehstreckung erhält man wegen

$$D: \mathfrak{x}' = \mathfrak{c} + \mathfrak{D}(\mathfrak{x} - \mathfrak{c})$$

und

$$Z: \mathfrak{x}' = \mathfrak{c} + k(\mathfrak{x} - \mathfrak{c})$$

$$D \circ Z: \mathfrak{x}' = \mathfrak{c} + k\mathfrak{D}(\mathfrak{x} - \mathfrak{c}) \quad \text{bzw.} \quad Z \circ D: \mathfrak{x}' = \mathfrak{c} + k\mathfrak{D}(\mathfrak{x} - \mathfrak{c}).$$

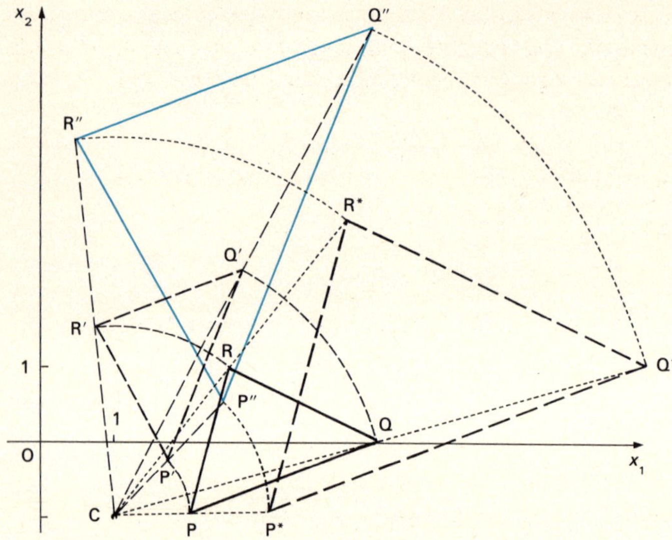

Bild 6.5

Es ergibt sich also (Bild 6.5).

Satz 6.5

Die Verkettung einer Drehung mit einer zentrischen Streckung bei gleichem Zentrum ist kommutativ.

Durch weitere Umformung erhält man als Gleichung einer Drehstreckung auch

(2) $$\mathfrak{x}' = \mathrm{k}\mathfrak{D}\mathfrak{x} + (\mathfrak{E} - \mathrm{k}\mathfrak{D})\,\mathfrak{c}\,.$$

Vergleicht man diese Gleichung mit Gleichung (1), so erkennt man, daß alle Drehstreckungen gleichsinnige Ähnlichkeitsabbildungen sind. Wir müssen nun untersuchen, ob es außer den Drehstreckungen andere Abbildungen gibt, die zu den gleichsinnigen Ähnlichkeitsabbildungen gehören.

Dazu überlegen wir, wie sich die Drehstreckungen von den möglicherweise existierenden anderen gleichsinnigen Ähnlichkeitsabbildungen unterscheiden. Sicherlich ist das Zentrum einer Drehstreckung ein Fixpunkt, und deshalb untersuchen wir die Menge aller gleichsinnigen Ähnlichkeitsabbildungen zunächst auf ihre Fixpunkte.

Einen einzigen Fixpunkt gibt es genau dann, wenn

$$|\mathfrak{E} - \mathrm{k}\mathfrak{D}| \neq 0$$

ist. Nun gilt

$$|\mathfrak{E} - \mathrm{k}\mathfrak{D}| = \begin{vmatrix} 1 - \mathrm{k}\cos\alpha & \mathrm{k}\sin\alpha \\ -\mathrm{k}\sin\alpha & 1 - \mathrm{k}\cos\alpha \end{vmatrix}.$$

Diese Determinante hat die Form

$$\begin{vmatrix} \mathrm{c} & \mathrm{d} \\ -\mathrm{d} & \mathrm{c} \end{vmatrix} = \mathrm{c}^2 + \mathrm{d}^2$$

und ist deshalb genau dann gleich Null, wenn $c = d = 0$, also $k\mathfrak{D} = \mathfrak{E}$ ist. Dann ist die gleichsinnige Ähnlichkeitsabbildung $\ddot{A}^+$ eine Parallelverschiebung um $\mathfrak{v}$ oder aber die identische Abbildung, falls $\mathfrak{v} = \mathfrak{o}$ ist. Ist aber $k\mathfrak{D} \neq \mathfrak{E}$, so besitzt $\ddot{A}^+$ genau einen Fixpunkt F, für dessen Ortsvektor $\mathfrak{f}$ nach Satz 4.7 gilt

$$\mathfrak{f} = (\mathfrak{E} - k\mathfrak{D})^I \mathfrak{v}\,.$$

Setzen wir für $\mathfrak{v}$ den sich aus dieser Gleichung ergebenden Term $(\mathfrak{E} - k\mathfrak{D})\mathfrak{f}$ in

(1) $$\mathfrak{x}' = k\mathfrak{D}\mathfrak{x} + \mathfrak{v}$$

ein, so ergibt sich

$$\mathfrak{x}' = k\mathfrak{D}\mathfrak{x} + (\mathfrak{E} - k\mathfrak{D})\,\mathfrak{f}$$

und man erkennt aus dem Vergleich mit Gleichung (2) den

Satz 6.6

Jede gleichsinnige Ähnlichkeitsabbildung

$$\ddot{A}^+ : \mathfrak{x}' = k\mathfrak{D}\mathfrak{x} + \mathfrak{v}$$

ist für $k\mathfrak{D} \neq \mathfrak{E}$ eine Drehstreckung mit dem Zentrum

$$C[(\mathfrak{E} - k\mathfrak{D})^I \mathfrak{v}]\,.$$

Falls gilt $k\mathfrak{D} = \mathfrak{E}$, ist die gleichsinnige Ähnlichkeitsabbildung die identische Abbildung oder eine Parallelverschiebung, je nachdem $\mathfrak{v} = \mathfrak{o}$ oder $\mathfrak{v} \neq \mathfrak{o}$ ist.

Demnach sind auch alle Drehungen gleichsinnige Ähnlichkeitsabbildungen, und zwar Drehstreckungen mit dem Streckfaktor 1.

Wie sehen nun die Matrizen der Drehstreckungen aus? Es gilt

$$k\mathfrak{D} = \begin{pmatrix} k\cos\alpha & -k\sin\alpha \\ k\sin\alpha & k\cos\alpha \end{pmatrix}.$$

Die Matrix $k\mathfrak{D}$ hat also die Form

$$\begin{pmatrix} a & -b \\ b & a \end{pmatrix}$$

mit $a, b \in \mathbb{R}$ und $(a;b) \neq (0;0)$.
Sieht man von der identischen Abbildung ab, die ja sicher auch zu den Drehstreckungen gehört, dann bedeutet das zusätzlich $(a;b) \neq (1;0)$.

Ist nun auch umgekehrt jede Matrix der Form

$$\begin{pmatrix} a & -b \\ b & a \end{pmatrix} \quad \text{mit} \quad (a;b) \neq (0;0) \quad \text{und} \quad (a;b) \neq (1;0)$$

die Matrix einer Drehstreckung? Wir müssen versuchen, einen Drehwinkel α und einen Streckfaktor k zu finden, die zu der angegebenen Matrix gehören. Setzt man

$$k\cos\alpha = a \quad \text{und} \quad k\sin\alpha = b\,,$$

so folgt zunächst $k^2 = a^2 + b^2$ und damit

$$k_1 = \sqrt{a^2 + b^2} \quad \text{und} \quad k_2 = -\sqrt{a^2 + b^2}\,.$$

Der zu k_1 gehörende Drehwinkel α_1 ist durch

$$\sin\alpha_1 = \frac{b}{k_1} \quad \text{und} \quad \cos\alpha_1 = \frac{a}{k_1}$$

wegen $(a;b) \neq (1;0)$ für $0° < \alpha < 360°$ eindeutig bestimmt.
Entsprechend liegt α_2 durch

$$\sin\alpha_2 = \frac{b}{k_2} = -\frac{b}{k_1} = -\sin\alpha_1 \quad \text{und} \quad \cos\alpha_2 = \frac{a}{k_2} = -\frac{a}{k_1} = -\cos\alpha_1$$

eindeutig fest. Dabei gilt: $\alpha_2 = \alpha_1 + 180°$. Die Drehung um α mit anschließender Streckung um k ergibt aber die gleiche Drehstreckung wie die Drehung um $180° + \alpha$ mit anschließender Streckung um $-k$ (vgl. Aufgabe 3).

So ist durch die vorgegebene Matrix $\begin{pmatrix} a & -b \\ b & a \end{pmatrix}$ die Drehstreckung eindeutig bestimmt, und es gilt der

Satz 6.7

Von den regulär affinen Abbildungen

$$A: \mathfrak{x}' = \mathfrak{A}\mathfrak{x} + \mathfrak{v} \quad \text{mit} \quad \mathfrak{A} \neq \mathfrak{E}$$

sind genau diejenigen Drehstreckungen, für deren Matrizen gilt

$$\mathfrak{A} = \begin{pmatrix} a & -b \\ b & a \end{pmatrix}.$$

Beispiel

Eine Drehstreckung ist gegeben durch ihre Gleichung

$$\mathfrak{x}' = \begin{pmatrix} -1 & -\sqrt{3} \\ \sqrt{3} & -1 \end{pmatrix} \mathfrak{x} + \begin{pmatrix} 4+\sqrt{3} \\ 2-2\sqrt{3} \end{pmatrix}.$$

Bestimme das Zentrum der Drehstreckung sowie Streckfaktor und Drehwinkel.

Lösung:

Bezeichnen wir die Abbildungsmatrix mit $k\mathfrak{D}$ und den Verschiebungsvektor mit $\mathfrak{v}$, dann gilt nach Satz 6.6 für den Ortsvektor zum Zentrum C:

$$\mathfrak{c} = (\mathfrak{E} - k\mathfrak{D})^I \mathfrak{v}.$$

$$\mathfrak{c} = \begin{pmatrix} 2 & \sqrt{3} \\ -\sqrt{3} & 2 \end{pmatrix}^I \begin{pmatrix} 4+\sqrt{3} \\ 2-2\sqrt{3} \end{pmatrix}.$$

Die inverse Matrix zu $\mathfrak{E} - k\mathfrak{D}$ berechnen wir nach Satz 3.20 und erhalten weiter

$$\mathfrak{c} = \frac{1}{7}\begin{pmatrix} 2 & -\sqrt{3} \\ \sqrt{3} & 2 \end{pmatrix} \begin{pmatrix} 4+\sqrt{3} \\ 2-2\sqrt{3} \end{pmatrix},$$

$$\mathfrak{c} = \frac{1}{7}\begin{pmatrix} 8+2\sqrt{3}-2\sqrt{3}+6 \\ 4\sqrt{3}+3+4-4\sqrt{3} \end{pmatrix},$$

$$\mathfrak{c} = \frac{1}{7}\begin{pmatrix} 14 \\ 7 \end{pmatrix},$$

$$\mathfrak{c} = \begin{pmatrix} 2 \\ 1 \end{pmatrix}.$$

Als nächstes bestimmen wir den Streckfaktor. Mit der üblichen Bezeichnung für die Elemente der Matrix einer Drehstreckung

$$a = -1 \quad \text{und} \quad b = \sqrt{3}$$

ergibt sich

$$k = \pm\sqrt{a^2 + b^2},$$

d. h.

$$k = \pm\sqrt{4}$$

also

$$k_1 = 2 \quad \text{und} \quad k_2 = -2.$$

Die zugehörigen Werte für α ergeben sich aus

$$\sin\alpha = \frac{b}{k} \quad \text{und} \quad \cos\alpha = \frac{a}{k}$$

wegen

$$\sin\alpha_1 = \frac{\sqrt{3}}{2} \qquad \sin\alpha_2 = -\frac{\sqrt{3}}{2}$$

und

$$\cos\alpha_1 = -\frac{1}{2} \qquad \cos\alpha_2 = \frac{1}{2}$$

zu

$$\alpha_1 = 120° \quad \text{und} \quad \alpha_2 = -60°.$$

Aufgaben

1. Das Dreieck P(2/1) Q(6/3) R(5/7) soll zunächst von P aus mit $k = 2$ gestreckt und anschließend um P um 90° gedreht werden. Gib die Abbildungsgleichung der Drehstreckung und die Koordinaten der Bildpunkte an.

2. Gib die Abbildungsgleichung derjenigen Abbildung an, die man erhält, wenn man miteinander verkettet
a) die Drehung um O um 30° mit der zentrischen Streckung von O aus mit dem Streckfaktor -3,
b) die zentrische Streckung von C(4/2) aus mit $k = \frac{1}{2}$ und die Drehung um C um $\alpha = -90°$.

3. Zeige: Die Drehung um C um α mit anschließender Streckung mit k vom gleichen Zentrum C aus ergibt die gleiche Drehstreckung wie die Drehung um C um $180° + \alpha$ mit anschließender Streckung um $-k$.

4. Bilde das Produkt der Abbildungen
a) Drehung um $C_1(1/1)$ mit $\alpha = 45°$ und zentrische Streckung von $C_2(0/2)$ aus mit $k = 3$,
b) zentrische Streckung von $C_1(-1/2)$ mit $k = -\frac{1}{2}$ und Drehung um $C_2(4/0)$ mit $\alpha = 60°$.
Gib auch das Zentrum der Drehstreckung an.

5. Gib für die Drehstreckung der Beispielaufgabe drei verschiedene Zerlegungen in ein Produkt aus Drehung und Streckung mit verschiedenen Zentren an.

6. Bestimme diejenige Drehstreckung, die die Strecke P(2/1) Q(6/3) auf die Strecke P′(4/4) Q′(3/6) abbildet.

7. Welche Drehstreckung bildet das Rechteck PQRS mit den Seitenlängen $\overline{PQ}$ und $\overline{PS}$ so ab, daß
a) PQ auf PS,
b) PQ auf QR
abgebildet wird?

8. Die Gerade g: $\mathfrak{x}=\begin{pmatrix}2\\1\end{pmatrix}+\lambda\begin{pmatrix}1\\0\end{pmatrix}$ soll durch die Drehstreckung um C(3/3) mit $k=2$ und $\alpha=60^\circ$ abgebildet werden.
Berechne auch den Winkel, den g und g′ miteinander einschließen.

9. Durch die folgenden Gleichungen sind Drehstreckungen vorgegeben. Bestimme Zentrum, Streckfaktor und Drehwinkel der Drehstreckung.

a) $\mathfrak{x}'=\begin{pmatrix}\sqrt{3} & 1\\ 1 & -\sqrt{3}\end{pmatrix}\mathfrak{x}$,

b) $\mathfrak{x}'=\begin{pmatrix}1 & -1\\ 1 & 1\end{pmatrix}\mathfrak{x}+\begin{pmatrix}1\\0\end{pmatrix}$,

c) $\mathfrak{x}'=\begin{pmatrix}\frac{3}{2} & -\frac{1}{2}\sqrt{3}\\ \frac{1}{2}\sqrt{3} & \frac{3}{2}\end{pmatrix}\mathfrak{x}+\begin{pmatrix}-\frac{1}{2}\sqrt{3}\\ -\frac{3}{2}\end{pmatrix}$,

d) $\mathfrak{x}'=\begin{pmatrix}0 & -2\\ 2 & 0\end{pmatrix}\mathfrak{x}+\begin{pmatrix}7\\1\end{pmatrix}$.

10. Beweise: Durch ein Punktepaar mit den zugehörigen Bildpunkten ist eine gleichsinnige Ähnlichkeitsabbildung eindeutig festgelegt.

11. a) Zeige: Das Produkt zweier Drehstreckungen ist eine Drehstreckung oder eine Parallelverschiebung.
b) Was läßt sich über den Streckfaktor und den Drehwinkel einer Produktabbildung von zwei Drehstreckungen sagen?

12. Ist die Verkettung von Drehstreckungen
a) mit gleichem Zentrum,
b) mit verschiedenen Zentren
kommutativ?

13. Untersuche, wann das Produkt zweier Drehstreckungen
a) eine zentrische Streckung,
b) eine Drehung,
c) eine Parallelverschiebung,
d) die identische Abbildung,
e) eine Punktspiegelung
ist.

14. Ist es möglich, daß die „fünfte Potenz“ einer Drehstreckung
a) die Identität,
b) eine zentrische Streckung
ist?

6.4. Streckspiegelungen

Vorübungen

1. Wie heißt die Gleichung einer Spiegelung an einer Geraden durch O?
2. Was versteht man unter einer gleichsinnigen, was unter einer gegensinnigen Ähnlichkeitsabbildung?

3. a) Spiegele ein Dreieck ABC zunächst an der Winkelhalbierenden des 1. und 3. Quadranten und strecke das Bilddreieck danach von O aus mit dem Streckfaktor 2.
b) Wie heißt die Abbildungsgleichung der resultierenden Abbildung?
c) Sind die beiden Abbildungen vertauschbar?

4. Löse Vorübung 3b) und 3c) für eine Spiegelung an einer beliebigen Geraden durch O und beliebigen Streckfaktor k.

Wir wollen nun noch untersuchen, welche regulär affinen Abbildungen gegensinnige Ähnlichkeitsabbildungen sind, d. h. wir wollen Abbildungen mit der Gleichung

(1) $$\mathfrak{x}' = k\mathfrak{S}\mathfrak{x} + \mathfrak{v}$$

betrachten.

Bei den gleichsinnigen Ähnlichkeitsabbildungen sind wir von einer besonderen Abbildung, nämlich der Drehstreckung ausgegangen. Hierbei fiel der Fixpunkt der Drehung, das Drehzentrum, mit dem Fixpunkt der zentrischen Streckung, dem Streckzentrum, zusammen.

Wenn wir die Gleichung einer gleichsinnigen Ähnlichkeitsabbildung

$$\mathfrak{x}' = k\mathfrak{D}\mathfrak{x} + \mathfrak{v}$$

mit der einer gegensinnigen Ähnlichkeitsabbildung

$$\mathfrak{x}' = k\mathfrak{S}\mathfrak{x} + \mathfrak{v}$$

vergleichen, ist es naheliegend, in Analogie zu den Drehstreckungen eine neue Produktabbildung aus einer Spiegelung und einer zentrischen Streckung zu definieren, bei der der Fixpunkt der zentrischen Streckung mit einem Fixpunkt der Spiegelung zusammenfällt (Bild 6.6).

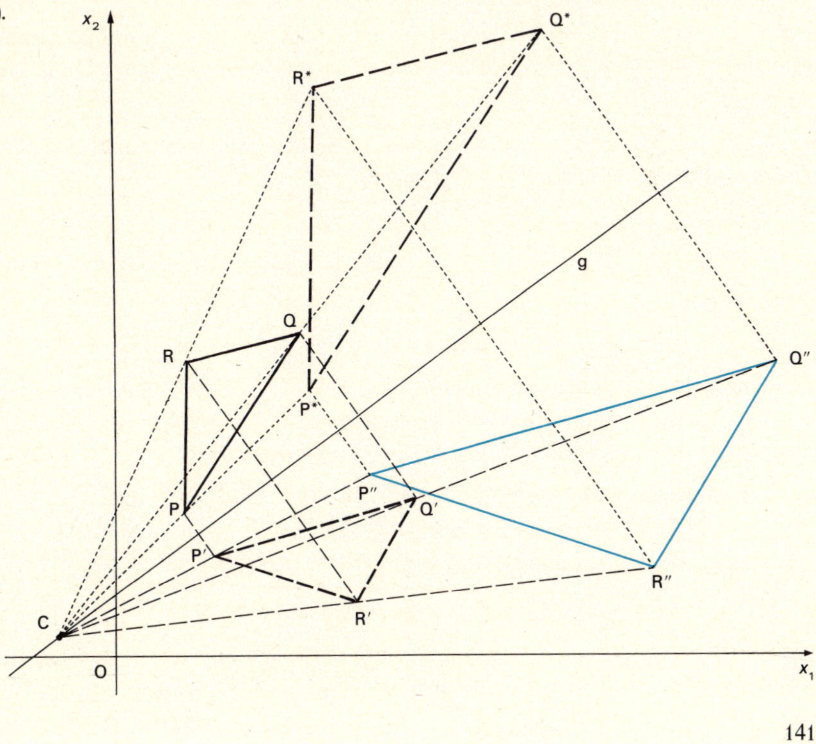

Bild 6.6

Definition 6.5

Jede Produktabbildung einer Spiegelung S an einer Geraden g mit anschließender zentrischer Streckung Z von einem auf g liegenden Punkt C aus (oder umgekehrt) soll *Streckspiegelung* heißen. C heißt Zentrum der Streckspiegelung.

Als Gleichung einer Streckspiegelung ergibt sich wegen

$$S: \mathfrak{x}' = \mathfrak{c} + \mathfrak{S}(\mathfrak{x} - \mathfrak{c}) \qquad \text{und} \qquad Z: \mathfrak{x}' = \mathfrak{c} + k(\mathfrak{x} - \mathfrak{c})$$

$$S \circ Z: \mathfrak{x}' = \mathfrak{c} + \mathfrak{S}[k(\mathfrak{x} - \mathfrak{c})] \quad \text{bzw.} \quad Z \circ S: \mathfrak{x}' = \mathfrak{c} + k[\mathfrak{S}(\mathfrak{x} - \mathfrak{c})]$$

oder auch wegen Satz 3.9 in beiden Fällen

(2) $$\mathfrak{x}' = \mathfrak{c} + k\,\mathfrak{S}(\mathfrak{x} - \mathfrak{c}) .$$

Damit gilt wie bei den Drehstreckungen

Satz 6.8

Die Verkettung einer Spiegelung mit einer zentrischen Streckung, deren Zentrum auf der Spiegelachse liegt, ist kommutativ.

Durch weitere Umformung erhält man als Gleichung einer Streckspiegelung auch

(3) $$\mathfrak{x}' = k\,\mathfrak{S}\mathfrak{x} + (\mathfrak{E} - k\,\mathfrak{S})\,\mathfrak{c} .$$

Diese Gleichung zeigt, daß jede Streckspiegelung eine gegensinnige Ähnlichkeitsabbildung ist. Gibt es nun außer den Streckspiegelungen noch andere gegensinnige Ähnlichkeitsabbildungen?

Auch hier läßt sich diese Frage am leichtesten beantworten, wenn man zunächst die Fixpunkte zu bestimmen sucht. Wir berechnen also

$$\begin{aligned} |\mathfrak{E} - k\,\mathfrak{S}| &= \begin{vmatrix} 1 - k\cos 2\alpha & -k\sin 2\alpha \\ -k\sin 2\alpha & 1 + k\cos 2\alpha \end{vmatrix} \\ &= 1 - k^2\cos^2 2\alpha - k^2\sin^2 2\alpha \\ &= 1 - k^2 . \end{aligned}$$

Demnach ist $|\mathfrak{E} - k\,\mathfrak{S}|$ genau dann von Null verschieden, wenn $k \neq 1$ und wenn $k \neq -1$ ist. Für $k = 1$ handelt es sich bei der vorliegenden gegensinnigen Ähnlichkeitsabbildung um eine gegensinnige Kongruenzabbildung. Für $k = -1$ ergibt sich wegen

$$\begin{aligned} (-1) \cdot \mathfrak{S} &= \begin{pmatrix} -\cos 2\alpha & -\sin 2\alpha \\ -\sin 2\alpha & \cos 2\alpha \end{pmatrix} = \begin{pmatrix} \cos(180^\circ + 2\alpha) & \sin(180^\circ + 2\alpha) \\ \sin(180^\circ + 2\alpha) & -\cos(180^\circ + 2\alpha) \end{pmatrix} \\ &= \begin{pmatrix} \cos 2(90^\circ + \alpha) & \sin 2(90^\circ + \alpha) \\ \sin 2(90^\circ + \alpha) & -\cos 2(90^\circ + \alpha) \end{pmatrix}. \end{aligned}$$

ebenfalls eine gegensinnige Kongruenzabbildung, und zwar eine Spiegelung bzw. eine Schubspiegelung, die eine Achse mit dem Steigungswinkel $90^\circ + \alpha$ hat.

Man erhält also: Alle gegensinnigen Ähnlichkeitsabbildungen, die keine Kongruenzabbildungen sind, haben genau einen Fixpunkt. Für den Ortsvektor $\mathfrak{f}$ zu diesem Fixpunkt F gilt

$$\mathfrak{f} = (\mathfrak{E} - k\mathfrak{S})^{I}\,\mathfrak{v}\,.$$

Setzen wir für $\mathfrak{v}$ den sich aus dieser Gleichung ergebenden Term $(\mathfrak{E} - k\mathfrak{S})\mathfrak{f}$ in die Abbildungsgleichung

$$\mathfrak{x}' = k\mathfrak{S}\mathfrak{x} + \mathfrak{v}$$

ein, so ergibt sich

$$\mathfrak{x}' = k\mathfrak{S}\mathfrak{x} + (\mathfrak{E} - k\mathfrak{S})\mathfrak{f}\,,$$

und wir erkennen durch Vergleich mit Gleichung (3), daß der folgende Satz gilt:

Satz 6.9

Jede gegensinnige Ähnlichkeitsabbildung

$$\ddot{A}^{-}: \mathfrak{x}' = k\mathfrak{S}\mathfrak{x} + \mathfrak{v}$$

ist für $|k| \neq 1$ eine Streckspiegelung mit dem Zentrum

$$C[(\mathfrak{E} - k\mathfrak{S})^{I}\,\mathfrak{v}]\,.$$

Für $|k| = 1$ handelt es sich um eine gegensinnige Kongruenzabbildung (Spiegelung oder Schubspiegelung).

Mit diesem Satz können wir die Menge aller gegensinnigen Ähnlichkeitsabbildungen vollständig überblicken.

Beispiel

a) Gegeben ist eine Streckspiegelung durch ihre Gleichung

$$\mathfrak{x}' = \begin{pmatrix} 1 & \sqrt{3} \\ \sqrt{3} & -1 \end{pmatrix} \mathfrak{x} + \begin{pmatrix} 0 \\ -3 \end{pmatrix}.$$

Bestimme Zentrum, Streckfaktor und Achse.

b) Läßt sich ein Punkt C so finden, daß sich die vorgegebene Streckspiegelung als Produkt einer Spiegelung an einer Ursprungsgeraden mit nachfolgender zentrischer Streckung von C aus ergibt?

Lösung:

a) Da es sich bei der vorliegenden Abbildung nicht um eine Kongruenzabbildung handelt, besitzt sie genau einen Fixpunkt, dessen Ortsvektor sich nach Satz 6.9 zu

$$\mathfrak{c}^* = (\mathfrak{E} - k\mathfrak{S})^{I}\,\mathfrak{v}$$

ergibt. Wegen

$$k\mathfrak{S} = \begin{pmatrix} 1 & \sqrt{3} \\ \sqrt{3} & -1 \end{pmatrix} \quad \text{und} \quad \mathfrak{v} = \begin{pmatrix} 0 \\ -3 \end{pmatrix}$$

ist

$$\mathfrak{E} - k\mathfrak{S} = \begin{pmatrix} 0 & -\sqrt{3} \\ -\sqrt{3} & 2 \end{pmatrix} \quad \text{und} \quad (\mathfrak{E} - k\mathfrak{S})^{I} = \frac{1}{-3}\begin{pmatrix} 2 & +\sqrt{3} \\ +\sqrt{3} & 0 \end{pmatrix}.$$

Demnach ergibt sich

$$(\mathfrak{E} - k\mathfrak{S})^{I}\,\mathfrak{v} = -\frac{1}{3}\begin{pmatrix} 2 & +\sqrt{3} \\ +\sqrt{3} & 0 \end{pmatrix}\begin{pmatrix} 0 \\ -3 \end{pmatrix} = -\frac{1}{3}\begin{pmatrix} -3\sqrt{3} \\ 0 \end{pmatrix} = \begin{pmatrix} \sqrt{3} \\ 0 \end{pmatrix}.$$

Das Zentrum der Drehstreckung ist also $C^*(\sqrt{3}/0)$. Nun ist

$$a = k\cos 2\alpha = 1 \quad \text{und} \quad b = k\sin 2\alpha = \sqrt{3}.$$

Deshalb erhält man als Streckfaktor

wegen
$$k = \pm\sqrt{a^2+b^2}$$

$$k_1 = +2 \qquad\Big|\qquad k_2 = -2.$$

Weiter ist

$$\cos 2\alpha_1 = \frac{1}{2} \qquad\Big|\qquad \cos 2\alpha_2 = -\frac{1}{2}$$

$$\sin 2\alpha_1 = \frac{1}{2}\sqrt{3} \qquad\Big|\qquad \sin 2\alpha_2 = -\frac{1}{2}\sqrt{3}.$$

Daraus folgt

$$2\alpha_1 = 60^\circ \qquad\Big|\qquad 2\alpha_2 = 240^\circ$$

$$\alpha_1 = 30^\circ \qquad\Big|\qquad \alpha_2 = 120^\circ.$$

Also ist

$$\tan\alpha_1 = \frac{1}{\sqrt{3}} \qquad\Big|\qquad \tan\alpha_2 = -\sqrt{3}$$

und die Gleichung der Achse

$$x_2 = \frac{1}{\sqrt{3}}(x_1 - \sqrt{3}) \qquad\Big|\qquad x_2 = -\sqrt{3}(x_1 - \sqrt{3})$$

$$x_2 = \frac{1}{\sqrt{3}}x_1 - 1. \qquad\Big|\qquad x_2 = -\sqrt{3}x_1 + 3.$$

Die gegebene Streckspiegelung läßt sich auf zwei Weisen deuten. Sie hat in jedem Fall das Zentrum $C^*(\sqrt{3}/0)$. Ist der Streckfaktor $+2$, so hat die Achse die Gleichung $x_2 = \frac{1}{\sqrt{3}}x_1 - 1$. Zum Streckfaktor -2 gehört die Achse mit der Gleichung $x_2 = -\sqrt{3}x_1 + 3$. Die beiden möglichen Achsen stehen aufeinander senkrecht.

b) Die Spiegelung an der Ursprungsgeraden sei

$$S: \mathfrak{x}' = \mathfrak{S}\mathfrak{x},$$

die zentrische Streckung an C

$$Z: \mathfrak{x}'' = \mathfrak{c} + k(\mathfrak{x}' - \mathfrak{c}).$$

Die Produktabbildung ist

$$Z \circ S: \mathfrak{x}'' = \mathfrak{c} + k(\mathfrak{S}\mathfrak{x} - \mathfrak{c})$$

$$\mathfrak{x}'' = k\mathfrak{S}\mathfrak{x} + (1-k)\,\mathfrak{c}.$$

Behalten wir für die Spiegelung die Richtung der Spiegelachse und für die zentrische Streckung den Streckfaktor bei, so stimmt die Matrix $k\mathfrak{S}$ mit der Matrix der vorgegebenen Abbildungsgleichung überein und man erkennt durch Vergleich beider Gleichungen, daß gelten muß

$$(1-k)\,\mathfrak{c} = \mathfrak{v}.$$

Zu den beiden verschiedenen Werten von k gehören also verschiedene Streckzentren:

$$\mathfrak{c}_1 = \frac{\mathfrak{v}}{1-k_1} \qquad\Big|\qquad \mathfrak{c}_2 = \frac{\mathfrak{v}}{1-k_2}$$

$$= -\mathfrak{v} \qquad\Big|\qquad = \frac{1}{3}\mathfrak{v}$$

$$\mathfrak{c}_1 = \begin{pmatrix} 0 \\ 3 \end{pmatrix} \qquad\Big|\qquad \mathfrak{c}_2 = \begin{pmatrix} 0 \\ -1 \end{pmatrix}.$$

Das heißt: Die gegebene Abbildung erhält man entweder, wenn man an $g_1: x_2 = \frac{1}{\sqrt{3}} x_1$ spiegelt und dann von $C_1(0/3)$ aus mit $k_1 = 2$ streckt, oder aber, indem man zunächst an $g_2: x_2 = -\sqrt{3}x_1$ spiegelt und danach von $C_2(0/-1)$ aus mit $k_2 = -2$ streckt.

Aufgaben

1. Spiegele das Dreieck $P(1/4)\,Q(3/7)\,R(0/6)$ zunächst an der Geraden

$$g: x_2 = x_1 + 1,$$

und strecke es anschließend von $C(2/1)$ aus mit $k = 2$. Gib die Abbildungsgleichung der resultierenden Streckspiegelung an, und berechne die Koordinaten der Bildpunkte.

2. Gib die Abbildungsgleichung derjenigen Abbildung an, die man erhält, wenn man
a) die Spiegelung an

$$g: x_2 = 4x_1$$

mit der zentrischen Streckung von O aus mit $k = -\frac{1}{2}$,
b) die zentrische Streckung von $C(3/1)$ aus mit $k = 3$ und die Spiegelung an

$$g: \mathfrak{x} = \begin{pmatrix} 3 \\ 1 \end{pmatrix} + \lambda \begin{pmatrix} 1 \\ -2 \end{pmatrix}$$

miteinander verkettet.

3. Zeige: Die Verkettung einer Spiegelung an einer Geraden g durch C mit einer Streckung von C aus mit dem Streckfaktor k ergibt die gleiche Streckspiegelung wie die Verkettung einer Spiegelung an der Geraden durch C, die auf g senkrecht steht, mit der Streckung von C aus mit dem Streckfaktor $-k$.

4. Verkette die folgenden Abbildungen:
a) Spiegelung an $g: x_2 = 4$ und zentrische Streckung von $C_1(1/1)$ aus mit $k = 3$,
b) Zentrische Streckung von $C_1(0/4)$ aus mit $k = -2$ und Spiegelung an

$$g: x_2 = \frac{1}{\sqrt{3}} x_1 + 1.$$

Ist die Reihenfolge der Abbildungen vertauschbar?

5. Stelle die Streckspiegelung mit der Gleichung

$$\mathfrak{x}' = \begin{pmatrix} 0 & 1 \\ 1 & 0 \end{pmatrix} \mathfrak{x} + \begin{pmatrix} 1 \\ 0 \end{pmatrix}$$

auf drei verschiedene Weisen als Produkt einer Achsenspiegelung mit einer zentrischen Streckung dar.

6. Bestimme die Abbildungsgleichung derjenigen Streckspiegelung, die die Strecke $P(1/1)\,Q(0/2)$ auf $P'(5/0)\,Q'(4/5)$ abbildet.

7. Bilde die Gerade $g: x_2 = 2x_1$ durch die Streckspiegelung mit der Gleichung

$$\mathfrak{x}' = \begin{pmatrix} 3 & 1 \\ 1 & -3 \end{pmatrix} \mathfrak{x} + \begin{pmatrix} 0 \\ 2 \end{pmatrix}$$

ab.

8. Bestimme von den folgenden durch ihre Gleichungen gegebenen Streckspiegelungen das Zentrum, die Achse und den Streckfaktor.

a) $\mathfrak{x}' = \begin{pmatrix} 0 & 2 \\ 2 & 0 \end{pmatrix} \mathfrak{x} + \begin{pmatrix} -1 \\ -1 \end{pmatrix}$,

b) $\mathfrak{x}' = \begin{pmatrix} 4 & 0 \\ 0 & -4 \end{pmatrix} \mathfrak{x} + \begin{pmatrix} -12 \\ 15 \end{pmatrix}$,

c) $\mathfrak{x}' = \begin{pmatrix} 7 & 24 \\ 24 & -7 \end{pmatrix} \mathfrak{x} + \begin{pmatrix} 12 \\ 56 \end{pmatrix}$

9. Gegeben sei eine gegensinnige Ähnlichkeitsabbildung

$$\text{Ä}^{-}: \mathfrak{x}' = k\mathfrak{S}\mathfrak{x} + \mathfrak{v}.$$

Gib die Bedingungen an, die bestehen müssen, damit die Abbildung
a) eine Spiegelung
b) eine Schubspiegelung
ist.

10. Zeige: Das Produkt zweier gegensinniger Ähnlichkeitsabbildungen ist eine gleichsinnige Ähnlichkeitsabbildung.

11. Untersuche, wann das Produkt zweier Streckspiegelungen mit nicht parallelen Achsen
a) eine Drehstreckung,
b) eine Drehung,
c) die identische Abbildung
ist.

12. Was für eine Abbildung erhält man, wenn man eine Schubspiegelung mit einer Streckspiegelung verkettet?

13. Was ergibt sich bei Verkettung einer Drehstreckung mit einer Streckspiegelung
a) bei gemeinsamem Zentrum,
b) bei verschiedenen Zentren?

6.5. Die Eigenschaften der Ähnlichkeitsabbildungen

Vorübungen

1. Welche Invarianten haben die affinen Abbildungen?
2. Welche Eigenschaften haben die Kongruenzabbildungen?
3. Was kann man über die Eigenschaften der Ähnlichkeitsabbildungen sagen, wenn man bedenkt, daß die Ähnlichkeitsabbildungen eine Teilmenge der affinen Abbildungen und eine Obermenge der Kongruenzabbildungen sind?

Als spezielle affine Abbildungen müssen die Ähnlichkeitsabbildungen alle diejenigen Eigenschaften haben, die wir als Invarianten der affinen Abbildungen kennengelernt haben. Wie alle affinen Abbildungen sind auch die Ähnlichkeitsabbildungen geradentreu, parallelentreu und teilverhältnistreu.

Da wir nachgewiesen haben, daß alle Kongruenzabbildungen außerdem längentreu und winkeltreu sind, wollen wir nun untersuchen, was sich über die Länge von Bildstrecken und die Größe von Bildwinkeln bei Ähnlichkeitsabbildungen sagen läßt.

Dazu bilden wir die Strecke X_1X_2 durch die Ähnlichkeitsabbildung

$$\text{Ä}: \mathfrak{x}' = \ddot{\mathfrak{A}}\mathfrak{x} + \mathfrak{v} \quad \text{mit} \quad \ddot{\mathfrak{A}} = k\mathfrak{K}$$

ab und erhalten

$$\begin{aligned} \mathfrak{x}_2' - \mathfrak{x}_1' &= (k\mathfrak{K}\mathfrak{x}_2 + \mathfrak{v}) - (k\mathfrak{K}\mathfrak{x}_1 + \mathfrak{v}) \\ &= k\mathfrak{K}(\mathfrak{x}_2 - \mathfrak{x}_1)\,. \end{aligned}$$

Wir gehen zu den Beträgen der Vektoren über

$$|\mathfrak{x}_2' - \mathfrak{x}_1'| = |k\mathfrak{K}(\mathfrak{x}_2 - \mathfrak{x}_1)|\,,$$

und erhalten weiter wegen $|\lambda\mathfrak{u}| = |\lambda|\,|\mathfrak{u}|$

$$|\mathfrak{x}_2' - \mathfrak{x}_1'| = |k|\,|\mathfrak{K}(\mathfrak{x}_2 - \mathfrak{x}_1)|\,.$$

Daraus folgt wegen der Längentreue von Kongruenzabbildungen

$$|\mathfrak{x}_2' - \mathfrak{x}_1'| = |k|\,|\mathfrak{x}_2 - \mathfrak{x}_1|\,,$$

und es ergibt sich der

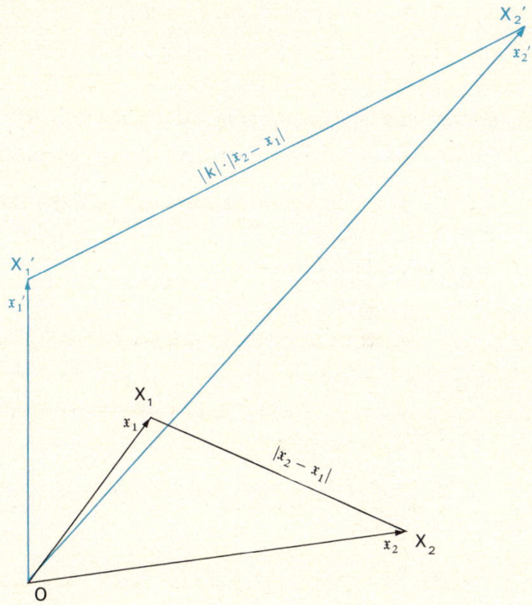

Bild 6.7

Satz 6.10

Bei jeder Ähnlichkeitsabbildung

$$\text{Ä}: \mathfrak{x}' = \ddot{\mathfrak{A}}\mathfrak{x} + \mathfrak{v} \quad \text{mit} \quad \ddot{\mathfrak{A}} = k\mathfrak{K}$$

wird jede Strecke in eine $|k|$-mal so lange Bildstrecke abgebildet.

Ähnlichkeitsabbildungen mit $|k| \neq 1$ sind demnach nicht längentreu. Es gilt aber der

Satz 6.11

Das Verhältnis der Streckenlängen zweier beliebiger Strecken ist gegenüber allen Ähnlichkeitsabbildungen invariant.

Um die Größe des Bildes eines Winkels, der durch die Vektoren $\mathfrak{a}$ und $\mathfrak{b}$ bestimmt ist, bei Ähnlichkeitsabbildungen zu untersuchen, gehen wir zur zugehörigen Vektorabbildung Ä: $\mathfrak{u}' = \ddot{\mathfrak{A}}\mathfrak{u}$ mit $\ddot{\mathfrak{A}} = k\mathfrak{K}$ über und berechnen den Kosinus des Bildwinkels mit Hilfe des skalaren Produkts:

$$\cos\varphi' = \frac{\mathfrak{a}'\mathfrak{b}'}{|\mathfrak{a}'|\,|\mathfrak{b}'|}\,.$$

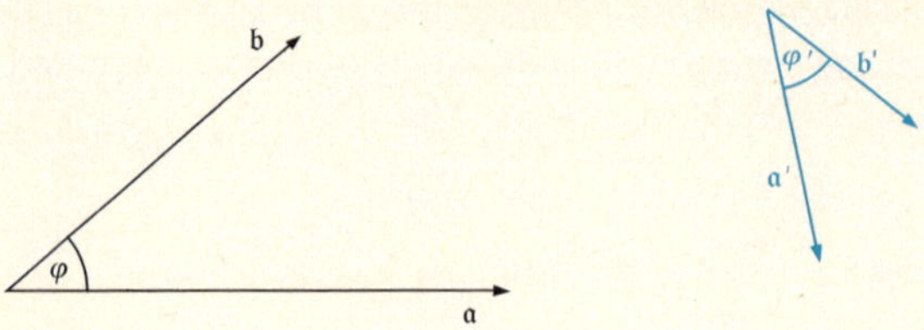

$|\mathfrak{a}'| = |k| \cdot |\mathfrak{a}|$

$|\mathfrak{b}'| = |k| \cdot |\mathfrak{b}|$

Bild 6.8

Dann setzen wir für die Bildvektoren ein und bedenken, daß nach Satz 6.10 die Länge eines Bildvektors gleich dem $|k|$-fachen der Länge des Urvektors ist:

$$\cos\varphi' = \frac{(k\mathfrak{K}\mathfrak{a})(k\mathfrak{K}\mathfrak{b})}{k^2|\mathfrak{a}|\,|\mathfrak{b}|}.$$

Nun berücksichtigen wir die Invarianz des skalaren Produkts bei Kongruenzabbildungen (Satz 5.12): $(\mathfrak{K}\mathfrak{a})(\mathfrak{K}\mathfrak{b}) = \mathfrak{a}\mathfrak{b}$

$$\cos\varphi' = \frac{k^2\mathfrak{a}\mathfrak{b}}{k^2|\mathfrak{a}|\,|\mathfrak{b}|}$$

und erhalten

$$\cos\varphi' = \cos\varphi\,.$$

Es ergibt sich also

$$\varphi' = \varphi \quad \text{oder} \quad \varphi' = -\varphi\,,$$

d. h. der Bildwinkel behält dem Betrage nach seine Größe, seine Orientierung aber kann sich ändern. Es gilt also

Satz 6.12

Der Betrag der Winkelgröße ist eine Invariante gegenüber allen Ähnlichkeitsabbildungen.

In Abschnitt 5.5 haben wir festgestellt, daß alle Kongruenzabbildungen alle skalaren Produkte invariant lassen, daß also insbesondere orthogonale Vektoren wieder in orthogonale abgebildet werden.
Untersuchen wir nun einmal, was sich über das skalare Produkt zweier Vektoren $\mathfrak{a}'$ und $\mathfrak{b}'$ sagen läßt, die durch die zu einer Ähnlichkeitsabbildung gehörenden Vektorabbildung

$$\check{\text{Ä}}: \mathfrak{u}' = k\mathfrak{K}\mathfrak{u} \quad \text{mit} \quad k \neq 0$$

aus $\mathfrak{a}$ und $\mathfrak{b}$ entstanden sind.
Wegen $\mathfrak{a}' = k\mathfrak{K}\mathfrak{a}$ und $\mathfrak{b}' = k\mathfrak{K}\mathfrak{b}$ erhält man unter Anwendung von Satz 5.12

$$\mathfrak{a}'\mathfrak{b}' = k^2(\mathfrak{K}\mathfrak{a})(\mathfrak{K}\mathfrak{b}) = k^2\mathfrak{a}\mathfrak{b}\,.$$

Damit sehen wir: Bei einer Ähnlichkeitsabbildung mit $|k| \neq 1$ ist das skalare Produkt nicht invariant, sondern wird k^2-mal so groß. Wohl aber werden stets orthogonale Vektoren in orthogonale Vektoren abgebildet.

Gilt nun auch umgekehrt, daß immer dann eine Ähnlichkeitsabbildung vorliegt, wenn für alle $\mathfrak{a}$ und $\mathfrak{b}$ bei der zugehörigen Vektorabbildung gilt

$$\mathfrak{a}'\mathfrak{b}' = k^2\mathfrak{a}\mathfrak{b}\,?$$

Sicherlich muß unter dieser Voraussetzung für alle $\mathfrak{a}$ gelten:

$$\mathfrak{a}'^2 = k^2 \mathfrak{a}^2 .$$

Insbesondere gilt für den Basisvektor $\mathfrak{e}_1$:

$$\mathfrak{e}_1'^2 = k^2 \mathfrak{e}_1^2 = k^2 .$$

Also erhält man

$$|\mathfrak{e}_1'| = |k| .$$

Nun ist $\mathfrak{e}_1'$ der erste Spaltenvektor der Abbildungsmatrix $\mathfrak{A}$, seine Länge ist $|k|$. Jeder Vektor der Länge $|k|$ läßt sich aber darstellen in der Form

$$\begin{pmatrix} k\cos\alpha \\ k\sin\alpha \end{pmatrix} \quad \text{mit} \quad k \in \mathbb{R}^+ \quad \text{und} \quad 0^\circ \leqq \alpha < 360^\circ \quad \text{oder mit} \quad k \in \mathbb{R} \quad \text{und} \quad 0^\circ \leqq \alpha < 180^\circ .$$

Wegen $\mathfrak{a}'\mathfrak{b}' = k^2 \mathfrak{a}\mathfrak{b}$ kann man aus der Orthogonalität von $\mathfrak{a}$ und $\mathfrak{b}$ auf die Orthogonalität von $\mathfrak{a}'$ und $\mathfrak{b}'$ schließen. Mithin muß gelten

$$\mathfrak{e}_1' \mathfrak{e}_2' = 0 .$$

Wegen $|\mathfrak{e}_2| = |k|$ folgt für $\mathfrak{e}_2'$:

$$\mathfrak{e}_2' = \begin{pmatrix} -k\sin\alpha \\ k\cos\alpha \end{pmatrix} \quad \text{oder} \quad \mathfrak{e}_2' = \begin{pmatrix} k\sin\alpha \\ -k\cos\alpha \end{pmatrix}.$$

Die Abbildungsmatrix für eine Vektorabbildung, bei der $\mathfrak{a}'\mathfrak{b}' = k^2 \mathfrak{a}\mathfrak{b}$ gilt, ist also

$$\ddot{\mathfrak{A}}^+ = \begin{pmatrix} k\cos\alpha & -k\sin\alpha \\ k\sin\alpha & k\cos\alpha \end{pmatrix} \quad \text{oder} \quad \ddot{\mathfrak{A}}^- = \begin{pmatrix} k\cos\alpha & k\sin\alpha \\ k\sin\alpha & -k\cos\alpha \end{pmatrix}.$$

Somit ergibt sich der

Satz 6.13

Eine regulär affine Abbildung ist genau dann eine Ähnlichkeitsabbildung, wenn für alle Vektoren $\mathfrak{a}, \mathfrak{b} \in \mathbb{V}^2$ gilt:

$$\mathfrak{a}'\mathfrak{b}' = k^2 \mathfrak{a}\mathfrak{b} \quad \text{mit} \quad k \neq 0 .$$

Ferner gilt:

Satz 6.14

Eine regulär affine Abbildung

$$\mathfrak{x}' = \mathfrak{A}\mathfrak{x} + \mathfrak{v} \quad \text{mit} \quad \mathfrak{A} = \begin{pmatrix} a_1 & b_1 \\ a_2 & b_2 \end{pmatrix}$$

ist genau dann eine Ähnlichkeitsabbildung, wenn gilt:

$$|\mathfrak{a}| = \sqrt{a_1^2 + a_2^2} = k , \quad |\mathfrak{b}| = \sqrt{b_1^2 + b_2^2} = k \quad \text{und} \quad \mathfrak{a} \cdot \mathfrak{b} = a_1 b_1 + a_2 b_2 = 0 .$$

Für den Flächeninhalt A′ des Bildes einer Figur mit dem Flächeninhalt A gilt nach Satz 4.5

$$A' = \|k\mathfrak{K}\| \cdot A = k^2 \|\mathfrak{K}\| A = k^2 A .$$

Wir erhalten also den

Satz 6.15

Jede Ähnlichkeitsabbildung

$$Ä: \mathfrak{x}' = \ddot{\mathfrak{A}}\mathfrak{x} + \mathfrak{v}$$

bildet jede Figur mit dem Flächeninhalt A so ab, daß für den Flächeninhalt A′ der Bildfigur gilt

$$A' = k^2 A .$$

Bei den gleichsinnigen Ähnlichkeitsabbildungen ist die Abbildungsdeterminante

$$|\ddot{\mathfrak{A}}^+| = |k\mathfrak{D}| = k^2|\mathfrak{D}| = k^2 > 0 ,$$

für die gegensinnigen Ähnlichkeitsabbildungen ist

$$|\ddot{\mathfrak{A}}^-| = |k\mathfrak{S}| = k^2|\mathfrak{S}| = -k^2 < 0 .$$

Nach Satz 6.11 ist bei einer Ähnlichkeitsabbildung das Verhältnis der Streckenlängen von Bild- und Urstrecke konstant, außerdem bleiben nach Satz 6.12 die Beträge der Winkelgrößen erhalten. n-Ecke mit diesen Eigenschaften haben wir früher ähnlich genannt. Wir definieren deshalb allgemein für beliebige Figuren:

Definition 6.6

Zwei Figuren F und F′ sollen genau dann ähnlich heißen, wenn es eine Ähnlichkeitsabbildung gibt, die F auf F′ abbildet.

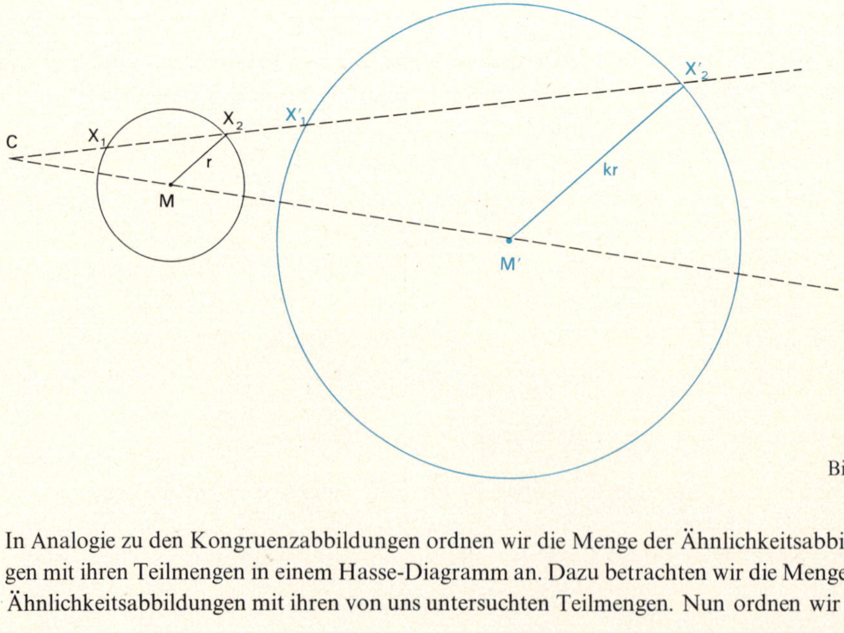

Bild 6.9

In Analogie zu den Kongruenzabbildungen ordnen wir die Menge der Ähnlichkeitsabbildungen mit ihren Teilmengen in einem Hasse-Diagramm an. Dazu betrachten wir die Menge aller Ähnlichkeitsabbildungen mit ihren von uns untersuchten Teilmengen. Nun ordnen wir diese

Mengen so an, daß Teilmengen mit ihren Obermengen durch einen Strich so verbunden werden, daß die Obermengen jeweils über den Teilmengen stehen. Auf diese Weise erhalten wir das folgende Ordnungsdiagramm (Hasse-Diagramm):

Ähnlichkeitsabbildungen
$Ä: \mathfrak{x}' = \ddot{\mathfrak{A}}\mathfrak{x} + \mathfrak{v}$

Gleichsinnige Ähnl. abb.
$Ä^+: \mathfrak{x}' = \ddot{\mathfrak{A}}^+ \mathfrak{x} + \mathfrak{v}$

Gegensinnige Ähnl. abb.
$Ä^-: \mathfrak{x}' = \ddot{\mathfrak{A}}^- \mathfrak{x} + \mathfrak{v}$

Drehstreckungen
$Ds: \mathfrak{x}' = k\mathfrak{D}\mathfrak{x} + \mathfrak{v}$

Gleichs. Kongr. abb.
$K^+: \mathfrak{x}' = \mathfrak{D}\mathfrak{x} + \mathfrak{v}$

Streckspiegelungen
$Ss: \mathfrak{x}' = k\mathfrak{S}\mathfrak{x} + \mathfrak{v}$

Gegensinn. Kongr. abb.
$K^-: \mathfrak{x}' = \mathfrak{S}\mathfrak{x} + \mathfrak{v}$

Zentr. Streck.
$Z: \mathfrak{x}' = \mathfrak{Z}\mathfrak{x} + \mathfrak{v}$

Drehungen
$D: \mathfrak{x}' = \mathfrak{D}\mathfrak{x} + \mathfrak{v}$

Parallelversch.
$V: \mathfrak{x}' = \mathfrak{E}\mathfrak{x} + \mathfrak{v}$

Spiegelungen
$S: \mathfrak{x}' = \mathfrak{S}\mathfrak{x} + \mathfrak{v}$
mit $\mathfrak{v} = \mathfrak{v}_\perp$

Schubspiegelungen
$Sch: \mathfrak{x}' = \mathfrak{S}\mathfrak{x} + \mathfrak{v}$
mit $\mathfrak{v} \neq \mathfrak{v}_\perp$

Identität
$I: \mathfrak{x}' = \mathfrak{E}\mathfrak{x} + \mathfrak{v}$

Beispiel

Untersuche, ob die beiden Dreiecke

$$P(-1/-2)\,Q(-4/2)\,R(-4/-2) \quad \text{und} \quad P'(2/7\tfrac{1}{3})\,Q'(2/-1)\,R'(6/4)$$

ähnlich sind, indem du eine Ähnlichkeitsabbildung zu finden versuchst, die das eine in das andere abbildet.

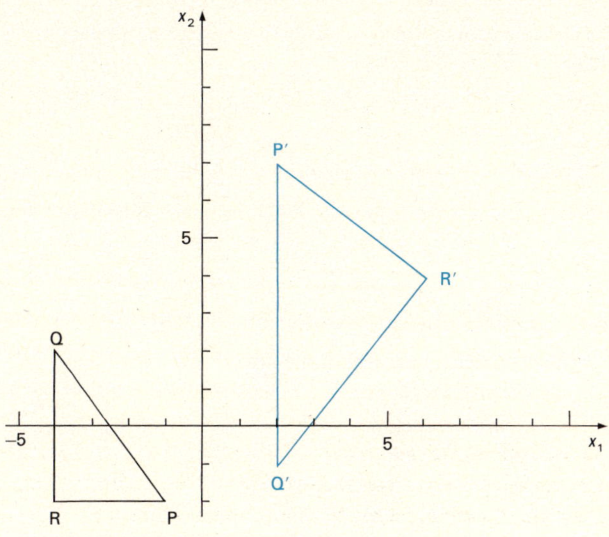

Bild 6.10

Lösung:

Man entnimmt dem Bild 6.10, daß es sich gegebenenfalls um eine gleichsinnige Ähnlichkeitsabbildung handelt. Ihre Gleichung hat also die Form

$$\mathfrak{x}' = \begin{pmatrix} a & -b \\ b & a \end{pmatrix} \mathfrak{x} + \begin{pmatrix} v_1 \\ v_2 \end{pmatrix}.$$

Die vier Variablen a, b, v_1 und v_2 sind i.a. durch vier Gleichungen bestimmt. Diese vier Gleichungen ergeben sich daraus, daß man die Ortsvektoren zu zwei Punkten mit ihren Bildpunkten in die Abbildungsgleichung einsetzt.

$$P \mapsto P' \Rightarrow \begin{pmatrix} 2 \\ 7\frac{1}{3} \end{pmatrix} = \begin{pmatrix} a & -b \\ b & a \end{pmatrix} \begin{pmatrix} -1 \\ -2 \end{pmatrix} + \begin{pmatrix} v_1 \\ v_2 \end{pmatrix},$$

$$Q \mapsto Q' \Rightarrow \begin{pmatrix} 2 \\ -1 \end{pmatrix} = \begin{pmatrix} a & -b \\ b & a \end{pmatrix} \begin{pmatrix} -4 \\ 2 \end{pmatrix} + \begin{pmatrix} v_1 \\ v_2 \end{pmatrix}.$$

Durch Subtraktion erhält man

$$\begin{pmatrix} 0 \\ 8\frac{1}{3} \end{pmatrix} = \begin{pmatrix} a & -b \\ b & a \end{pmatrix} \begin{pmatrix} 3 \\ -4 \end{pmatrix}.$$

Daraus ergibt sich das Gleichungssystem

$$3a + 4b = 0$$

$$-4a + 3b = 8\tfrac{1}{3}$$

mit der Lösung

$$a = -\tfrac{4}{3}, \qquad b = 1 .$$

$\mathfrak{v}$ ergibt sich mit Hilfe der für a und b gefundenen Werte aus der Gleichung für P und P':

$$\mathfrak{v} = \begin{pmatrix} 2 \\ 7\frac{1}{3} \end{pmatrix} - \begin{pmatrix} -\frac{4}{3} & -1 \\ 1 & -\frac{4}{3} \end{pmatrix} \begin{pmatrix} -1 \\ -2 \end{pmatrix},$$

$$\mathfrak{v} = \begin{pmatrix} -\frac{4}{3} \\ 5\frac{2}{3} \end{pmatrix}.$$

Damit haben wir die gleichsinnige Ähnlichkeitsabbildung gefunden, die die Strecke PQ auf die Strecke P'Q' abbildet:

$$\ddot{A}^+ : \mathfrak{x}' = \begin{pmatrix} -\frac{4}{3} & -1 \\ 1 & -\frac{4}{3} \end{pmatrix} \mathfrak{x} + \begin{pmatrix} -\frac{4}{3} \\ 5\frac{2}{3} \end{pmatrix}.$$

Es bleibt noch zu prüfen, ob diese Abbildung auch dem Punkt R den richtigen Bildpunkt R' zuordnet. In diesem Fall muß gelten:

$$\begin{pmatrix} 6 \\ 4 \end{pmatrix} = \begin{pmatrix} -\frac{4}{3} & -1 \\ 1 & -\frac{4}{3} \end{pmatrix} \begin{pmatrix} -4 \\ -2 \end{pmatrix} + \begin{pmatrix} -\frac{4}{3} \\ 5\frac{2}{3} \end{pmatrix}.$$

Diese Gleichung ist aber falsch, die rechte Seite ergibt nämlich den Vektor $\begin{pmatrix} 6 \\ 4\frac{1}{3} \end{pmatrix}$. Die vorgegebenen Dreiecke sind also nicht ähnlich. Wählt man statt R'(6/4) als Bildpunkt von R den Punkt R''(6/$4\frac{1}{3}$), so sind die Dreiecke PQR und P'Q'R'' ähnlich.

Aufgaben

1. Was läßt sich über das Bild eines
   a) gleichseitigen,
   b) gleichschenkligen,
   c) rechtwinkligen,
   d) gleichschenklig-rechtwinkligen

   Dreiecks bei einer Ähnlichkeitsabbildung sagen?

2. Wie werden bei einer Ähnlichkeitsabbildung eines Dreiecks abgebildet
   a) seine Höhen,
   b) seine Seitenhalbierenden,
   c) seine Winkelhalbierenden,
   d) seine Mittelsenkrechten,
   e) die Parallelen zu den Seiten im Abstand 3 cm,
   f) seine Seitenmittelpunkte,
   g) die Punkte auf den Dreiecksseiten, die von den Eckpunkten 1 cm entfernt sind,
   h) sein Schwerpunkt?

3. Zeige: Die Umfänge ähnlicher Dreiecke verhalten sich wie entsprechende Seiten.

4. Untersuche, ob die folgenden Dreiecke ähnlich sind, indem du versuchst, eine Ähnlichkeitsabbildung zu finden, die das eine Dreieck auf das andere abbildet.
   a) P(5/2) Q(8/3) R(7/6) und P′(−1/5) Q′(1/11) R′(7/9),
   b) P(4/2) Q(12/6) R(6/10) und P′(9/1) Q′(5/7) R′(4/4).

5. Gegeben ist das Dreieck P(1/1) Q($9\frac{1}{3}$/1) R(4/5).
   a) Zeige, daß es rechtwinklig ist.
   b) Die von R ausgehende Höhe zerlegt das Dreieck in zwei Teildreiecke. Zeige, daß beide ähnlich sind, indem du eine Ähnlichkeitsabbildung angibst, die das kleinere der beiden Dreiecke auf das größere abbildet.
   c) Welche Abbildung bildet das größere Dreieck auf das kleinere ab?
   d) Zeige entsprechend, daß die Teildreiecke zum ganzen Dreieck ähnlich sind.

6. Gib die Menge derjenigen Ähnlichkeitsabbildungen an, die
   a) den Flächeninhalt vervierfachen,
   b) C(1/1) als Fixpunkt haben und den Flächeninhalt verdoppeln.

7. Bestimme den Durchschnitt der Menge $\mathbb{M}_Z$ aller zentrischen Streckungen und der Menge $\mathbb{M}_D$ aller Drehungen bei festem Zentrum C.

8. Welches ist die Differenzmenge der Menge der gleichsinnigen Ähnlichkeitsabbildungen und der Menge der Drehstreckungen?

9. Ist die Menge der zentrischen Streckungen eine Teilmenge der Menge der Streckspiegelungen?

10. Welche Bedingungen müssen für die Elemente der Matrix $\mathfrak{A}$ bestehen, damit

$$A: \mathfrak{x}' = \mathfrak{A}\mathfrak{x} + \mathfrak{v}$$

jeden rechten Winkel wieder als rechten Winkel abbildet?

*6.6. Fixpunkte und Fixgeraden von Ähnlichkeitsabbildungen

Vorübungen

1. Was läßt sich über die Fixpunkte von Drehstreckungen und Streckspiegelungen sagen?
2. Wie bestimmt man die Fixgeraden affiner Abbildungen?

Aus unseren Untersuchungen über Drehstreckungen und Streckspiegelungen wissen wir, daß die Ähnlichkeitsabbildung

$$\text{Ä}: \mathfrak{x}' = \mathrm{k}\mathfrak{K}\mathfrak{x} + \mathfrak{v}$$

immer dann genau einen Fixpunkt hat, wenn $|\mathrm{k}| \neq 1$ ist, d. h., wenn es sich nicht um eine Kongruenzabbildung handelt. Da wir die Kongruenzabbildungen schon auf Fixpunkte und Fixgeraden hin untersucht haben, wollen wir uns in diesem Abschnitt auf die „echten" Ähnlichkeitsabbildungen beschränken, also $|\mathrm{k}| \neq 1$ voraussetzen. Da echte Ähnlichkeitsabbildungen immer genau einen Fixpunkt C haben, gibt es keine echten Ähnlichkeitsabbildungen, bei denen gar kein Fixpunkt oder aber eine ganze Fixpunktgerade existiert. Damit ist das Problem der Fixpunkte bei Ähnlichkeitsabbildungen erschöpfend gelöst, und es bleibt uns nun noch, zu untersuchen, ob und welche Fixgeraden die Ähnlichkeitsabbildungen besitzen. Dazu müssen wir zunächst die Eigenwerte und Eigenvektoren bestimmen, sodann nach Satz 4.17 die Anzahl der Fixgeraden und deren Gleichungen.
Um die Eigenwerte zu finden, suchen wir die Lösung der charakteristischen Gleichung

$$|\mu\mathfrak{E} - \mathrm{k}\mathfrak{K}| = 0\,.$$

Dividieren wir nun diese Gleichung durch k^2, indem wir jede der beiden Spalten der Determinante durch k dividieren, so ergibt sich

$$\left|\frac{\mu}{\mathrm{k}}\mathfrak{E} - \mathfrak{K}\right| = 0\,.$$

Ersetzen wir in dieser Gleichung $\frac{\mu}{\mathrm{k}}$ durch μ^*, so erhalten wir

$$|\mu^*\mathfrak{E} - \mathfrak{K}| = 0\,.$$

Die reellen Lösungen dieser Gleichung für μ^* haben wir im Abschnitt 5.6 als Eigenwerte der Kongruenzabbildung errechnet.
Für die weitere Berechnungen müssen wir wieder die gleich- und gegensinnigen Abbildungen getrennt untersuchen.
I. Bei den Drehstreckungen ($\mathfrak{K} = \mathfrak{D}$) ergibt sich

$$\mu^* = \cos\alpha + \sqrt{\cos^2\alpha - 1} \qquad \text{oder} \qquad \mu^* = \cos\alpha - \sqrt{\cos^2\alpha - 1}\,.$$

und damit

$$\mu = \mathrm{k}\cos\alpha + \mathrm{k}\sqrt{\cos^2\alpha - 1} \qquad \text{oder} \qquad \mu = \mathrm{k}\cos\alpha - \mathrm{k}\sqrt{\cos^2\alpha - 1}\,.$$

Auch hier kann es demnach einen Eigenwert, und zwar genau einen, nur dann geben, wenn $\alpha = 0°$ oder wenn $\alpha = 180°$ ist. Ist α von 0° und von 180° verschieden, kann die Drehstreckung keine Eigenwerte und damit weder Eigenvektoren, noch Fixrichtungen, noch Fixgeraden haben.
Für $\alpha = 0°$ ist $\mu = \mathrm{k}$ der einzige Eigenwert, und es gilt $\mathfrak{D} = \mathfrak{E}$; für $\alpha = 180°$ ist entsprechend $\mu = -\mathrm{k}$ der einzige Eigenwert, und es gilt $\mathfrak{D} = -\mathfrak{E}$. Die zugehörigen Abbildungsgleichungen sind

$$\mathfrak{x}' = \mathrm{k}\mathfrak{x} + \mathfrak{v} \qquad \text{bzw.} \qquad \mathfrak{x}' = -\mathrm{k}\mathfrak{x} + \mathfrak{v}\,,$$

d. h., es liegt wegen $|\mathrm{k}| \neq 1$ nach Satz 6.2 eine zentrische Streckung um k bzw. um $-\mathrm{k}$ vor. Aus Abschnitt 4.7 wissen wir, daß bei jeder zentrischen Streckung jeder Vektor des $\mathbb{V}^2$ Eigenvektor ist, und daß genau alle Geraden durch das Streckzentrum $\mathrm{Z}\left[\frac{\mathfrak{v}}{1-\mathrm{k}}\right]$ Fixgeraden sind.

II. Wir wollen nun die entsprechenden Überlegungen für die gegensinnigen Ähnlichkeitsabbildungen, die Streckspiegelungen ($\mathfrak{R} = \mathfrak{S}$), durchführen.
Die charakteristische Gleichung

$$|\mu\mathfrak{E} - k\mathfrak{S}| = 0$$

hat wegen

$$\begin{vmatrix} \mu - k\cos 2\alpha & -k\sin 2\alpha \\ -k\sin 2\alpha & \mu + k\cos 2\alpha \end{vmatrix} = 0$$

$$\mu^2 - k^2\cos^2 2\alpha - k^2\sin^2 2\alpha = 0$$

$$\mu^2 - k^2 = 0$$

stets die Eigenwerte

$$\mu_1 = k \quad \text{und} \quad \mu_2 = -k .$$

Nach Satz 4.13 gehört zu jedem der beiden Eigenwerte genau eine Fixrichtung. Für die zugehörigen Eigenvektoren $\mathfrak{u}_1$ bzw. $\mathfrak{u}_2$ muß gelten

$$(\mu\mathfrak{E} - k\mathfrak{S})\,\mathfrak{u} = \mathfrak{o}\,,$$

für $\mu_1 = k$ also:

$$\begin{pmatrix} k - k\cos 2\alpha & -k\sin 2\alpha \\ -k\sin 2\alpha & k + k\cos 2\alpha \end{pmatrix} \mathfrak{u}_1 = \mathfrak{o}$$

$$k\begin{pmatrix} 1 - \cos 2\alpha & -\sin 2\alpha \\ -\sin 2\alpha & 1 + \cos 2\alpha \end{pmatrix} \mathfrak{u}_1 = \mathfrak{o}$$

$$2k\begin{pmatrix} \sin^2\alpha & -\sin\alpha\cos\alpha \\ -\sin\alpha\cos\alpha & \cos^2\alpha \end{pmatrix} \mathfrak{u}_1 = \mathfrak{o}$$

für $\mu_2 = -k$ also:

$$\begin{pmatrix} -k - k\cos 2\alpha & -k\sin 2\alpha \\ -k\sin 2\alpha & -k + k\cos 2\alpha \end{pmatrix} \mathfrak{u}_2 = \mathfrak{o}$$

$$-k\begin{pmatrix} 1 + \cos 2\alpha & \sin 2\alpha \\ \sin 2\alpha & 1 - \cos 2\alpha \end{pmatrix} \mathfrak{u}_2 = \mathfrak{o}$$

$$-2k\begin{pmatrix} \cos^2\alpha & \sin\alpha\cos\alpha \\ \sin\alpha\cos\alpha & \sin^2\alpha \end{pmatrix} \mathfrak{u}_2 = \mathfrak{o}$$

Da das Skalarprodukt der Eigenvektoren mit beiden Zeilenvektoren der Matrix Null ergeben muß, findet man leicht

$$\mathfrak{u}_1 = \begin{pmatrix} \cos\alpha \\ \sin\alpha \end{pmatrix} \quad \text{und} \quad \mathfrak{u}_2 = \begin{pmatrix} -\sin\alpha \\ \cos\alpha \end{pmatrix}.$$

Man sieht daran, daß $\mathfrak{u}_1$ ein Richtungsvektor und $\mathfrak{u}_2$ ein Normalenvektor der Spiegelgeraden

$$g\colon \mathfrak{n}^\circ(\mathfrak{x} - \mathfrak{c}) = 0 \quad \text{mit} \quad \mathfrak{n}^\circ = \begin{pmatrix} -\sin\alpha \\ \cos\alpha \end{pmatrix}$$

ist. Die beiden Eigenvektoren stehen aufeinander senkrecht.
Um nun nach Satz 4.17 die Anzahl der Fixgeraden zu bestimmen, berechnen wir $(\mathfrak{E} - k\mathfrak{S})^T\,\bar{\mathfrak{u}}$.
Für $\mathfrak{u}_1$ erhalten wir:

$$\begin{aligned}(\mathfrak{E} - k\mathfrak{S})^T\,\bar{\mathfrak{u}}_1 &= \begin{pmatrix} 1 - k\cos 2\alpha & -k\sin 2\alpha \\ -k\sin 2\alpha & 1 + k\cos 2\alpha \end{pmatrix}\begin{pmatrix} -\sin\alpha \\ \cos\alpha \end{pmatrix} \\ &= \begin{pmatrix} -\sin\alpha + k\sin\alpha(2\cos^2\alpha - 1) - 2k\sin\alpha\cos^2\alpha \\ 2k\sin^2\alpha\cos\alpha + \cos\alpha + k\cos\alpha(1 - 2\sin^2\alpha) \end{pmatrix} \\ &= \begin{pmatrix} -\sin\alpha - k\sin\alpha \\ \cos\alpha + k\cos\alpha \end{pmatrix} \\ &= (1 + k)\begin{pmatrix} -\sin\alpha \\ \cos\alpha \end{pmatrix}\end{aligned}$$

Dieser Vektor ist für alle $k \neq -1$ sicher vom Nullvektor verschieden. Jede „echte" Streckspiegelung

$$\ddot{A}^{-}: \mathfrak{x}' = k\mathfrak{S}\mathfrak{x} + \mathfrak{v} \quad \text{mit} \quad k \in \mathbb{R} \setminus \{-1, 0, +1\}$$

hat deshalb in der durch $\mathfrak{u}_1$ festgelegten Fixrichtung genau eine Fixgerade. Diese Fixgerade muß nach Satz 4.16 und weil $C[\mathfrak{c}]$ der Fixpunkt der Streckspiegelung und $\mathfrak{u}_1$ ein Richtungsvektor der Spiegelachse ist, die Spiegelachse

$$g: \mathfrak{x} = \mathfrak{c} + \lambda \mathfrak{u}_1$$

oder auch

$$g: \mathfrak{x} = (\mathfrak{E} - k\mathfrak{S})^{I} \mathfrak{v} + \lambda \begin{pmatrix} \cos\alpha \\ \sin\alpha \end{pmatrix}$$

der Streckspiegelung sein.

Wir müssen nun noch die Fixgeraden der zweiten Fixrichtung bestimmen. Dazu berechnen wir zunächst $(\mathfrak{E} - k\mathfrak{S})^{T}\, \bar{\mathfrak{u}}_2$:

$$\begin{aligned}
(\mathfrak{E} - k\mathfrak{S})^{T}\, \bar{\mathfrak{u}}_2 &= \begin{pmatrix} 1 - k\cos 2\alpha & -k\sin 2\alpha \\ -k\sin 2\alpha & 1 + k\cos 2\alpha \end{pmatrix} \begin{pmatrix} \cos\alpha \\ \sin\alpha \end{pmatrix} \\
&= \begin{pmatrix} \cos\alpha - k\cos\alpha(1 - 2\sin^2\alpha) - 2k\sin^2\alpha\cos\alpha \\ -2k\sin\alpha\cos^2\alpha + \sin\alpha + k\sin\alpha(2\cos^2\alpha - 1) \end{pmatrix} \\
&= \begin{pmatrix} \cos\alpha - k\cos\alpha \\ \sin\alpha - k\sin\alpha \end{pmatrix} \\
&= (1 - k) \begin{pmatrix} \cos\alpha \\ \sin\alpha \end{pmatrix}
\end{aligned}$$

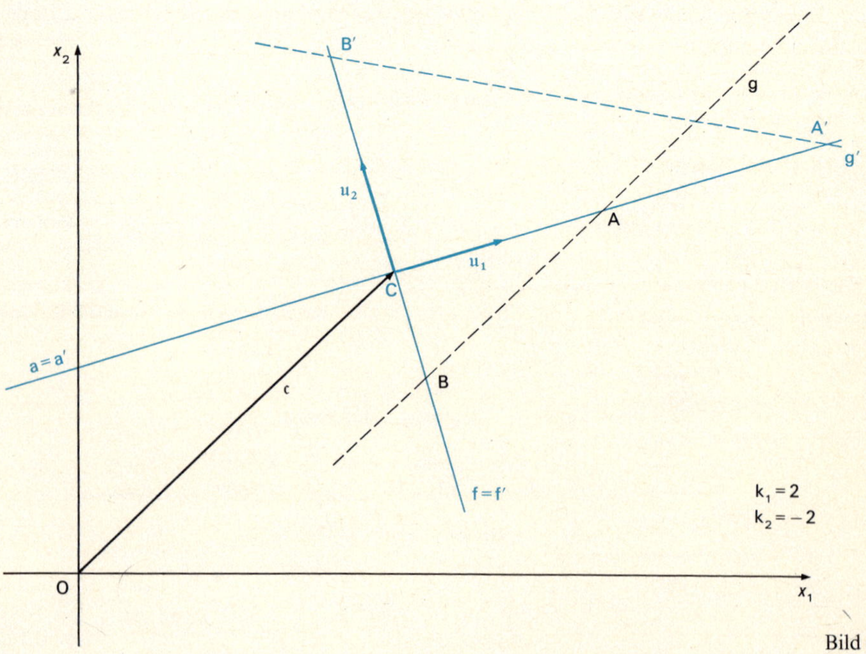

Bild 6.11

Dieser Vektor ist für alle $k \neq 1$ sicher nicht der Nullvektor. Auch hier zeigt sich also, daß $(\mathfrak{E} - k\mathfrak{S})^T \bar{\mathfrak{u}}_2 \neq \mathfrak{o}$ ist. Demnach haben die echten Streckspiegelungen in der zweiten Fixrichtung ebenfalls genau eine Fixgerade, deren Gleichung sich wieder nach Satz 4.16 ergibt:

$$g\colon \mathfrak{x} = \mathfrak{c} + \lambda \mathfrak{u}_2$$

bzw.

$$g\colon \mathfrak{x} = (\mathfrak{E} - k\mathfrak{S})^I \mathfrak{v} + \lambda \begin{pmatrix} -\sin\alpha \\ \cos\alpha \end{pmatrix}.$$

Demnach sind die echten Streckspiegelungen spezielle Eulersche Affinitäten. Ihre Eigenwerte sind k und $-k$; ihre beiden Fixgeraden stehen senkrecht aufeinander (Bild 6.11). Diese Ergebnisse hätten sich aus Abschnitt 4.7 (Fall 1a) ohne die vorangegangene Rechnung viel einfacher finden lassen.

Beispiel

Bestimme die Fixpunkte, Fixpunktgeraden, Eigenwerte, Eigenvektoren und Fixgeraden der Ähnlichkeitsabbildung

$$\ddot{A}\colon \mathfrak{x}' = \begin{pmatrix} 0 & 2 \\ 2 & 0 \end{pmatrix} \mathfrak{x} + \begin{pmatrix} 2 \\ 2 \end{pmatrix}.$$

Lösung:

Da der Rang von $\mathfrak{E} - \ddot{\mathfrak{A}}$ gleich 2 ist, muß diese Ähnlichkeitsabbildung genau einen Fixpunkt haben. Fixpunktgeraden hat sie nicht. Der Ortsvektor zum Fixpunkt C ist

$$\begin{aligned} \mathfrak{c} &= (\mathfrak{E} - \ddot{\mathfrak{A}})^I \mathfrak{v} \\ &= \begin{pmatrix} 1 & -2 \\ -2 & 1 \end{pmatrix}^I \begin{pmatrix} 2 \\ 2 \end{pmatrix} \\ &= \frac{1}{-3} \begin{pmatrix} 1 & 2 \\ 2 & 1 \end{pmatrix} \begin{pmatrix} 2 \\ 2 \end{pmatrix} \\ &= \begin{pmatrix} -2 \\ -2 \end{pmatrix}. \end{aligned}$$

Weiter entnimmt man der Abbildungsgleichung, daß es sich um eine Streckspiegelung handelt ($|\ddot{\mathfrak{A}}| < 0$). Es gilt also

$$\left.\begin{aligned} a_1 &= 0 = k\cos 2\alpha \\ b_1 &= 2 = k\sin 2\alpha \end{aligned}\right\} \Rightarrow \begin{aligned} k_1 &= 2 \quad \text{und} \quad \alpha_1 = 45^\circ \\ k_2 &= -2 \quad \text{und} \quad \alpha_2 = 135^\circ. \end{aligned}$$

Wir wissen aus den Überlegungen dieses Abschnitts, daß die Eigenwerte mit den Streckfaktoren übereinstimmen. Die Eigenwerte sind also

$$\mu_1 = +2 \qquad \text{und} \qquad \mu_2 = -2.$$

Die Skalarprodukte der Eigenvektoren mit den Zeilenvektoren der Matrix

$$\mu_1\mathfrak{E} - k\mathfrak{S} = \begin{pmatrix} 2 & -2 \\ -2 & 2 \end{pmatrix} \qquad \text{bzw.} \qquad \mu_2\mathfrak{E} - k\mathfrak{S} = \begin{pmatrix} -2 & -2 \\ -2 & -2 \end{pmatrix}$$

müssen Null ergeben. Man erhält

$$\mathfrak{u}_1 = \begin{pmatrix} 1 \\ 1 \end{pmatrix} \qquad \text{und} \qquad \mathfrak{u}_2 = \begin{pmatrix} 1 \\ -1 \end{pmatrix}.$$

Demnach sind die beiden einzigen Fixgeraden

$$g_1: \mathfrak{x} = \begin{pmatrix} -2 \\ -2 \end{pmatrix} + \lambda \begin{pmatrix} 1 \\ 1 \end{pmatrix} \quad \text{und} \quad g_2: \mathfrak{x} = \begin{pmatrix} -2 \\ -2 \end{pmatrix} + \lambda \begin{pmatrix} 1 \\ -1 \end{pmatrix}.$$

Aufgaben

1. Untersuche die folgenden Ähnlichkeitsabbildungen auf Fixpunkte, Fixpunktgeraden, Eigenwerte, Eigenvektoren, und Fixgeraden.

   a) $\ddot{A}: \mathfrak{x}' = \begin{pmatrix} 4 & 3 \\ 3 & -4 \end{pmatrix} \mathfrak{x} + \begin{pmatrix} -15 \\ 1 \end{pmatrix}$,

   b) $\ddot{A}: \mathfrak{x}' = \begin{pmatrix} 2 & -3 \\ 3 & 2 \end{pmatrix} \mathfrak{x} + \begin{pmatrix} -4 \\ -2 \end{pmatrix}$,

   c) $\ddot{A}: \mathfrak{x}' = \begin{pmatrix} 3 & 0 \\ 0 & 3 \end{pmatrix} \mathfrak{x} + \begin{pmatrix} 4 \\ -6 \end{pmatrix}$,

   d) $\ddot{A}: \mathfrak{x}' = \begin{pmatrix} 1 & 0 \\ 0 & 1 \end{pmatrix} \mathfrak{x} + \begin{pmatrix} 2 \\ 9 \end{pmatrix}$.

2. Zeige: Bei jeder zentrischen Streckung ist jede Gerade durch das Streckzentrum Fixgerade.

3. Beweise: Hat eine zentrische Streckung mehr als einen Fixpunkt, so handelt es sich um die identische Abbildung.

4. Zeige: Die und nur die affinen Abbildungen mit der Gleichung

$$\mathfrak{x}' = \mathfrak{z}\mathfrak{x} + \mathfrak{v}$$

   haben alle Richtungen als Fixrichtungen.

5. Welche Ähnlichkeitsabbildungen haben die Gerade $g: x_2 = x_1$ als Fixgerade?

6. Gib die Menge derjenigen Ähnlichkeitsabbildungen an, die
   a) keinen Fixpunkt,
   b) den Punkt C(2/2) als Fixpunkt,
   c) die Gerade $g: x_2 = 3x_1 + 1$ als Fixgerade,
   d) die Geraden $g_1: x_2 = \sqrt{3}x_1$ und $g_2: x_2 = -\frac{1}{\sqrt{3}} x_1$ als Fixgeraden,
   e) die Geraden $g_1: x_2 = 2x_1 + 1$ und $g_2: x_2 = -2x_1 + 1$ als Fixgeraden haben

7. Affine Abbildungen und der Aufbau der Geometrie

7.1. Achsenaffinitäten und affine Abbildungen

Vorübungen

1. Wie heißt die Gleichung einer nullpunktstreuen affinen Abbildung?
2. Unter welcher Bedingung hat eine nullpunktstreue, reguläre affine Abbildung eine Fixpunktgerade? Wie erhält man die Gleichung dieser Fixpunktgeraden?
3. Zeichne das Dreieck A(1/1) B(3/0) C(6/3).
   a) Schere dieses Dreieck mit dem Scherungswinkel $\varphi = 30°$ parallel zur x_1-Achse.
   b) Dehne das in a) erhaltene Bilddreieck A′B′C′ anschließend parallel zur x_1-Achse mit $k = 1{,}5$. Welche Koordinaten haben die so gefundenen Punkte A″, B″, C″?

Unter den regulären affinen Punktabbildungen der Ebene spielen neben den Kongruenz- und Ähnlichkeitsabbildungen diejenigen eine besondere Rolle, die eine Fixpunktgerade haben. Man nennt sie *Achsenaffinitäten* oder *achsenaffine Abbildungen*; wir bezeichnen sie mit A_A. Durch welche Gleichungen lassen sich nun solche Achsenaffinitäten beschreiben?
Zur Vereinfachung dieses Problems wählen wir unser Koordinatensystem so, daß die x_1-Achse die Affinitätsachse und damit die Abbildung A_A nullpunktstreu ist. Somit gilt:

$$A_A : \mathfrak{x}' = \mathfrak{A}_A \mathfrak{x} .$$

Da A_A die x_1-Achse als Fixpunktgerade haben soll, muß sein:

$$\mathfrak{e}_1' = \mathfrak{a} = \mathfrak{e}_1 ,$$

und daraus folgt als Form der Abbildungsmatrix:

$$\mathfrak{A}_A = \begin{pmatrix} 1 & b_1 \\ 0 & b_2 \end{pmatrix}$$

mit $b_2 \neq 0$ wegen der Regularität der Abbildung.

Somit erhält man als Abbildungsgleichung für A_A:

$$\mathfrak{x}' = \begin{pmatrix} 1 & b_1 \\ 0 & b_2 \end{pmatrix} \mathfrak{x} \quad \text{mit } b_2 \neq 0 .$$

Umgekehrt hat jede regulär affine Abbildung mit einer Gleichung dieser Form nach Satz 4.8 die x_1-Achse als Affinitätsachse. Deshalb erhalten wir

Satz 7.1

Die und nur die regulär affinen Abbildungen haben die x_1-Achse als Affinitätsachse, deren Gleichungen die Form haben:

$$\mathfrak{x}' = \begin{pmatrix} 1 & b_1 \\ 0 & b_2 \end{pmatrix} \mathfrak{x} \quad \text{mit } b_2 \neq 0 .$$

Wir wollen jetzt die Lage eines beliebigen Punktes X und seines Bildpunktes X′ im Hinblick auf die Affinitätsachse untersuchen. (s. Bild 7.1).

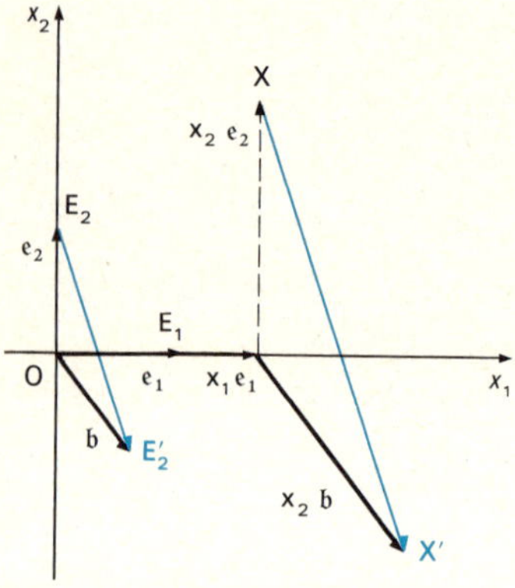

Bild 7.1 **Achsenaffinität**

Es gilt zunächst wegen $\mathfrak{e}_2' = \mathfrak{b}$:

$$\overrightarrow{E_2E_2'} = \mathfrak{b} - \mathfrak{e}_2 .$$

Weiter ergibt sich für jedes $X \in \mathbb{R}^2$:

$$\begin{aligned} \overrightarrow{XX'} &= \mathfrak{x}' - \mathfrak{x} = \mathfrak{A}_A\mathfrak{x} - \mathfrak{E}\mathfrak{x} \\ &= \begin{pmatrix} 0 & b_1 \\ 0 & b_2 - 1 \end{pmatrix} \mathfrak{x} \\ &= x_2\mathfrak{b} - x_2\mathfrak{e}_2 \\ &= x_2(\mathfrak{b} - \mathfrak{e}_2) \\ &= x_2\overrightarrow{E_2E_2'} \end{aligned}$$

d. h.: $\overrightarrow{E_2E_2'}$ ist kollinear zu $\overrightarrow{XX'}$ oder E_2E_2' ist parallel zu XX′. Die Verbindungsstrecken von Ur- und Bildpunkt sind also für jedes Punktepaar (X, X′) zueinander parallel. Die Geraden, auf denen sie liegen, sind Fixgeraden der Achsenaffinität (Affinitätsgeraden) (s. Aufg. 14). Diese für die speziellen Achsenaffinitäten mit der x_1-Achse als Fixpunktgerade nachgewiesene Eigenschaft muß für jede beliebige reguläre achsenaffine Abbildung gelten; denn jede *beliebige* Achsenaffinität läßt sich durch Verkettung mit geeignet gewählten Kongruenzabbildungen auf den vorliegenden Spezialfall zurückführen.

Satz 7.2

Bei jeder Achsenaffinität sind alle Verbindungsstrecken von Ur- und Bildpunkten parallel.

Sollen die oben untersuchten speziellen Achsenaffinitäten insbesondere flächentreu sein, so muß wegen Satz 4.5 gelten:

$$\begin{vmatrix} 1 & b_1 \\ 0 & b_2 \end{vmatrix} = \pm 1$$

und damit

$$b_2 = +1 \quad \text{oder} \quad b_2 = -1 .$$

I. Wir betrachten zunächst die flächentreuen Achsenaffinitäten A_A für den Fall $b_2 = 1$: Aus der Abbildungsgleichung

$$\mathfrak{x}' = \begin{pmatrix} 1 & b_1 \\ 0 & 1 \end{pmatrix} \mathfrak{x}$$

folgt

$$x_2' = x_2$$

für jedes $X \in \mathbb{R}^2$. Die Verbindungslinien von Punkten und zugehörigen Bildpunkten sind also zur Affinitätsachse parallel (Bild 7.2).

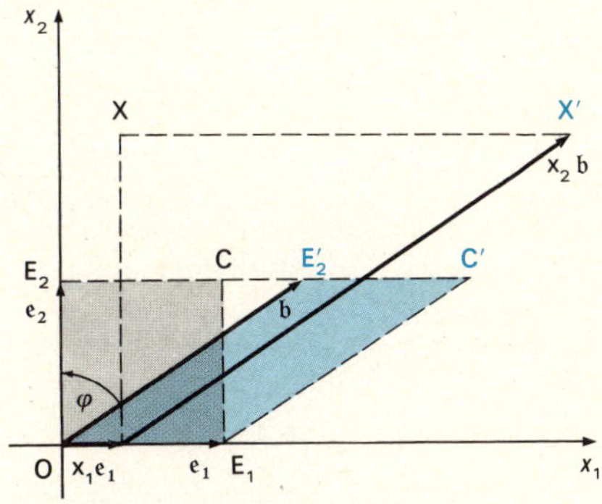

Bild 7.2 **Scherung**

Die Orientierung aller Winkel und damit der Umlaufssinn aller Figuren bleiben erhalten. Dem Bild 7.2 entnehmen wir, daß es sich um die uns anschaulich-geometrisch schon bekannten Scherungen parallel zur x_1-Achse als Affinitätsachse handelt, die wir nun folgendermaßen analytisch definieren können:

Definition 7.1

Jede Achsenaffinität

$$A_A: \mathfrak{x}' = \begin{pmatrix} 1 & b_1 \\ 0 & 1 \end{pmatrix} \mathfrak{x}$$

soll *Scherung* parallel zur x_1-Achse heißen.

Allgemein soll jede gleichsinnige flächentreue Achsenaffinität Scherung heißen.

II. Nun betrachten wir die flächentreuen Achsenaffinitäten A_A mit $b_2 = -1$:

$$A_A: \mathfrak{x}' = \begin{pmatrix} 1 & b_1 \\ 0 & -1 \end{pmatrix} \mathfrak{x}.$$

Aus der Abbildungsgleichung folgt:

$$x_2' = -x_2 \quad \text{für jedes} \quad X \in \mathbb{R}^2.$$

Daher halbiert die Affinitätsachse stets die Verbindungsstrecke XX' (s. Bild 7.3).

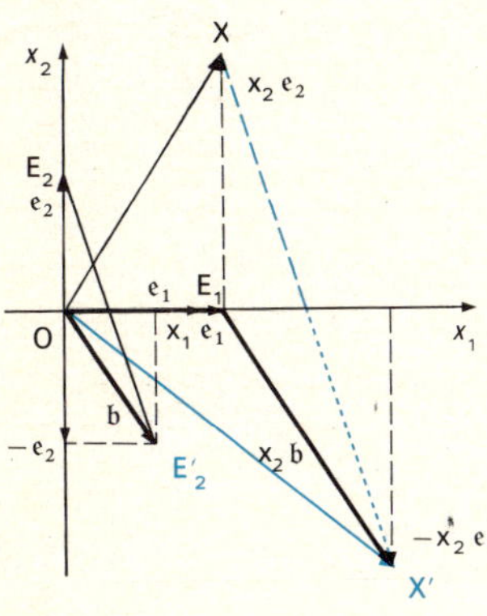

Bild 7.3 **Affinspiegelung**

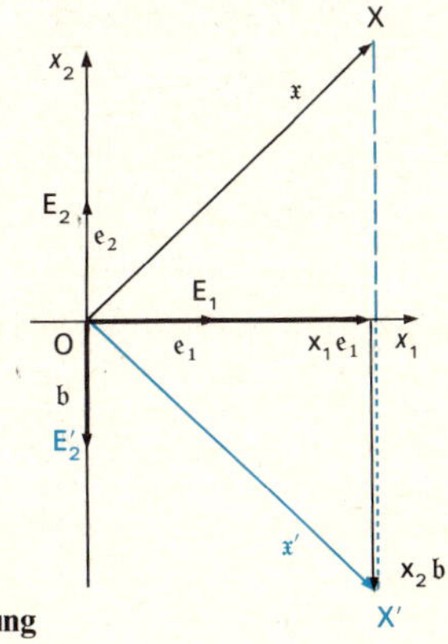

Bild 7.4 **Spiegelung**

Definition 7.2

Jede Achsenaffinität

$$A_A: \mathfrak{x}' = \begin{pmatrix} 1 & b_1 \\ 0 & -1 \end{pmatrix} \mathfrak{x}$$

soll *Schrägspiegelung* oder *Affinspiegelung* an der x_1-Achse heißen.

Die Orientierung aller Winkel und damit der Umlaufssinn aller Figuren werden umgekehrt. Falls gilt $\mathfrak{b} = \begin{pmatrix} 0 \\ -1 \end{pmatrix}$, erhalten wir die uns bekannte (senkrechte) Spiegelung an der x_1-Achse (s. Bild 7.4).
Allgemein soll jede gegensinnige flächentreue Achsenaffinität Affinspiegelung heißen.

An dieser Stelle wollen wir noch einmal den Gedankengang der Kapitel 5 und 6 zusammenfassen, der uns bis zu den Achsenaffinitäten geführt hat:

I a) Wir haben zunächst analytisch, d. h. durch Angabe einer Abbildungsgleichung, definiert, was wir unter einer Achsenspiegelung verstehen wollen.

b) Im Anschluß daran haben wir die Kongruenzabbildungen als Verkettung endlich vieler solcher Achsenspiegelungen festgelegt.

c) Schließlich haben wir erkannt, daß sich jede Kongruenzabbildung als Produkt von höchstens drei Spiegelungen schreiben läßt.

II a) Dann haben wir eine neue affine Abbildung, die zentrische Streckung, definiert, die auf Grund ihrer Abbildungsgleichung nicht zu den Kongruenzabbildungen gehört.

b) Sodann haben wir die Ähnlichkeitsabbildungen als Produkt von endlich vielen zentrischen Streckungen mit Kongruenzabbildungen erklärt.

c) Schließlich ergibt sich aus unseren damaligen Überlegungen, daß sich *jede* Ähnlichkeitsabbildung bereits durch Verkettung *einer* zentrischen Streckung mit *einer* Kongruenzabbildung erzeugen läßt.

III a) In diesem Kapitel haben wir nun die Achsenaffinitäten mit der x_1-Achse als Fixpunktgerade kennengelernt, die nicht zu den Ähnlichkeitsabbildungen zu rechnen sind.

b) In Fortsetzung unseres Gedankenganges stellt sich nun zwangsläufig die folgende Frage: Läßt sich durch Verkettung solcher Achsenaffinitäten mit Ähnlichkeitsabbildungen wiederum eine neue Menge von Abbildungen erzeugen, so wie sich durch Verkettung von zentrischen Streckungen mit Kongruenzabbildungen die Ähnlichkeitsabbildungen ergeben haben?

c) Die Beantwortung dieser Frage ergibt sich aus folgendem Satz (s. Aufgabe 11):

Satz 7.3

Die und nur die Abbildungen, die durch Verkettung einer regulären Achsenaffinität mit der x_1-Achse als Fixpunktgerade und einer Ähnlichkeitsabbildung entstehen, sind regulär affine Abbildungen.

Somit ergibt sich jetzt folgende Übersicht:

Spiegelungen: S

$\downarrow$

Kongruenzabbildungen: $K = S_1 \circ \cdots \circ S_n \quad n \in \{1, 2, 3\}$

zentrische Streckungen: $Z \searrow \; \downarrow$

Ähnlichkeitsabbildungen: $\ddot{A} = Z \circ K$

Achsenaffinitäten: $A_A \searrow \; \downarrow$

Affinitäten: $A = A_A \circ \ddot{A}$

Eine weitere wichtige nullpunktstreue affine Abbildung erhalten wir, wenn wir die Basisvektoren $\mathfrak{e}_1$ und $\mathfrak{e}_2$ in Richtung von $\mathfrak{e}_1$ bzw. $\mathfrak{e}_2$ strecken:

$$\mathfrak{a} = k_1 \mathfrak{e}_1$$

$$\mathfrak{b} = k_2 \mathfrak{e}_2$$

und erhalten (s. Bild 7.5) als Abbildungsgleichung

$$\mathfrak{x}' = \begin{pmatrix} k_1 & 0 \\ 0 & k_2 \end{pmatrix} \mathfrak{x}.$$

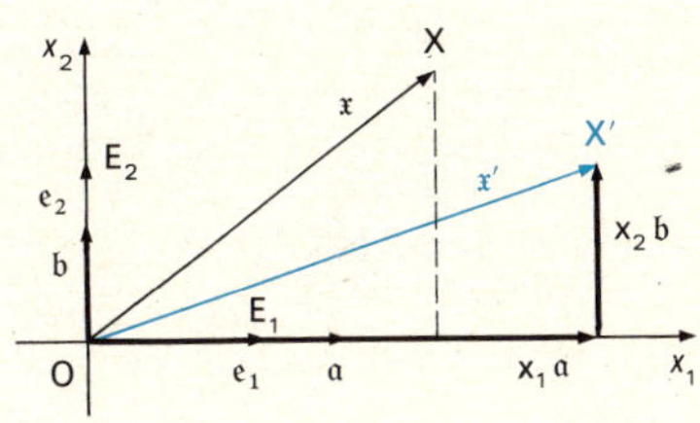

Bild 7.5 **Eulersche Affinität**

Definition 7.3

Jede affine Abbildung mit der Gleichung $\mathfrak{x}' = \begin{pmatrix} k_1 & 0 \\ 0 & k_2 \end{pmatrix} \mathfrak{x}$ soll (senkrechte) *Eulersche Affinität* (bezüglich der x_1- und der x_2-Achse) heißen.

Setzt man $k_1 = 1$ und $k_2 \neq 0$ oder $k_2 = 1$ und $k_1 \neq 0$, so erhält man die Gleichungen der uns bekannten *Dehnungen* und *Stauchungen* parallel zur x_2- bzw. zur x_1-Achse. Dehnungen und Stauchungen faßt man auch unter dem Namen *Normalaffinitäten* zusammen. Man erkennt an der Abbildungsgleichung, daß die Eulerschen Affinitäten keine Achsenaffinitäten sind (s. Aufgabe 1). Sie haben nämlich genau einen Fixpunkt, und zwar den Nullpunkt. Die x_1- und x_2-Achse werden nicht Punkt für Punkt, wohl aber als Ganzes in sich abgebildet, sind also Fixgeraden. Allgemein heißt jede affine Abbildung mit zwei sich schneidenden Fixgeraden Eulersche Affinität.

Die Zusammenhänge zwischen den Abbildungen dieses Kapitels veranschaulicht folgendes Diagramm:

nullpunktstreue affine Abbildungen

$$A_0: \mathfrak{x}' = \begin{pmatrix} a_1 & b_1 \\ a_2 & b_2 \end{pmatrix} \mathfrak{x}$$

x_1-Achsenaffinitäten

$$A_A: \mathfrak{x}' = \begin{pmatrix} 1 & b_1 \\ 0 & b_2 \end{pmatrix} \mathfrak{x}$$

$x_1 x_2$-Euler-Affinitäten

$$A_E: \mathfrak{x}' = \begin{pmatrix} a_1 & 0 \\ 0 & b_2 \end{pmatrix} \mathfrak{x}$$

x_1-Scherungen

$$\text{Sch}: \mathfrak{x}' = \begin{pmatrix} 1 & b_1 \\ 0 & 1 \end{pmatrix} \mathfrak{x}$$

x_1-Affinspiegelungen

$$\text{As}: \mathfrak{x}' = \begin{pmatrix} 1 & b_1 \\ 0 & -1 \end{pmatrix} \mathfrak{x}$$

x_1-Dehnungen[1]

$$\text{De}_{x_1}: \mathfrak{x}' = \begin{pmatrix} 1 & 0 \\ 0 & b_2 \end{pmatrix} \mathfrak{x}$$

x_2-Dehnungen[1]

$$\text{De}_{x_2}: \mathfrak{x}' = \begin{pmatrix} a_1 & 0 \\ 0 & 1 \end{pmatrix} \mathfrak{x}$$

x_1-Spiegelungen

$$S_{x_1}: \mathfrak{x}' = \begin{pmatrix} 1 & 0 \\ 0 & -1 \end{pmatrix} \mathfrak{x}$$

Beispiel

Welche affine Abbildung hat die Affinitätsachse $g: x_2 = x_1$ und bildet $C(1/2)$ in $C'(2/0)$ ab?

Lösung:

Nach Satz 3.12 ist eine affine Punktabbildung durch Vorgabe von drei nicht auf einer Geraden liegenden Punkten C, D, E und deren Bildpunkten eindeutig festgelegt. Neben $C(1/2)$ mit $C'(2/0)$ wählen wir zwei weitere Punkte auf der Fixpunktgeraden. Schreibt man die Abbildungsgleichung $\mathfrak{x}' = \mathfrak{A}\mathfrak{x} + \mathfrak{v}$ in der Form $\mathfrak{x}' = x_1 \mathfrak{a} + x_2 \mathfrak{b} + \mathfrak{v}$, so erhält man:

$$D(0/0) \mapsto D'(0/0) \Rightarrow \mathfrak{d}' = 0\mathfrak{a} + 0\mathfrak{b} + \mathfrak{v} \Rightarrow \mathfrak{v} = \mathfrak{d}' = \mathfrak{o}$$

$$E(1/1) \mapsto E'(1/1) \Rightarrow \mathfrak{e}' = 1\mathfrak{a} + 1\mathfrak{b} = \begin{pmatrix} 1 \\ 1 \end{pmatrix}$$

$$C(1/2) \mapsto C'(2/0) \Rightarrow \mathfrak{c}' = 1\mathfrak{a} + 2\mathfrak{b} = \begin{pmatrix} 2 \\ 0 \end{pmatrix}.$$

Aus den letzen beiden Gleichungen folgt: $\mathfrak{a} = \begin{pmatrix} 0 \\ 2 \end{pmatrix}$; $\mathfrak{b} = \begin{pmatrix} 1 \\ -1 \end{pmatrix}$. Damit heißt die Abbildungsgleichung:

$$\mathfrak{x}' = \begin{pmatrix} 0 & 1 \\ 2 & -1 \end{pmatrix} \mathfrak{x}.$$

Aufgaben

1. Zeige rechnerisch, daß die $x_1 x_2$-Euler-Affinität mit $k_1 \neq 1$ und $k_2 \neq 1$ genau einen Fixpunkt hat. Was ergibt sich für den Fall, daß
   a) $k_1 = k_2$,
   b) $k_1 = 1$ und $k_2 \neq 1$,
   c) $k_1 = k_2 = 1$ ist?

[1] „x_1-Dehnung“ bedeutet: Dehnung *senkrecht* zur x_1-Achse (also parallel zur x_2-Achse).

2. Bestimme die Abbildungsgleichung einer x_2-Achsenaffinität. Leite daraus die Abbildungsgleichung für eine Affinspiegelung an der x_2-Achse ab.

3. Bestimme die Abbildungsgleichung einer Scherung parallel zur x_2-Achse.

4. Welchen Fixpunkt hat jede affine Abbildung, deren Gleichung sich in der Form schreiben läßt: $\mathfrak{x}' = \begin{pmatrix} a_1 & b_1 \\ a_2 & b_2 \end{pmatrix} \mathfrak{x}$?

5. Welche affine Abbildung hat die Affinitätsachse mit der Gleichung
   a) $x_1 - 4 = 0$ und bildet O(0/0) in O'(0/1) ab,
   b) $x_2 + 2 = 0$ und bildet C(1/0) in C'(1/1) ab,
   c) $3x_1 + 4x_2 - 5 = 0$ und bildet C(1/1) in C'(−1/−3) ab,
   d) $x_1 + x_2 = 0$ und bildet C(1/2) in C'(−1/0) ab?

6. Um was für Abbildungen handelt es sich bei folgenden Abbildungsgleichungen?

   a) $\mathfrak{x}' = \begin{pmatrix} a_1 & 0 \\ a_2 & 1 \end{pmatrix} \mathfrak{x}$, b) $\mathfrak{x}' = \begin{pmatrix} \frac{1}{2}\sqrt{2} & -\frac{1}{2}\sqrt{2} \\ \frac{1}{2}\sqrt{2} & \frac{1}{2}\sqrt{2} \end{pmatrix} \mathfrak{x}$, c) $\mathfrak{x}' = \begin{pmatrix} 7 & 0 \\ 0 & \frac{1}{2} \end{pmatrix} \mathfrak{x}$,

   d) $\mathfrak{x}' = \begin{pmatrix} -1 & 0 \\ a_2 & 1 \end{pmatrix} \mathfrak{x}$, e) $\mathfrak{x}' = \begin{pmatrix} 3 & 0 \\ 0 & 3 \end{pmatrix} \mathfrak{x}$, f) $\mathfrak{x}' = \begin{pmatrix} \frac{1}{2}\sqrt{3} & \frac{1}{2} \\ \frac{1}{2} & -\frac{1}{2}\sqrt{3} \end{pmatrix} \mathfrak{x}$.

7. Das Dreieck C(2/1) D(6/2) E(5/3) soll durch eine Achsenaffinität mit der x_1-Achse als Affinitätsachse in ein gleichschenkliges, rechtwinkliges Dreieck abgebildet werden ($\sphericalangle$ C'E'D' = 90°).

8. Gegeben sei eine affine Abbildung durch die drei Punkte C(1/0), D(0/1) und E(1/1) und deren Bildpunkte C'(1/0), D'(3/1), E'(4/1). Bestimme die Art der Abbildung.

9. Berechne die Gleichung der affinen Abbildung, die die Gerade $g: x_2 = \frac{x_1}{2}$ zur Affinitätsachse hat und die x_2-Achse in die x_1-Achse abbildet.

10. Bei einer Scherung mit der x_1-Achse als Affinitätsachse wird C(1/1) in C'(4/1) abgebildet. Bestimme die Abbildungsgleichung.

11. Gegeben sei die Affinität $A: \mathfrak{x}' = \begin{pmatrix} a_1 & b_1 \\ a_2 & b_2 \end{pmatrix} \mathfrak{x} + \mathfrak{v}$. Zeige: Zu dieser Abbildung lassen sich stets Größen $\mathfrak{c}$, $\mathfrak{w}$, k und α so bestimmen, daß gilt:

$$A = A_2 \circ A_1 \quad \text{mit} \quad A_1: \mathfrak{x}' = \begin{pmatrix} 1 & c_1 \\ 0 & c_2 \end{pmatrix} \mathfrak{x} \quad \text{und} \quad A_2: \mathfrak{x}'' = \begin{pmatrix} k\cos\alpha & -k\sin\alpha \\ k\sin\alpha & k\cos\alpha \end{pmatrix} \mathfrak{x}' + \mathfrak{w}.$$

   Deute dieses Ergebnis geometrisch.

12. Zeige: Jede Achsenaffinität mit der x_1-Achse als Affinitätsachse läßt sich zusammensetzen aus einer Scherung parallel zur x_1-Achse und einer Dehnung senkrecht zur x_1-Achse.

13. Berechne die Gleichung der Produktabbildung Sch ∘ Z mit $Z: \mathfrak{x}' = \begin{pmatrix} 3 & 0 \\ 0 & 3 \end{pmatrix} \mathfrak{x}$ und $\text{Sch}: \mathfrak{x}'' = \begin{pmatrix} 1 & 1 \\ 0 & 1 \end{pmatrix} \mathfrak{x}'$. Deute das Ergebnis geometrisch.

14. Zeige: Bei jeder Achsenaffinität werden alle Geraden, die parallel sind zu E_2E_2', auf sich abgebildet, sind also Fixgeraden.

15. Untersuche, ob sich jede affine Abbildung darstellen läßt als Produkt einer Euler-Affinität $A_E: \mathfrak{x}' = \begin{pmatrix} k_1 & 0 \\ 0 & k_2 \end{pmatrix} \mathfrak{x}$ mit einer geeigneten Ähnlichkeitsabbildung.

7.2. Affine Verwandtschaften

Vorübung

1. Wann heißen zwei Figuren kongruent, wann heißen sie ähnlich?
2. Bilde vier Punkte des Kreises

$$K: x_1^2 + x_2^2 = 25$$

durch die Abbildung

$$A: \mathfrak{x}' = \begin{pmatrix} 1 & 2 \\ 0 & 1 \end{pmatrix} \mathfrak{x}$$

ab und untersuche, ob die vier Bildpunkte wieder auf einem Kreise liegen.

Jede affine Abbildung des $\mathbb{R}^2$ auf sich bewirkt zugleich eine Abbildung aller möglichen Figuren des $\mathbb{R}^2$ auf die jeweiligen Bildfiguren. Je nach Wahl der Abbildung stehen Figur und Bildfigur in einem mehr oder weniger engen Verwandtschaftsverhältnis zueinander. Recht eng verwandt sind Figuren, die sich durch eine Kongruenzabbildung aufeinander abbilden lassen; nach Definition 5.10 heißen solche Figuren kongruent. Schon weniger verwandt sind ähnliche Figuren, also solche, die sich durch eine Ähnlichkeitsabbildung aufeinander abbilden lassen. Die allgemeinste bei affinen Abbildungen mögliche Verwandtschaft zwischen zwei Figuren liegt demnach vor, wenn sie sich durch eine geeignete affine Abbildung ineinander überführen lassen.

Definition 7.3

Zwei Figuren F und F′ sollen genau dann *affin verwandt* heißen, wenn es eine regulär affine Abbildung gibt, die F auf F′ abbildet.

Nach Satz 3.12 sind demnach zwei beliebige Dreiecke stets affin verwandt. Dasselbe gilt für zwei beliebige Parallelogramme (Beweis in Aufgabe 12). Hingegen sind zwei Vierecke im allgemeinen nicht affin verwandt, denn wegen der Parallelentreue affiner Abbildungen läßt sich beispielsweise ein Parallelogramm nicht in ein Trapez mit verschieden langen Grundseiten abbilden. Erst recht sind natürlich Kreis und Viereck nicht affin verwandt. In welche Figur geht nun aber ein Kreis durch eine affine Abbildung über? Dieser Frage wollen wir zunächst an Hand eines Zahlenbeispiels nachgehen. Um etwa die Bilder der Punkte P(5/0) und Q(0/5) des Kreises $K: x_1^2 + x_2^2 = 25$ bei der (Eulerschen) Affinität

(1) $$A: \mathfrak{x}' = \begin{pmatrix} 2 & 0 \\ 0 & 3 \end{pmatrix} \mathfrak{x}$$

zu bestimmen, setzen wir die Koordinaten von P bzw. Q in (1) ein und erhalten

$$\mathfrak{p}' = \begin{pmatrix} 10 \\ 0 \end{pmatrix}$$

$$\mathfrak{q}' = \begin{pmatrix} 0 \\ 15 \end{pmatrix}.$$

Demnach gilt: P′(10/0) und Q′(0/15).

Wir wollen nun alle Punkte des Kreises

(2) $$K: x_1^2 + x_2^2 = 25$$

durch A abbilden. Dabei müssen wir bedenken, daß wir wohl die Relation kennen, in der die Koordinaten der Urpunkte stehen, während wir die Relationsgleichung zwischen den Koordinaten der Bildpunkte noch bestimmen müssen.
Dazu stellen wir die Gleichung derjenigen Abbildung auf, die jedem Bildpunkt seinen Urpunkt zuordnet. Das ist wegen $\mathfrak{x} = \begin{pmatrix} 2 & 0 \\ 0 & 3 \end{pmatrix}^{\mathrm{I}} \mathfrak{x}'$ die zu A inverse Abbildung

(3) $$A^{\mathrm{I}}: \mathfrak{x} = \begin{pmatrix} \frac{1}{2} & 0 \\ 0 & \frac{1}{3} \end{pmatrix} \mathfrak{x}' .$$

Da wir die Relation kennen, die zwischen den Koordinaten der Urpunkte besteht, können wir die Terme für die Koordinaten aus den Gleichungen für A^{I}

$$x_1 = \frac{1}{2} x_1'$$

$$x_2 = \frac{1}{3} x_2'$$

in (2) einsetzen:

(4) $$\left(\frac{1}{2} x_1'\right)^2 + \left(\frac{1}{3} x_2'\right)^2 = 25 .$$

Diese Gleichung ist eine Beziehung zwischen den Koordinaten der Bildpunkte, stellt also schon die gesuchte Relationsgleichung zwischen den Koordinaten der Bildpunkte dar. Um nun erkennen zu können, welche Bildpunktmenge durch (4) dargestellt wird, müssen wir nur noch umformen. Man erhält

$$E: \frac{x_1'^2}{100} + \frac{x_2'^2}{225} = 1 .$$

Demnach wird der Kreis $K: x_1^2 + x_2^2 = 25$ durch die Abbildung A in eine Ellipse in Mittelpunktslage mit den Halbachsenlängen $a = 10\,\mathrm{LE}$ und $b = 15\,\mathrm{LE}$ abgebildet.
Allgemein gilt:

Satz 7.4

Die Ellipse $E: \frac{x_1^2}{a^2} + \frac{x_2^2}{b^2} = 1$ und der Kreis $K: x_1^2 + x_2^2 = a^2$ (Hauptscheitelkreis der Ellipse, falls $a > b$) sind affin verwandt.

Der Beweis ergibt sich daraus, daß die Dehnung $De_{x_1}: \mathfrak{x}' = \begin{pmatrix} 1 & 0 \\ 0 & \frac{b}{a} \end{pmatrix} \mathfrak{x}$ den Kreis K in die Ellipse E abbildet.

Wir wissen, daß der Flächeninhalt F' einer Bildfigur und der Flächeninhalt F ihrer Urfigur in der Beziehung

$$F' = ||\mathfrak{A}|| \cdot F$$

stehen. Deshalb gilt für die Ellipsenfläche F_E als Bild der Kreisfläche F_K bei der Dehnung

$De_{x_1}: \mathfrak{x}' = \begin{pmatrix} 1 & 0 \\ 0 & \frac{b}{a} \end{pmatrix} \mathfrak{x}$ wegen $\|\mathfrak{A}\| = \frac{b}{a}$

$$F_E = \frac{b}{a} \cdot \pi a^2 \Rightarrow F_E = \pi a b\,.$$

Weitere affine Verwandtschaften sollen in den Aufgaben untersucht werden.

Beispiel

Gegeben seien die Punktmengen $M_1 = \{X[\mathfrak{x}] \mid x_1 \leqq 0\}$, $M_2 = \{X[\mathfrak{x}] \mid x_2 \geqq 0\}$ und $M_3 = \{X[\mathfrak{x}] \mid x_2 \leqq x_1 + 1\}$. Bilde die Punktmenge $M = M_1 \cap M_2 \cap M_3$ ab durch die Abbildung $A: \mathfrak{x}' = \begin{pmatrix} 1 & 1 \\ 0 & 1 \end{pmatrix} \mathfrak{x}$.

Lösung: M_1, M_2 und M_3 sind Halbebenen. Ihre Bilder ergeben sich mit Hilfe der Gleichung der inversen Abbildung

$$A^I: \mathfrak{x} = \begin{pmatrix} 1 & -1 \\ 0 & 1 \end{pmatrix} \mathfrak{x}'$$

zu $M_1' = \{X'[\mathfrak{x}'] \mid x_1' - x_2' \leqq 0\} = \{X'[\mathfrak{x}'] \mid x_2' \geqq x_1'\}$, $M_2' = \{X'[\mathfrak{x}'] \mid x_2' \geqq 0\}$ und
$M_3' = \{X'[\mathfrak{x}'] \mid x_2' \leqq x_1' - x_2' + 1\} = \left\{X'[\mathfrak{x}'] \mid x_2' \leqq \frac{1}{2} x_1' + \frac{1}{2}\right\}$.

Da die Urpunkte Elemente jeder der drei Punktmengen M_1, M_2 und M_3 sind, müssen die Bildpunkte in jeder der drei Bildpunktmengen M_1', M_2' und M_3' liegen. Demnach ist das gesuchte Bild die Punktmenge $M' = M_1' \cap M_2' \cap M_3'$.

Die Lösung ergibt sich einfacher aus der Überlegung, daß die Urpunktmenge aus allen inneren Punkten und Randpunkten des Dreiecks $O(0/0)\, E_2(0/1)\, \overline{E_1}(-1/0)$ besteht, während die Abbildung eine Scherung an der x_1-Achse mit dem Scherungswinkel $\varphi = 45°$ ist. Demzufolge muß die Bildpunktmenge aus allen inneren Punkten und Randpunkten des Dreiecks $O'(0/0)\, E_2'(1/1)\, \overline{E_1'}(-1/0)$ bestehen (Bild 7.6). Die beiden Dreiecke $O E_2 \overline{E_1}$ und $O' E_2' \overline{E_1'}$ sind also affin verwandt.

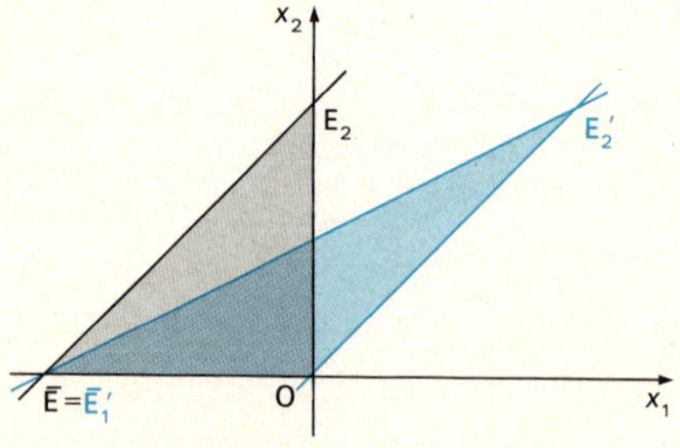

Bild 7.6

Aufgaben

1. Beweise: der Kreis $K: \mathfrak{x}^2 = r^2$ wird durch jede Drehung um den Mittelpunkt auf sich abgebildet.
2. Strecke den Kreis $K: \mathfrak{x}^2 = r^2$ vom Mittelpunkt aus mit dem Faktor k.
3. Drehe die Parabel $P: x_2^2 = 2px_1$ um ihren Scheitelpunkt um a) 90°, b) 30°, c) 180°.
4. Drehe die gleichseitige Hyperbel $H: \frac{x_1^2}{a^2} - \frac{x_2^2}{a^2} = 1$ um den Ursprung um 45°.

5. Gegeben sei der Kreis $K: \mathfrak{x}^2 = r^2$ und die Tangente $t_1: x_1 = r$. Leite die Tangentengleichung für eine beliebige Kreistangente t her, indem du den Kreis und die Tangente t_1 geeignet drehst.

6. Gegeben sei die Abbildung $A: \mathfrak{x}' = \begin{pmatrix} 1 & 0 \\ 0 & c \end{pmatrix} \mathfrak{x}$ mit $c \neq 0$.

a) Um was für eine Abbildung handelt es sich?

b) Zeige, daß alle Abbildungen, deren Gleichungen sich in dieser Form schreiben lassen, eine Gruppe bilden.

c) Bilde die Kreisfläche $K_F: \mathfrak{x}^2 \leqq a^2$ ab durch die Abbildung $De_{x_1}: \mathfrak{x}' = \begin{pmatrix} 1 & 0 \\ 0 & \frac{b}{a} \end{pmatrix} \mathfrak{x}$. Welche Bildpunktmenge erhältst du?

d) Berechne die Gleichung des Bildes einer Tangente an den Kreis $K: \mathfrak{x}^2 = a^2$ und deute es geometrisch.

7. Welche Dehnung senkrecht zur x_1-Achse bildet die Parabel $P: x_2 = x_1^2$ auf die Parabel $P': x_2' = a x_1'^2$ ab?

8. Zeige: Man erhält das gleiche Bild, wenn man die Parabel $P: x_2 = x_1^2$ auf das a-fache in Richtung der x_2-Achse dehnt oder sie mit $\frac{1}{\sqrt{a}}$ in Richtung der x_1-Achse dehnt.

9. Gegeben sei die Abbildungsgleichung

$$\mathfrak{x}' = \begin{pmatrix} -\frac{1}{2} & -\frac{1}{2} \\ \frac{1}{2} & -\frac{1}{2} \end{pmatrix} \mathfrak{x}.$$

a) Bilde das Quadrat PQRS ab. P(1/1), Q(3/1), R(3/3), S(1/3).

b) Bestimme die Bildpunktmenge des Kreises $K: \mathfrak{x}^2 = 4$.

c) Welche Gerade wird in $g': x_2 = x_1 + 2$ abgebildet?

d) Hat die Abbildung Fixpunkte?

10. Gibt es eine zentrische Streckung von C(0/1) aus, die die Parabel $P: x_2 = 1 - x_1^2$ in die Parabel $P': x_2 = 1 + 3x_1^2$ abbildet?

11. Zeige, daß die Parabeln $P_1: 4x_1 - x_2^2 + 2x_2 + 19 = 0$ und $P_2: x_1^2 + 4x_1 - 4x_2 + 16 = 0$ kongruent sind.

12. Zeige ohne Rechnung: Alle Parallelogramme sind affin verwandt.

13. Zeige, daß der Kreis $K: \mathfrak{x}^2 = r^2$ bei einer Spiegelung an der Geraden $g: x_2 = \tan \frac{\alpha}{2} \cdot x_1$ in sich übergeht.

14. Beweise: Alle Parabeln mit der Gleichung $x_2 = a x_1^2$ sind ähnlich.

15. Zeige, daß alle Parabeln ähnlich sind. Benutze dabei das Ergebnis von Aufgabe 14.

16. Beweise: Alle Hyperbeln mit der Gleichung $\frac{x_1^2}{a^2} - \frac{x_2^2}{b^2} = 1$ sind mit der gleichseitigen Hyperbel $H: x_1^2 - x_2^2 = a^2$ affin verwandt.

17. Zeige ohne Rechnung, daß a) alle Ellipsen b) alle Hyperbeln affin verwandt sind.

18. Bilde die Punktmenge $\{X \mid x_2 < x_1 - 1\}$ ab durch die Abbildung

$$A: \mathfrak{x}' = \begin{pmatrix} 2 & 0 \\ 0 & 1 \end{pmatrix} \mathfrak{x}.$$

19. Drehe die Punktmenge $\{X[\mathfrak{x}] \mid \mathfrak{x}^2 = r^2\} \cap \{X \mid x_1 > 0\}$ um 45° um den Ursprung.

20. Spiegele die Punktmenge $\{X[\mathfrak{x}] \mid \mathfrak{x}^2 \leqq 5\} \cap \left\{X[\mathfrak{x}] \,\middle|\, \mathfrak{x} = \lambda \begin{pmatrix} 1 \\ 2 \end{pmatrix}\right\}$ an der Winkelhalbierenden des ersten Quadranten.

21. Gegeben seien die Punktmengen $M_1 = \{X[\mathfrak{x}] \mid \mathfrak{x}^2 = 4\}$, $M_2 = \{X[\mathfrak{x}] \mid x_2 \geqq 0\}$, $M_3 = \{X[\mathfrak{x}] \mid x_1 \geqq 0\}$, $M_4 = \{X[\mathfrak{x}] \mid \mathfrak{x} = \lambda \mathfrak{e}_1$ und $0 \leqq \lambda \leqq 2\}$ und $M_5 = \{X[\mathfrak{x}] \mid \mathfrak{x} = \mu \mathfrak{e}_2$ und $0 \leqq \mu \leqq 2\}$. Strecke die Punktmenge $(M_1 \cap M_2 \cap M_3) \cup (M_4 \cup M_5)$ vom Ursprung aus mit $k = 3$.

22. Bilde die Punktmenge $\{X[\mathfrak{x}] \mid x_2^2 < x_1\} \cap \left\{X[\mathfrak{x}] \,\middle|\, \mathfrak{x} = \lambda \begin{pmatrix} 1 \\ 1 \end{pmatrix}\right\}$ ab durch die Abbildung

$$A: \mathfrak{x}' = \begin{pmatrix} 1 & 2 \\ 2 & 1 \end{pmatrix} \mathfrak{x}.$$

7.3. Die abbildungsgeometrische Bestimmung von Punktmengen

Vorübungen

1. In dem Kreis $K: \mathfrak{x}^2 - 2\mathfrak{m}\mathfrak{x} = 0$ seien vom Ursprung Sehnen gezogen und jede werde um sich selbst verlängert. Zeige: Ordnet man jedem Kreispunkt X den Endpunkt X′ der um sich selbst verlängerten Sehne OX als Bildpunkt zu, so liegt eine Abbildung vor. Bestimme die Definitionsmenge, die Bildmenge und die Art der Abbildung.

2. In einem Dreieck ABX liegen A und B fest. X bewege sich auf einem Kreis um B mit der Radiuslänge a. Ordne jedem Kreispunkt X als Bildpunkt X′ den Mittelpunkt der Strecke AX zu, bestimme die Definitionsmenge, die Bildmenge und die Art der vorliegenden Abbildung.

Wie wir aus früheren Überlegungen wissen, können wir gewisse Punktmengen im $\mathbb{R}^2$ durch eine oder mehrere geometrische Bedingungen kennzeichnen. In der analytischen Geometrie müssen diese Bedingungen, wenn möglich, zunächst als Gleichungen oder Ungleichungen formuliert werden. Dann ist die gesuchte Punktmenge die Erfüllungsmenge dieses Systems von Bedingungen über dem $\mathbb{R}^2$ als Grundmenge. In Vorübung 1 kann die gesuchte Punktmenge als $\{X'[\mathfrak{x}'] \mid \mathfrak{x}' = 2\mathfrak{x}$ und $\mathfrak{x}^2 = \mathfrak{m}^2\}$ beschrieben werden. Die erste Bedingung kann als zentrische Streckung vom Nullpunkt aus gedeutet werden, und damit ist die gesuchte Punktmenge das Bild des vorgegebenen Kreises bezüglich dieser Streckung. An dieser und einer Vielzahl ähnlicher Aufgaben erkennt man, daß sich sehr oft bei der Bestimmung der Erfüllungsmenge eines Systems von zwei Bedingungen die eine Bedingung als eine Abbildung auffassen läßt, während die zweite Bedingung die Urbildmenge kennzeichnet. Die gesuchte Punktmenge kann dann als Bildmenge einer vorgegebenen Urbildmenge bezüglich dieser Abbildung verstanden werden.

Beispiel

Durch einen Punkt P werden zur x_1- und zur x_2-Achse die Parallelen gezogen, die die gegebene Gerade $g: x_2 = m x_1$ mit $m \neq 0$ in Y bzw. Z schneiden. Die Parallelen durch Y zur x_2-Achse und durch Z zur x_1-Achse treffen sich in P′.

a) Stelle die Abbildungsgleichungen für die Punktabbildung $P \mapsto P'$ auf.
b) Um was für eine Abbildung handelt es sich?
c) Kann man m so wählen, daß es sich um eine Ähnlichkeits- oder Kongruenzabbildung handelt?
d) Wie bewegt sich P′, wenn P auf dem Kreis um C mit der Radiuslänge r wandert?

Lösung (Bild 7.7):

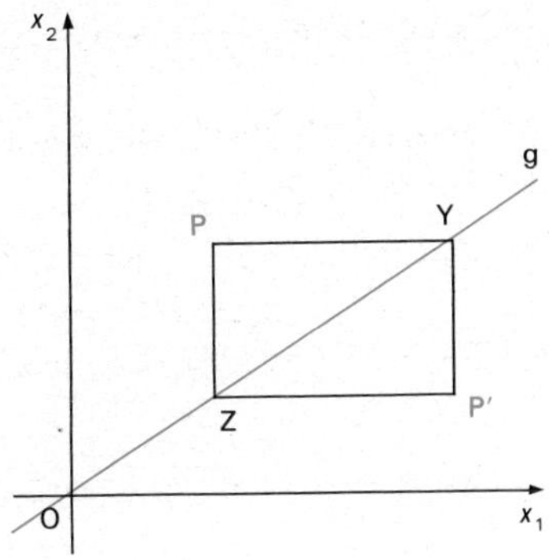

Bild 7.7

a) Die Parallele durch $P(p_1/p_2)$ zur x_1-Achse trifft die Gerade $g: x_2 = mx_1$ wegen $p_2 = y_2$ und $y_2 = my_1$ in $Y\left(\frac{p_2}{m}\middle/p_2\right)$. Für Z erhält man wegen $z_1 = p_1$ und $z_2 = mz_1$: $Z(p_1/mp_1)$.
Nun ist $p'_1 = y_1$ und $p'_2 = z_2$ und deshalb

$$P'\left(\frac{p_2}{m}\middle/mp_1\right).$$

Es gilt also

$$p'_1 = \frac{p_2}{m} \quad \text{und} \quad p'_2 = mp_1 .$$

Durch diese Vorschrift wird nicht nur dem Punkt P der Punkt P' sondern jedem Punkt X des $\mathbb{R}^2$ sein Bildpunkt X' zugeordnet. Deshalb schreiben wir:

$$x'_1 = \frac{x_2}{m}$$

$$x'_2 = mx_1 .$$

Das heißt:

$$\mathfrak{x}' = \begin{pmatrix} 0 & \frac{1}{m} \\ m & 0 \end{pmatrix} \mathfrak{x}$$

ist die Gleichung der gesuchten Abbildung.

b) Wenn die Spaltenvektoren $\mathfrak{a} = \begin{pmatrix} 0 \\ m \end{pmatrix}$ und $\mathfrak{b} = \begin{pmatrix} \frac{1}{m} \\ 0 \end{pmatrix}$ verschiedene Länge haben, handelt es sich nicht um eine Ähnlichkeits- oder Kongruenzabbildung. Die Abbildung ist aber wegen

$$\left|\begin{pmatrix} 0 & \frac{1}{m} \\ m & 0 \end{pmatrix}\right| = 0 \cdot 0 - m \cdot \frac{1}{m} = -1$$

flächentreu. Wir bestimmen die Fixpunkte:

Es gilt: $|\mathfrak{E} - \mathfrak{A}| = \left|\begin{pmatrix} 1 & -\frac{1}{m} \\ -m & 1 \end{pmatrix}\right| = 0$, zudem ist der Rang von $\mathfrak{E} - \mathfrak{A}$ gleich 1. Nach Satz 4.8 besitzt die Abbildung eine Fixpunktgerade g mit der Gleichung

$$x_1 - \frac{1}{m} x_2 = 0$$

Die gegebene Gerade

$$g: x_2 = mx_1$$

ist demnach Fixpunktgerade. Da die Abbildung flächentreu ist und den Umlaufssinn umkehrt, handelt es sich um eine Affinspiegelung an g.

c) $\mathfrak{a} = \begin{pmatrix} 0 \\ m \end{pmatrix}$ und $\mathfrak{b} = \begin{pmatrix} \frac{1}{m} \\ 0 \end{pmatrix}$ stehen zwar aufeinander senkrecht, sind aber wegen $|\mathfrak{a}| = |m|$ und $|\mathfrak{b}| = \frac{1}{|m|}$ nur dann gleich lang, wenn $|m| = \frac{1}{|m|}$, d. h. wenn

$$m^2 = 1$$

$$\text{also} \quad m = \pm 1$$

ist. Dann ist $|\mathfrak{a}| = |\mathfrak{b}| = 1$, es handelt sich um eine Kongruenzabbildung und zwar um eine Spiegelung an einer der beiden Achsen $g_1: x_2 = x_1$ oder $g_2: x_2 = -x_1$.

d) Die gesuchten Punkte müssen folgende Bedingungen erfüllen:

1. Sie sollen Bildpunkte sein bezüglich der Abbildung $A: \mathfrak{x}' = \begin{pmatrix} 0 & \frac{1}{m} \\ m & 0 \end{pmatrix} \mathfrak{x}$.
2. Ihre Urpunkte liegen auf dem Kreis $K: (\mathfrak{x} - \mathfrak{c})^2 = r^2$.

Es muß also die Punktmenge

$$\left\{X'[\mathfrak{x}'] \,\middle|\, \mathfrak{x}' = \begin{pmatrix} 0 & \frac{1}{m} \\ m & 0 \end{pmatrix} \mathfrak{x} \quad \text{und} \quad (\mathfrak{x} - \mathfrak{c})^2 = r^2 \right\}$$

bestimmt werden.

Die Bildkurve des Kreises erhalten wir, wenn wir die Gleichungen für die inverse Abbildung aufstellen und die Terme für x_1 und x_2 in die Kreisgleichung einsetzen, um so die gesuchte Beziehung zwischen den Koordinaten der Bildpunkte zu erhalten. Für A^I ergibt sich:

$$\mathfrak{x} = \begin{pmatrix} 0 & \frac{1}{m} \\ m & 0 \end{pmatrix} \mathfrak{x}'.$$

Diese Gleichung läßt sich unmittelbar gewinnen, wenn man sich klar macht, daß eine Affinspiegelung den Bildpunkt wieder in den Urpunkt abbildet, eine Affinspiegelung also zu sich selbst invers ist.

Wir setzen ein:

$$\left(\frac{x_2'}{m} - c_1\right)^2 + (mx_1' - c_2)^2 = r^2.$$

Da bei der Umformung quadratische und lineare Glieder in x_1' und x_2' auftreten, vermuten wir, daß es sich bei der Bildkurve um einen verschobenen Kegelschnitt handelt. Wir bringen deshalb die Gleichung in die Verschiebungsform:

$$m^2\left(x_1' - \frac{c_2}{m}\right)^2 + \frac{1}{m^2}(x_2' - c_1 m)^2 = r^2$$

$$\frac{\left(x_1' - \frac{c_2}{m}\right)^2}{\left(\frac{r}{m}\right)^2} + \frac{(x_2' - c_1 m)^2}{(rm)^2} = 1.$$

Demnach werden alle Kreise in Ellipsen abgebildet, deren Achsen mit den Längen $a = \frac{r}{m}$ und $b = rm$ parallel zu den Koordinatenachsen verlaufen. Der Mittelpunkt der Ellipse ist das Bild $C'\left(\frac{c_2}{m} \middle/ c_1 m\right)$ des Kreismittelpunktes $M(c_1/c_2)$.

Aufgaben

Gib bei den Aufgaben, auch wenn es nicht ausdrücklich verlangt wird, in jedem Fall die Abbildungsgleichung an.

1. Der Punkt $S(0/-4)$ wird mit allen Punkten der Ellipse

$$E: \frac{x_1^2}{16} + \frac{x_2^2}{9} = 1$$

verbunden. Wo liegen die Mittelpunkte der Verbindungsstrecken?

2. Auf welcher Kurve liegen die Mittelpunkte aller von einem Brennpunkt einer Hyperbel ausgehenden Brennstrecken?

3. Die Strecke $C(-3/-2)\,D(-3/2)$ ist die Grundseite eines Dreiecks, dessen dritter Eckpunkt E auf der Parabel $P: x_2^2 = 6x_1$ wandert. Wie bewegt sich der Schwerpunkt des Dreiecks?

4. Gegeben ist die Ellipse

$$E: 9x_1^2 - 36x_1 + 25x_2^2 - 50x_2 = 164.$$

Wie bewegt sich der Schwerpunkt des Dreiecks F_1F_2P, wenn F_1 und F_2 die Brennpunkte der Ellipse sind, während P auf der Ellipse wandert?

5. Q sei der Endpunkt der um sich selbst verlängerten Strecke OP, P′ derjenige Punkt, der die Strecke SQ mit S(6/0) im Verhältnis 1 : 2 teilt.
   a) Stelle die Abbildungsgleichung für die Punktabbildung $P \mapsto P'$ auf.
   b) Wie bewegt sich P′, wenn P auf der Hyperbel
$$H: x_1^2 - x_2^2 = 36$$
   wandert?

6. Gegeben sind die Punkte S(a/0) und T(−a/0). Verlängert man die Strecke SP um sich selbst, so erhält man Q als Endpunkt der verdoppelten Strecke. Dem Punkt P wird als Bildpunkt der Schnittpunkt P′ der Geraden[1]) OQ und TP zugeordnet.
   a) Bestimme die Abbildungsgleichung.
   b) Wie bewegt sich P′, wenn P auf dem Kreis um O wandert, der durch S und T geht?

7. Auf der Parallelen zur x_2-Achse durch P liege der Punkt Q im dreifachen Abstand von der x_1-Achse wie P. Dem Punkt P wird als Bildpunkt derjenige Punkt P′ zugeordnet, der die Verbindungsstrecke zwischen dem festen Punkt S(0/8) und Q halbiert.
   a) Stelle die Abbildungsgleichung auf.
   b) Um was für eine Abbildung handelt es sich?
   c) Wie wird die Punktmenge $\{X[\mathfrak{x}] \mid x_1^2 + (x_2 - 4)^2 \leqq 16\}$ abgebildet?

8. Der feste Punkt S(2/1) wird an allen Punkten der Parabel $P: x_2 = x_1^2$ gespiegelt. Bestimme die Menge der Spiegelpunkte.

9. Q sei der Spiegelpunkt von P bezüglich der x_1-Achse, R der Fußpunkt des Lotes von P auf die x_2-Achse. Dem Punkt P wird der Schnittpunkt P′ der Geraden OP und RQ als Bild zugeordnet.
   a) Wie heißt die Abbildungsgleichung?
   b) Um was für eine Abbildung handelt es sich?
   c) Auf welcher Kurve bewegt sich P′, wenn P den Kreis
$$K: (x_1 - 1)^2 + (x_2 - 1)^2 = 9$$
   durchläuft?
   d) Welche Punktmenge ist das Urbild der Ellipse
$$E: \frac{x_1^2}{81} + \frac{x_2^2}{36} = 1?$$

10. Gegeben sind die Punkte S(s/0) und T(−t/0). Dem Punkt P wird auf folgende Weise ein Bildpunkt P′ zugeordnet: Q sei das Spiegelbild von P bezüglich der x_2-Achse, P′ ist der Schnittpunkt der Geraden durch O, die parallel zu TQ verläuft, mit der Geraden SQ.
    a) Um was für eine Abbildung handelt es sich?
    b) Welche Bildgeraden sind zu ihren Urgeraden parallel?

11. Von einem Punkt P wird das Lot auf die Gerade $g: x_2 = m x_1$ gefällt, durch den Lotfußpunkt Q zieht man die Parallele zur x_1-Achse. Der Schnittpunkt P′ dieser Parallelen mit der Parallelen durch P zur x_2-Achse wird dem Punkt P als Bildpunkt zugeordnet.
    a) Stelle die Abbildungsgleichung auf.
    b) Hat die Abbildung Fixpunkte?
    c) Wie bewegt sich P′, wenn P die Parabel mit der Gleichung $x_1^2 = x_2$ durchläuft?

[1] Die Gerade, die durch O und Q verläuft, wollen wir der Einfachheit halber „die Gerade OQ“ nennen.

12. Von einem Punkt P wird das Lot auf die x_1-Achse gefällt und durch den Fußpunkt eine Gerade mit dem Anstieg m gezogen. Sodann fällt man von P das Lot auf die x_2-Achse und zieht durch den Fußpunkt eine Gerade mit dem Anstieg $-$m. Dem Punkt P wird der Schnittpunkt P′ der beiden Geraden als Bildpunkt zugeordnet.
a) Wie heißt die Abbildungsgleichung?
b) Kann man m so wählen, daß die Abbildung eine Ähnlichkeitsabbildung wird?
c) Wie bewegt sich P′, wenn P die Hyperbel $H: x_1 x_2 = 4$ durchläuft?

7.4. Die Gruppenstruktur affiner Abbildungen

Vorübungen

1. Was versteht man unter einem Verknüpfungsgebilde, was unter einer Gruppe? Gib Modelle für Gruppen aus dem Bereich der Algebra und aus dem Bereich der Geometrie an.
2. Bildet die Menge a) aller (2,2)-Matrizen, b) aller regulären (2,2)-Matrizen hinsichtlich der Matrizenmultiplikation als Verknüpfung ein Modell für eine Gruppe?
3. Formuliere ganz allgemein das Assoziativ- und das Kommutativgesetz.

Führen wir zwei Parallelverschiebungen

$$V_1: \mathfrak{x}' = \mathfrak{x} + \mathfrak{v}_1 \quad \text{und} \quad V_2: \mathfrak{x}'' = \mathfrak{x}' + \mathfrak{v}_2$$

nacheinander aus, so ergibt sich eine Verschiebung V mit

$$V_2 \circ V_1: \mathfrak{x}'' = \mathfrak{x} + \mathfrak{v}_1 + \mathfrak{v}_2,$$

deren Verschiebungsvektor $\mathfrak{v}$ sich als Summenvektor der beiden ursprünglichen Verschiebungsvektoren darstellen läßt:

$$\mathfrak{v} = \mathfrak{v}_1 + \mathfrak{v}_2 .$$

Entsprechendes gilt auch für zwei zentrische Streckungen mit gemeinsamem Streckzentrum C. Verkettet man

$$Z_1: \mathfrak{x}' = \mathfrak{c} + k_1(\mathfrak{x} - \mathfrak{c}) \text{ mit } k_1 \neq 0 \quad \text{und} \quad Z_2: \mathfrak{x}'' = \mathfrak{c} + k_2(\mathfrak{x}' - \mathfrak{c}) \text{ mit } k_2 \neq 0,$$

so erhält man Z mit

$$Z_2 \circ Z_1: \mathfrak{x}'' = \mathfrak{c} + k_2 k_1(\mathfrak{x} - \mathfrak{c}).$$

Das ist aber wieder eine zentrische Streckung von dem gemeinsamen Streckzentrum C aus.
Da jedem Paar von Parallelverschiebungen wieder eindeutig eine Parallelverschiebung als das Produkt dieser beiden Parallelverschiebungen zugeordnet ist, ist die Menge $\mathbb{V}$ der Parallelverschiebungen hinsichtlich der Verkettung ein Verknüpfungsgebilde $(\mathbb{V};\circ)$. Genauso besagt unsere zweite Überlegung: Die Menge $\mathbb{Z}_C$ der zentrischen Streckungen mit einem gemeinsamen Streckzentrum C ist ein Verknüpfungsgebilde $(\mathbb{Z}_C;\circ)$ hinsichtlich der Verkettung.
Wir wollen uns nun fragen, ob auch die Menge $\mathbb{A}$ aller affinen Abbildungen hinsichtlich der Verkettung ein Verknüpfungsgebilde ist. Gegeben seien also die beiden affinen Abbildungen

$$A_1: \mathfrak{x}' = \mathfrak{A}_1 \mathfrak{x} + \mathfrak{v}_1 \quad \text{und} \quad A_2: \mathfrak{x}'' = \mathfrak{A}_2 \mathfrak{x}' + \mathfrak{v}_2 .$$

Ist nun die Produktabbildung wieder eine affine Abbildung? Wir bilden

$$A_2 \circ A_1: \mathfrak{x}'' = \mathfrak{A}_2(\mathfrak{A}_1 \mathfrak{x} + \mathfrak{v}_1) + \mathfrak{v}_2$$

$$\mathfrak{x}'' = \mathfrak{A}_2 \mathfrak{A}_1 \mathfrak{x} + \mathfrak{A}_2 \mathfrak{v}_1 + \mathfrak{v}_2 .$$

Die resultierende Abbildung hat als Gleichungsform wieder

$$\mathfrak{x}' = \mathfrak{A}\mathfrak{x} + \mathfrak{v}$$

mit

$$\mathfrak{A} = \mathfrak{A}_2\mathfrak{A}_1 \quad \text{und} \quad \mathfrak{v} = \mathfrak{A}_2\mathfrak{v}_1 + \mathfrak{v}_2 \,,$$

ist also selbst eine affine Abbildung. Wir haben so erneut den *Satz 3.13* bewiesen (s. Kapitel 3):

> Die Menge aller (regulären und singulären) affinen Abbildungen ist bezüglich der Verkettung ein Verknüpfungsgebilde.

Bildet man noch

$$A_1 \circ A_2 : \mathfrak{x}'' = \mathfrak{A}_1\mathfrak{A}_2\mathfrak{x} + \mathfrak{A}_1\mathfrak{v}_2 + \mathfrak{v}_1$$

so sieht man erneut, daß die Verkettung von affinen Abbildungen im allgemeinen nicht kommutativ ist (s. Aufgabe 9).

Da nach Satz 3.13 die Menge $\mathbb{A}$ aller affinen Abbildungen ein Verknüpfungsgebilde – und zwar ein nichtkommutatives – ist, stellt sich die Frage, welche Gesetze für die Verkettung von affinen Abbildungen gelten, insbesondere ob die Gruppenaxiome erfüllt sind, d. h., ob das Verknüpfungsgebilde $(\mathbb{A}; \circ)$ ein Modell für eine Gruppe bildet. Dazu müssen wir untersuchen, ob das Assoziativgesetz gilt, ob ein neutrales Element existiert und schließlich, ob es zu jedem Element aus $\mathbb{A}$ ein inverses Element gibt.

Zwar läßt sich der Beweis des Assoziativgesetzes für $(\mathbb{A}; \circ)$ zurückführen auf die Gültigkeit des Assoziativgesetzes für die Matrizenmultiplikation (Satz 3.17), wir wollen hier aber mit einem viel einfacheren Beweis zeigen, daß das Assoziativgesetz sogar für die Verkettung beliebiger Abbildungen gilt. Es sei A_1 eine Abbildung, die den Punkt X auf X′ abbildet, A_2 bilde weiter X′ auf X″ und A_3 schließlich X″ auf X‴ ab.

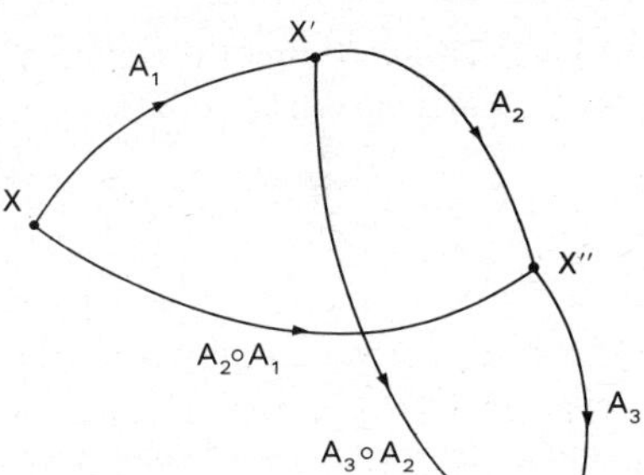

Bild 7.8

Aus Bild 7.8 erkennt man, daß sowohl $(A_3 \circ A_2) \circ A_1$ als auch $A_3 \circ (A_2 \circ A_1)$ X auf X‴ abbildet. Da das für jeden Punkt des $\mathbb{R}^2$ gilt, ist damit die Gültigkeit des Assoziativgesetzes für die Verkettung beliebiger Punktabbildung bewiesen. Für alle Abbildungen A_1, A_2 und A_3 gilt

$$(A_3 \circ A_2) \circ A_1 = A_3 \circ (A_2 \circ A_1) \,.$$

Um nachweisen, daß auch das nächste Gruppenaxiom von $(\mathbb{A}; \circ)$ erfüllt wird, muß gezeigt werden, daß es in der Menge aller affinen Abbildungen ein neutrales Element gibt, d. h. eine Abbildung E, so daß für alle A aus $\mathbb{A}$ gilt:

$$A \circ E = E \circ A = A \,.$$

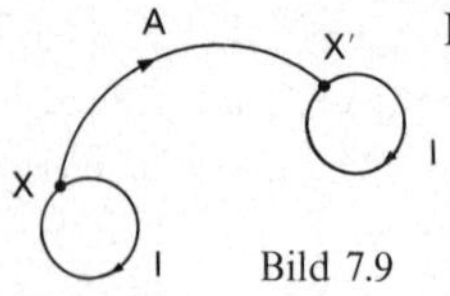

Bild 7.9

Die Abbildung mit dieser Eigenschaft ist die identische Abbildung

$$\mathrm{I}: \mathfrak{x}' = \begin{pmatrix} 1 & 0 \\ 0 & 1 \end{pmatrix} \mathfrak{x},$$

die jeden Punkt auf sich abbildet (Bild 7.9).

Nach dem letzten Gruppenaxiom muß es in der Menge der affinen Abbildungen zu jeder Abbildung A eindeutig eine inverse Abbildung A^I geben, so daß gilt:

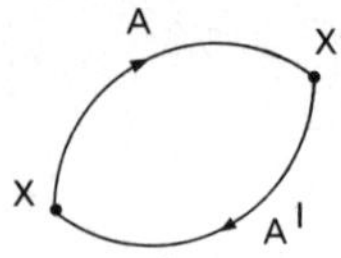

Bild 7.10

$$A^I \circ A = A \circ A^I = I.$$

A^I muß diejenige Abbildung sein, die A „rückgängig macht", die also jedes X' wieder auf sein X zurückabbildet, wenn A den Punkt X in X' überführt (Bild 7.10). Um A^I zu bekommen, müssen wir also die Gleichung für A

$$\mathfrak{x}' = \mathfrak{A}\mathfrak{x} + \mathfrak{v}$$

nach $\mathfrak{x}$ auflösen. Dazu multiplizieren wir, falls möglich, die Gleichung von links her mit der zu $\mathfrak{A}$ inversen Matrix $\mathfrak{A}^I$:

$$\mathfrak{A}^I\mathfrak{x}' = \mathfrak{A}^I\mathfrak{A}\mathfrak{x} + \mathfrak{A}^I\mathfrak{v}$$

$$\mathfrak{A}^I\mathfrak{x}' = \mathfrak{x} + \mathfrak{A}^I\mathfrak{v}$$

ordnen und erhalten

$$\mathfrak{x} = \mathfrak{A}^I\mathfrak{x}' - \mathfrak{A}^I\mathfrak{v}.$$

Nun wissen wir aber (Satz 3.20), daß nur reguläre Matrizen zugehörige inverse haben, während zu singulären Matrizen inverse nicht existieren. Demnach gibt es genau zu jeder regulär affinen Abbildung

$$A: \mathfrak{x}' = \mathfrak{A}\mathfrak{x} + \mathfrak{v} \quad \text{mit} \quad |\mathfrak{A}| \neq 0$$

eine inverse Abbildung, nämlich

$$A^I: \mathfrak{x}' = \mathfrak{A}^I\mathfrak{x} - \mathfrak{A}^I\mathfrak{v}.$$

Wegen

$$\mathfrak{A}^I = \frac{1}{|\mathfrak{A}|}\begin{pmatrix} b_2 & -b_1 \\ -a_2 & a_1 \end{pmatrix} = \begin{pmatrix} \frac{b_2}{|\mathfrak{A}|} & \frac{-b_1}{|\mathfrak{A}|} \\ \frac{-a_2}{|\mathfrak{A}|} & \frac{a_1}{|\mathfrak{A}|} \end{pmatrix}$$

ist diese inverse Abbildung selbst affin.

Wir wissen nun, daß $(\mathbb{A}; \circ)$ keine Gruppe ist, weil zu keiner singulär affinen Abbildung eine inverse Abbildung existieren kann.

Es bleibt allerdings zu untersuchen, ob die Menge aller regulär affinen Abbildungen $\mathbb{A}_r$ hinsichtlich der Verkettung eine Gruppe bildet. Dazu müssen wir für diese Teilmenge von $\mathbb{A}$ alle Gruppenaxiome erneut der Reihe nach durchgehen.

Zunächst prüfen wir, ob jedem Paar regulär affiner Abbildungen eindeutig eine regulär affine Abbildung als Produktabbildung zugeordnet ist, d. h. ob $(\mathbb{A}_r; \circ)$ ein Verknüpfungsgebilde ist. Affine Abbildungen sind genau dann regulär, wenn ihre Abbildungsmatrizen regulär sind. Die Menge aller regulären Matrizen ist aber hinsichtlich ihrer Multiplikation ein Verknüpfungsgebilde (Satz 3.16). Bei der Multiplikation regulärer Matrizen erhält man also immer wieder eine reguläre Matrix, und deshalb ist die Produktabbildung von zwei regulär affinen Abbildungen selbst wieder regulär affin.

Da das Assoziativgesetz für die Verkettung beliebiger Abbildungen gilt, muß es insbesondere auch für die Verkettung regulär affiner Abbildungen gelten. Das neutrale Element der Gruppe, die identische Abbildung ist selbst regulär affin. Schließlich bleibt zu prüfen, ob die inverse Abbildung einer regulär affinen Abbildung – von der wir schon gezeigt haben, daß sie existiert – ebenfalls regulär affin ist.
Dazu betrachten wir ihre Abbildungsmatrix

$$\mathfrak{A}^{\mathrm{I}} = \frac{1}{|\mathfrak{A}|}\begin{pmatrix} b_2 & -b_1 \\ -a_2 & a_1 \end{pmatrix} = \begin{pmatrix} \frac{b_2}{|\mathfrak{A}|} & \frac{-b_1}{|\mathfrak{A}|} \\ \frac{-a_2}{|\mathfrak{A}|} & \frac{a_1}{|\mathfrak{A}|} \end{pmatrix},$$

gehen zur Determinante über

$$|\mathfrak{A}^{\mathrm{I}}| = \frac{1}{|\mathfrak{A}|^2}\begin{vmatrix} b_2 & -b_1 \\ -a_2 & a_1 \end{vmatrix} = \frac{1}{|\mathfrak{A}|^2}(a_1 b_2 - a_2 b_1) = \frac{1}{|\mathfrak{A}|^2}\,|\mathfrak{A}|$$

und erhalten

$$\mathfrak{A}^{\mathrm{I}} = \frac{1}{|\mathfrak{A}|} \neq 0 .$$

Damit ist gezeigt:

Satz 7.5

Die Menge der regulär affinen Abbildungen bildet hinsichtlich der Verkettung eine Gruppe.

Die Gruppe der regulär affinen Abbildungen soll im folgenden mit $\mathfrak{G}_A$ bezeichnet werden. In den vorhergehenden Kapiteln haben wir wichtige Teilmengen der Menge der affinen Abbildungen untersucht, insbesondere die Ähnlichkeitsabbildungen und die Kongruenzabbildungen mit ihren Untermengen.

Ein großer Teil der von uns betrachteten Abbildungsmengen weist nun Gruppenstruktur auf. So gilt (s. Beispiel 1 und Aufgabe 2):

Satz 7.6

Die Menge der Kongruenzabbildungen bildet eine Gruppe hinsichtlich der Verkettung, die sogenannte *Euklidische Gruppe* $\mathfrak{G}_K$.
Folgende Teilmengen bilden Untergruppen:
die Drehungen um einen festen Punkt $\mathfrak{G}_D$,
die Parallelverschiebungen $\mathfrak{G}_V$,
die gleichsinnigen Kongruenzabbildungen $\mathfrak{G}_{K^+}$.

Entsprechend ergibt sich für die Ähnlichkeitsabbildungen (vgl. Aufgabe 7):

Satz 7.7

Die Menge der Ähnlichkeitsabbildungen bildet eine Gruppe hinsichtlich der Ver-Verkettung, die sogenannte *Hauptgruppe* $\mathfrak{G}_{\ddot{A}}$.

Folgende Teilmengen bilden Untergruppen:
die Kongruenzabbildungen $\mathfrak{G}_K$
die zentrischen Streckungen mit gemeinsamem Zentrum $\mathfrak{G}_Z$,
die Drehstreckungen mit gemeinsamem Zentrum $\mathfrak{G}_{Ds}$,
die gleichsinnigen Ähnlichkeitsabbildungen $\mathfrak{G}_{\ddot{A}^+}$.

Damit können wir $\mathfrak{G}_A$ mit den zugehörigen Untergruppen in einem Hasse-Diagramm darstellen. Jede Gruppe ist Untergruppe all derjenigen Gruppen, zu denen ein nach oben laufender Streckenzug führt.

$\mathfrak{G}_A$
$A: \mathfrak{x}' = \mathfrak{A}\mathfrak{x} + \mathfrak{v}$ mit $|\mathfrak{A}| \neq 0$

$\mathfrak{G}_{\ddot{A}}$
$\ddot{A}: \mathfrak{x}' = \ddot{\mathfrak{A}}\mathfrak{x} + \mathfrak{v}$

$\mathfrak{G}_{\ddot{A}^+}$
$\ddot{A}^+: \mathfrak{x}' = k\mathfrak{D}\mathfrak{x} + \mathfrak{v}$ mit $k \neq 0$

$\mathfrak{G}_K$
$K: \mathfrak{x}' = \mathfrak{K}\mathfrak{x} + \mathfrak{v}$

$\mathfrak{G}_{DS}$
$Ds: \mathfrak{x}' = k\mathfrak{D}\mathfrak{x} + \mathfrak{v}$
falls $k = 1$ und $\mathfrak{D} = \mathfrak{E}$, muß $\mathfrak{v} = \mathfrak{o}$ sein.

$\mathfrak{G}_{K^+}$
$K^+: \mathfrak{x}' = \mathfrak{D}\mathfrak{x} + \mathfrak{v}$

$\mathfrak{G}_Z$
$Z: \mathfrak{x}' = \mathfrak{c} + k\mathfrak{E}(\mathfrak{x} - \mathfrak{c})$

$\mathfrak{G}_D$
$D: \mathfrak{x}' = \mathfrak{c} + \mathfrak{D}(\mathfrak{x} - \mathfrak{c})$

$\mathfrak{G}_V$
$V: \mathfrak{x}' = \mathfrak{E}\mathfrak{x} + \mathfrak{v}$

$\mathfrak{G}_I$
$I: \mathfrak{x}' = \mathfrak{E}\mathfrak{x}$

Alle Abbildungen aus $\mathfrak{G}_{Ds}$, $\mathfrak{G}_D$ und $\mathfrak{G}_Z$ müssen dabei dasselbe Zentrum C haben.
$\mathfrak{G}_I$ ist die Gruppe, die als einziges Element die identische Abbildung I enthält (s. Aufgabe 12).
Im letzten Abschnitt dieses Buches werden wir sehen, welche Bedeutung den Abbildungsgruppen beim Aufbau der Geometrie zukommt.

Beispiele

1. Zeige
   a) geometrisch-anschaulich auf Grund der Definition der Kongruenzabbildungen,
   b) analytisch-rechnerisch mit Hilfe der Abbildungsgleichungen:
   Die Menge aller Kongruenzabbildungen ist bezüglich des Verkettens eine Gruppe.

Lösung:

a) Wir gehen aus von der Definition der Kongruenzabbildung als einer Abbildung, die durch die Verkettung endlich vieler Achsenspiegelungen entsteht.

① Verkettet man zwei Kongruenzabbildungen, so erhält man sicher eine Abbildung, die aus endlich vielen Achsenspiegelungen entsteht, also eine Kongruenzabbildung.

② Das Assoziativgesetz gilt, wie wir gesehen haben, für alle Abbildungen, insbesondere also auch für Kongruenzabbildungen.

③ Das neutrale Element der Menge hinsichtlich des Verkettens ist die identische Abbildung I. Da diese als das Produkt einer beliebigen Achsenspiegelung mit sich selbst aufgefaßt werden kann, ist die identische Abbildung eine Kongruenzabbildung.

④ Zu einer gegebenen Kongruenzabbildung K erhält man die Inverse K^I, indem man die Spiegelungen, aus denen K entsteht, in umgekehrter Reihenfolge verkettet (vgl. ③!). Da das bei jeder vorgegebenen Kongruenzabbildung möglich ist und die sich so ergebende Abbildung als Produkt von Spiegelungen wieder eine Kongruenzabbildung sein muß, existiert zu jeder Kongruenzabbildung innerhalb der Menge der Kongruenzabbildungen eine inverse Abbildung, und es gilt: $K \circ K^I = K^I \circ K = I$.

Damit ist gezeigt, daß es sich um eine Gruppe handelt.

b) Wir greifen zurück auf den Satz 5.11, nach dem Kongruenzabbildungen durch orthogonale Matrizen charakterisiert werden.

① Gegeben seien die beiden Kongruenzabbildungen

$$K_1: \mathfrak{x}' = \mathfrak{K}_1 \mathfrak{x} + \mathfrak{v}_1 \qquad \text{und} \qquad K_2: \mathfrak{x}'' = \mathfrak{K}_2 \mathfrak{x}' + \mathfrak{v}_2 .$$

Durch Verkettung entsteht

$$\begin{aligned} K_2 \circ K_1: \mathfrak{x}' &= \mathfrak{K}_2(\mathfrak{K}_1 \mathfrak{x} + \mathfrak{v}_1) + \mathfrak{v}_2 \\ \mathfrak{x}' &= \mathfrak{K}_2 \mathfrak{K}_1 \mathfrak{x} + \mathfrak{K}_2 \mathfrak{v}_1 + \mathfrak{v}_2 \\ \mathfrak{x}' &= \mathfrak{K} \mathfrak{x} + \mathfrak{v} \end{aligned}$$

$$\text{mit} \quad \mathfrak{K} = \mathfrak{K}_2 \mathfrak{K}_1 \qquad \text{und} \qquad \mathfrak{v} = \mathfrak{K}_2 \mathfrak{v}_1 + \mathfrak{v}_2 .$$

Nach unseren Überlegungen in Kapitel 5 ist $\mathfrak{K}$ eine orthogonale Matrix. Demnach entsteht durch die Verkettung von Kongruenzabbildungen immer wieder eine Kongruenzabbildung.

② Das Assoziativgesetz gilt für alle Abbildungen.

③ Neutrales Element der Menge ist die identische Abbildung. Da ihre Matrix $\mathfrak{E}$, die Einheitsmatrix, orthogonal ist, ist die identische Abbildung eine Kongruenzabbildung.

④ Wir wissen, daß die inverse Abbildung zu

$$K: \mathfrak{x}' = \mathfrak{K} \mathfrak{x} + \mathfrak{v}$$

existiert, und daß gilt:

$$K^I: \mathfrak{x}' = \mathfrak{K}^I \mathfrak{x} - \mathfrak{K}^I \mathfrak{v} .$$

Wir müssen nachweisen, daß $\mathfrak{K}^I$ eine orthogonale Matrix ist. Dazu untersuchen wir die beiden Möglichkeiten für $\mathfrak{K}$ getrennt:

$\mathfrak{K} = \mathfrak{D} = \begin{pmatrix} \cos\alpha & -\sin\alpha \\ \sin\alpha & \cos\alpha \end{pmatrix}$,	$\mathfrak{K} = \mathfrak{S} = \begin{pmatrix} \cos 2\alpha & \sin 2\alpha \\ \sin 2\alpha & -\cos 2\alpha \end{pmatrix}$,
$\mathfrak{D}^I = \frac{1}{\lvert\mathfrak{D}\rvert} \begin{pmatrix} \cos\alpha & \sin\alpha \\ -\sin\alpha & \cos\alpha \end{pmatrix}$,	$\mathfrak{S}^I = \frac{1}{\lvert\mathfrak{S}\rvert} \begin{pmatrix} -\cos 2\alpha & -\sin 2\alpha \\ -\sin 2\alpha & \cos 2\alpha \end{pmatrix}$,
$\mathfrak{D}^I = 1 \begin{pmatrix} \cos\alpha & \sin\alpha \\ -\sin\alpha & \cos\alpha \end{pmatrix}$,	$\mathfrak{S}^I = (-1) \begin{pmatrix} -\cos 2\alpha & -\sin 2\alpha \\ -\sin 2\alpha & +\cos 2\alpha \end{pmatrix}$,
$\mathfrak{D}^I = \begin{pmatrix} \cos(-\alpha) & -\sin(-\alpha) \\ +\sin(-\alpha) & \cos(-\alpha) \end{pmatrix}$,	$\mathfrak{S}^I = \begin{pmatrix} \cos 2\alpha & \sin 2\alpha \\ \sin 2\alpha & -\cos 2\alpha \end{pmatrix}$.

Es zeigt sich hier rechnerisch (was man anschaulich natürlich unmittelbar hätte einsehen können):

$$\mathfrak{D}_\alpha^I = \mathfrak{D}_{-\alpha} \qquad \Big| \qquad \mathfrak{S}^I = \mathfrak{S}.$$

In beiden Fällen ist die inverse Matrix orthogonal.

Demnach bildet die Menge der Kongruenzabbildungen hinsichtlich des Verkettens eine Gruppe.

2. Zeige, daß die Menge der Spiegelungen an allen Geraden eines Büschels mit dem Trägerpunkt T keine Gruppenstruktur besitzt.

Lösung:

Wir wählen den Trägerpunkt T als Koordinatenursprung. Für die Spiegelungen gilt dann:

$$S: \mathfrak{x}' = \begin{pmatrix} \cos 2\alpha & \sin 2\alpha \\ \sin 2\alpha & -\cos 2\alpha \end{pmatrix} \mathfrak{x},$$

wobei α den Steigungswinkel der jeweiligen Spiegelachse darstellt. Nun ist aber das neutrale Element aller affinen Abbildungen

$$I: \mathfrak{x}' = \begin{pmatrix} 1 & 0 \\ 0 & 1 \end{pmatrix} \mathfrak{x}$$

sicher kein Element der zu untersuchenden Menge. Denn es gibt kein α mit

$$\begin{pmatrix} \cos 2\alpha & \sin 2\alpha \\ \sin 2\alpha & -\cos 2\alpha \end{pmatrix} = \begin{pmatrix} 1 & 0 \\ 0 & 1 \end{pmatrix}.$$

Mithin können die Spiegelungen an allen Geraden eines Büschels keine Gruppe bilden.

Aufgaben

1. Berechne zu folgenden Abbildungen die inversen Abbildungen:

a) $A: \mathfrak{x}' = \begin{pmatrix} p & 0 \\ 0 & q \end{pmatrix} \mathfrak{x}$, b) $A: \mathfrak{x}' = \begin{pmatrix} 1 & b_1 \\ 0 & b_2 \end{pmatrix} \mathfrak{x}$,

c) $A: \mathfrak{x}' = \begin{pmatrix} 3 & -4 \\ 4 & 3 \end{pmatrix} \mathfrak{x}$, d) $A: \mathfrak{x}' = \begin{pmatrix} 3 & 1 \\ -4 & 2 \end{pmatrix} \mathfrak{x} + \begin{pmatrix} 2 \\ 3 \end{pmatrix}$.

2. Untersuche analytisch, ob die folgenden Abbildungsmengen von Kongruenzabbildungen eine Gruppe hinsichtlich der Verkettung bilden:
   a) die Menge aller Drehungen um einen festen Punkt C,
   b) die Vereinigungsmenge aller Punktspiegelungen und aller Parallelverschiebungen,
   c) die Menge aller Achsenspiegelungen,
   d) die Vereinigungsmenge aller Punkt- und Achsenspiegelungen,
   e) die Menge aller gleichsinnigen Kongruenzabbildungen,
   f) die Menge aller ungleichsinnigen Kongruenzabbildungen.
   g) die Menge aller Parallelverschiebungen.

3. Bildet die Menge aller Abbildungen mit der Gleichung

$$\mathfrak{x}' = \mathfrak{x} + \begin{pmatrix} k \\ 0 \end{pmatrix} \quad \text{mit} \quad k \in \mathbb{R}$$

eine Gruppe? Was läßt sich über die Fixgeraden aussagen?

4. Stelle die Abbildungsgleichungen auf für die Drehungen um 120° und 240° um den Ursprung. Bilden sie zusammen mit der identischen Abbildung eine Gruppe?

5. Stelle die Abbildungsgleichungen für alle diejenigen Kongruenzabbildungen auf, die das Rechteck A(2/−1) B(2/1) C(−2/1) D(−2/−1) auf sich selbst abbilden und untersuche, ob es sich bei der Menge dieser Abbildungen um eine Gruppe handelt.

6. Zeige
a) anschaulich-geometrisch aufgrund der Definition der Ähnlichkeitsabbildungen,
b) analytisch-rechnerisch mit Hilfe der Abbildungsgleichungen:
Die Menge aller Ähnlichkeitsabbildungen ist bezüglich des Verkettens eine Gruppe.

7. Untersuche analytisch, ob die folgenden Abbildungsmengen eine Untergruppe der Hauptgruppe bilden:
a) die Menge aller zentrischen Streckungen mit gemeinsamem Zentrum,
b) die Menge aller zentrischen Streckungen,
c) die Vereinigungsmenge aller zentrischen Streckungen und Parallelverschiebungen,
d) die Menge aller Drehstreckungen mit festem Zentrum C,
e) die Menge aller Streckspiegelungen mit festem Zentrum C und fester Achse,
f) die Vereinigungsmenge aller Drehstreckungen und Streckspiegelungen mit gemeinsamem Zentrum C,
g) die Menge aller gleichsinnigen Ähnlichkeitsabbildungen,
h) die Menge aller ungleichsinnigen Ähnlichkeitsabbildungen.

8. Beweise: Das Produkt zweier ungleichsinniger Ähnlichkeitsabbildungen ist eine gleichsinnige Ähnlichkeitsabbildung.

9. Gib ein Beispiel an, das zeigt, daß die Verkettung von affinen Abbildungen nichtkommutativ ist.

10. Untersuche analytisch, ob die folgenden Abbildungsmengen Untergruppen der affinen Gruppe sind:
a) die Menge aller Eulerscher Affinitäten mit der Gleichung

$$\mathfrak{x}' = \begin{pmatrix} k_1 & 0 \\ 0 & k_2 \end{pmatrix} \mathfrak{x}, \; k_1 \neq 0 \quad \text{und} \quad k_2 \neq 0,$$

b) die Menge aller regulär affinen Abbildungen, die die x_1-Achse als Fixpunktgerade haben,
c) die Menge aller regulär affinen Abbildungen, für die der feste Punkt C Fixpunkt ist,
d) die Menge aller flächentreuen Abbildungen,
e) die Menge aller affinen Abbildungen, deren Abbildungsdeterminante den festen Wert k hat,
f) die Menge aller singulär affinen Abbildungen,
g) die Menge aller gleichsinnigen affinen Abbildungen ($|\mathfrak{A}| > 0$).

11. Gegeben ist das Dreieck O(0/0) A(1/0) B(0/1).
a) Bestimme die Menge aller affinen Abbildungen, die dieses Dreieck auf sich abbilden.
b) Gib nach Möglichkeit die Art der Abbildungen an.
c) Untersuche, ob die Menge all dieser Abbildungen eine Gruppe bildet.
d) Was ändert sich, wenn man B durch $B_1(0/2)$ ersetzt?

12. Zeige: Die Menge, die aus der identischen Abbildung I allein besteht, bildet eine Gruppe.

7.5. Der Aufbau der Geometrie

Wir haben im Laufe unserer Schulzeit eine Vielzahl geometrischer Sätze kennengelernt, die zwar mathematisch exakt aus anderen vorher bekannten Sätzen abgeleitet werden können, die jedoch scheinbar zusammenhanglos vor uns stehen: die Satzgruppe des Pythagoras, die Kongruenzsätze, die Vierecksätze, die Strahlensätze, die Sätze der Trigonometrie, die Sätze über Kegelschnitte, um nur einige wenige zu nennen. Bei der Herleitung dieser Sätze sind wir lediglich davon ausgegangen, bestimmte Eigenschaften einzelner Figuren, so etwa von Dreiecken, Vierecken und Kegelschnitten zu untersuchen.

Um nun eine Ordnung in die Vielfalt der geometrischen Sätze zu bringen, werden wir die Gruppenstruktur bestimmter Abbildungsmengen heranziehen.

Durch das Studium dieser Gruppen und der abzubildenden Objekte wird in der Geometrie durch strukturelles, nämlich gruppentheoretisches Denken unter Hinzunahme des Abbildungsbegriffs aus dem beziehungslosen Nebeneinander von Einzeltatsachen eine gegliederte und gestufte Verbindung von Tatsachenkomplexen: *die* Geometrie löst sich auf in einzelne Geometrien, wobei jede für sich als die Menge derjenigen wahren Aussagen aufgefaßt werden kann, die gültig bleiben, wenn man die Punktmengen, von denen in den Aussagen die Rede ist, gewissen Abbildungen unterwirft. Den entscheidenden Schritt zu einer solchen Systematik der Geometrie tat der deutsche Mathematiker Felix Klein[1]) in seinem berühmten „Erlanger Programm“ (1872).

Wir stellen nun noch einmal die wichtigsten Abbildungsgruppen mit ihren Invarianten und Abbildungsgleichungen zusammen:

Affine Gruppe $\mathfrak{G}_A$

$$\mathfrak{x}' = \begin{pmatrix} a_1 & b_1 \\ a_2 & b_2 \end{pmatrix} \mathfrak{x} + \mathfrak{v} \quad \text{mit} \quad \begin{vmatrix} a_1 & b_1 \\ a_2 & b_2 \end{vmatrix} \neq 0$$

Invariant: Gerade, Parallelität,
Teilverhältnis, Verhältnis der Flächeninhalte

|

Ähnlichkeitsgruppe $\mathfrak{G}_Ä$

$$\mathfrak{x}' = \begin{pmatrix} k\cos\alpha & \mp k\sin\alpha \\ k\sin\alpha & \pm k\cos\alpha \end{pmatrix} \mathfrak{x} + \mathfrak{v}$$

Invariant: Gerade, Parallelität,
Teilverhältnis, Verhältnis der Flächeninhalte,
Verhältnis der Streckenlängen, Betrag der Winkelgröße

|

Kongruenzgruppe $\mathfrak{G}_K$

$$\mathfrak{x}' = \begin{pmatrix} \cos\alpha & \mp\sin\alpha \\ \sin\alpha & \pm\cos\alpha \end{pmatrix} \mathfrak{x} + \mathfrak{v}$$

Invariant: Gerade, Parallelität,
Teilverhältnis, Verhältnis der Flächeninhalte,
Verhältnis der Streckenlängen, Betrag der Winkelgröße
Streckenlänge.

[1] Felix Klein (1849–1925), berühmter Mathematiker in Göttingen, der den Abbildungs- und Funktionsbegriff in den Mittelpunkt des mathematischen Unterrichts stellte.

Da jede Gruppe in allen darüberstehenden Gruppen enthalten ist – jede Ähnlichkeitsabbildung ist ja z. B. auch eine affine Abbildung –, sind alle Invarianten einer Gruppe gleichzeitig auch Invarianten aller ihrer Untergruppen. Jede Ähnlichkeitsabbildung bildet z. B. als affine Abbildung parallele Geraden in parallele Geraden ab und läßt das Teil- und Flächenverhältnis invariant.
Wir definieren jetzt:

Definition 7.5

Unter der durch die Gruppe $\mathfrak{G}$ gegebenen Geometrie – abgekürzt $\mathfrak{G}$-Geometrie – wollen wir die Menge aller wahren Aussagen verstehen, die invariant sind gegenüber allen Abbildungen der Gruppe $\mathfrak{G}$.

Trifft also eine Aussage aus der $\mathfrak{G}$-Geometrie für eine bestimmte Figur zu, so trifft sie auch zu auf jedes $\mathfrak{G}$-Bild dieser Figur. Dabei verstehen wir unter einem $\mathfrak{G}$-Bild einer Figur das Bild dieser Figur bei einer beliebigen Abbildung aus $\mathfrak{G}$. In diesem Sinne wollen wir von der affinen Geometrie, der Ähnlichkeitsgeometrie und der Kongruenzgeometrie sprechen.
Aus der Definition 7.5 und der Anordnung der einzelnen Gruppen mit ihren Invarianten ergibt sich der folgende wichtige

Satz 7.8

Wenn $\mathfrak{G}_1$ die Gruppe $\mathfrak{G}_2$ umfaßt, ist jede wahre Aussage der $\mathfrak{G}_1$-Geometrie auch ein Satz der $\mathfrak{G}_2$-Geometrie:

$$\mathfrak{G}_1 \supset \mathfrak{G}_2 \;\Rightarrow\; \mathfrak{G}_1\text{-Geometrie} \subset \mathfrak{G}_2\text{-Geometrie}\,.$$

So umfaßt die Ähnlichkeitsgruppe die Kongruenzgruppe. Deshalb sind die Sätze der Ähnlichkeitsgeometrie auch Sätze der Kongruenzgeometrie. Die Kongruenzsätze gehören – überraschenderweise – zur Ähnlichkeitsgeometrie. Denn sind zwei Dreiecke $A_1B_1C_1$ und $A_2B_2C_2$ kongruent, dann sind auch ihre Bilder bei Ähnlichkeitsabbildungen kongruent. Selbstverständlich gehören die Kongruenzsätze auch zur Kongruenzgeometrie. Umgekehrt ist eine typische Aussage der Kongruenzgeometrie wie z. B.: „Die Seite AB des Dreiecks ABC ist 10 cm lang“ keine Aussage der Ähnlichkeitsgeometrie, weil sie im allgemeinen falsch wird für ein dem Dreieck ABC ähnliches Dreieck.
Die Strahlensätze sind Sätze der affinen Geometrie und damit natürlich auch Sätze der Ähnlichkeits- und Kongruenzgeometrie.
Je umfassender also die zu einer Geometrie gehörige Gruppe ist, desto weniger Aussagen enthält ihre Geometrie. Die beiden folgenden Diagramme machen diesen Sachverhalt noch einmal deutlich (Bild 7.11).

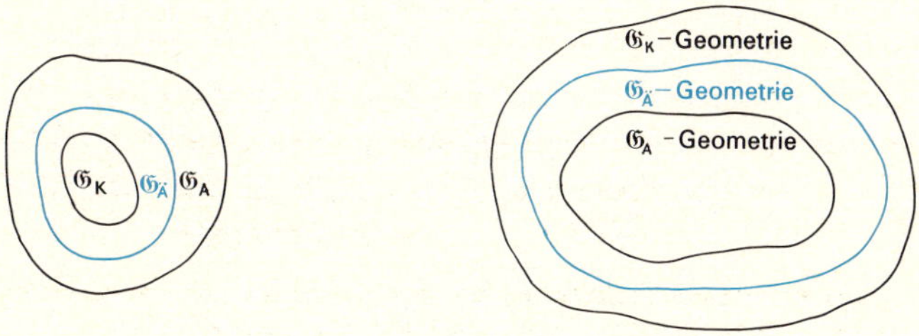

Bild 7.11

Durch diese abbildungstheoretischen und gruppentheoretischen Überlegungen ist es also gelungen, die Geometrie neu zu ordnen und aus dem beziehungslosen Nebeneinander von Einzelsätzen eine gegliederte und gestufte Verbindung zu schaffen.
Darüber hinaus gelingt es mit Hilfe eben dieses Denkens recht einfach, neue geometrische Sätze zu finden, indem man etwa eine Figur mit ganz bestimmten Eigenschaften einer Abbildung unterwirft und prüft, ob irgendwelche dieser Eigenschaften bei dieser Abbildung invariant bleiben. So wird z. B. bei einer affinen Abbildung jeder Kreisdurchmesser in einen Ellipsendurchmesser abgebildet. Die Bilder zweier aufeinander senkrecht stehender Kreisdurchmesser – wir wollen sie konjugierte Durchmesser des Kreises nennen – werden im allgemeinen in der Bildellipse nicht aufeinander senkrecht stehen. Die Bilder konjugierter Kreisdurchmesser sollen konjugierte Ellipsendurchmesser heißen. Die folgenden Sätze sind am Kreis leicht einzusehen. Da sie nur affin invariante Begriffe enthalten, gelten sie auch für die Ellipse als affines Kreisbild (Bild 7.12):

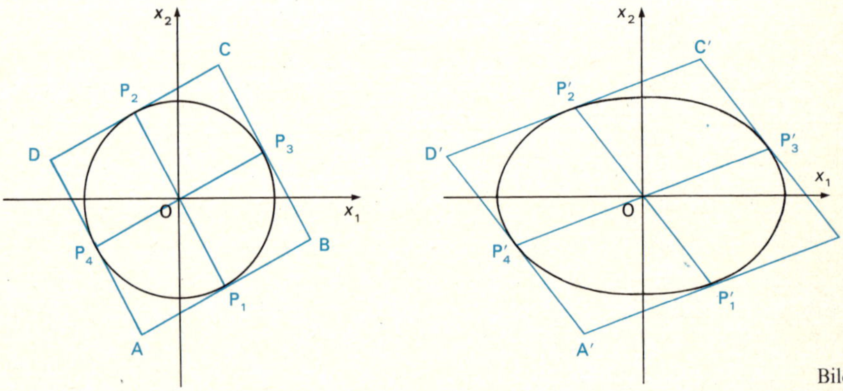

Bild 7.12

1. Die Tangenten in den Endpunkten eines Durchmessers laufen zum konjugierten Durchmesser parallel.

2. Die Tangenten in den Endpunkten zweier beliebiger zueinander konjugierter Durchmesser ein und derselben Ellipse bilden Parallelogramme mit konstantem Flächeninhalt.

3. Zwei konjugierte Durchmesser teilen die Ellipse in vier gleiche Flächenstücke.

4. Die zu einem Durchmesser parallelen Sehnen werden vom konjugierten Durchmesser halbiert.

Eine Einbettung dieses geometrischen, gruppentheoretischen Denkens in ein viel allgemeingültigeres Denken, das zugleich alle Bereiche der Mathematik umfaßt, gelang erst mit Hilfe der Auffassung der Mathematik als Lehre von den mathematischen Strukturen.
Denn dadurch, daß die moderne Mathematik nicht mehr ausschließlich Zahlen und geometrische Gebilde, sondern Mengen beliebiger Elemente (Objekte) betrachtet, ist sie viel umfassender geworden. Sie ist heute nicht mehr nur die Lehre von den Zahlen und geometrischen Gebilden. Man prägt diesen beliebigen Mengen bestimmte Strukturen auf, indem man eine Verknüpfung (oder mehrere) zwischen den Elementen erklärt und Gesetze als Axiome vorgibt,

denen die Elemente der Menge hinsichtlich dieser Verknüpfung(en) genügen sollen. So treibt man z. B. Gruppentheorie, Körpertheorie oder untersucht lineare Vektorräume. Geeignete Mengen von Zahlen oder geometrischen Elementen sind in bezug auf Verknüpfungen Modelle für gewisse Strukturtypen (Gruppe, Ring, Körper u. a.). Liegen uns zwei verschiedene Modelle ein und desselben Strukturtyps vor, so kann man in beiden Modellen nach den gleichen Rechengesetzen „operieren": man addiert und subtrahiert z. B. Vektoren so wie man auch reelle Zahlen addiert und subtrahiert.
So beschäftigt man sich heute in der Mathematik vorwiegend mit strukturierten Mengen und erreicht dadurch eine größere Allgemeingültigkeit, eine bessere Durchschaubarkeit und damit eine Ordnung und Systematisierung im gesamten Bereich der Mathematik.

Namen- und Sachverzeichnis

Antiqua		Fraktur Druck		Griechisch		
a	A	𝔞	𝔄	α	Α	Alpha
b	B	𝔟	𝔅	β	Β	Beta
c	C	𝔠	ℭ	γ	Γ	Gamma
d	D	𝔡	𝔇	δ	Δ	Delta
e	E	𝔢	𝔈	ε	Ε	Epsilon
f	F	𝔣	𝔉	ζ	Ζ	Zeta
g	G	𝔤	𝔊	η	Η	Eta
h	H	𝔥	ℌ	ϑ	Θ	Theta
i	I	𝔦	ℑ	ι	Ι	Jota
j	J	𝔧	𝔍	ϰ	Κ	Kappa
k	K	𝔨	𝔎	λ	Λ	Lambda
l	L	𝔩	𝔏	μ	Μ	My
m	M	𝔪	𝔐	ν	Ν	Ny
n	N	𝔫	𝔑	ξ	Ξ	Xi
o	O	𝔬	𝔒	ο	Ο	Omikron
p	P	𝔭	𝔓	π	Π	Pi
q	Q	𝔮	𝔔	ϱ	Ρ	Rho
r	R	𝔯	ℜ	σ	Σ	Sigma
s	S	𝔰	𝔖	τ	Τ	Tau
t	T	𝔱	𝔗	υ	Υ	Ypsilon
u	U	𝔲	𝔘	φ	Φ	Phi
v	V	𝔳	𝔙	χ	Χ	Chi
w	W	𝔴	𝔚	ψ	Ψ	Psi
x	X	𝔵	𝔛	ω	Ω	Omega
y	Y	𝔶	𝔜			
z	Z	𝔷	ℨ			

Fraktur Schreibschrift

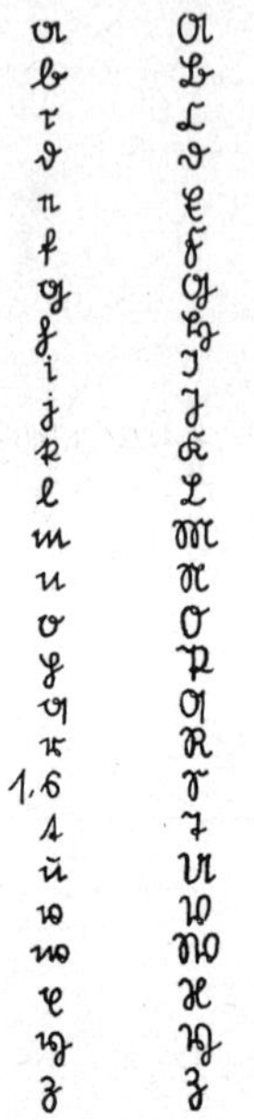